同衡学术
2023
视界

北京清华同衡规划设计研究院有限公司　编著

U0366019

中国建筑工业出版社

图书在版编目（CIP）数据

同衡学术 2023：视界 / 北京清华同衡规划设计研究院有限公司编著 . -- 北京：中国建筑工业出版社，2024.11. -- ISBN 978-7-112-30478-3

Ⅰ . TU983

中国国家版本馆 CIP 数据核字第 2024VN9827 号

责任编辑：黄　翊　徐　冉
责任校对：赵　力

同衡学术 2023　视界

北京清华同衡规划设计研究院有限公司　编著

*

中国建筑工业出版社出版、发行（北京海淀三里河路 9 号）

各地新华书店、建筑书店经销

北京雅盈中佳图文设计公司制版

天津裕同印刷有限公司印刷

*

开本：787 毫米 ×1092 毫米　1/16　印张：19　字数：425 千字

2024 年 11 月第一版　2024 年 11 月第一次印刷

定价：**199.00** 元

ISBN 978-7-112-30478-3

（43859）

编委会名单

顾　　问：唐　凯　石　楠　庄惟敏　尹　稚　袁　昕

主　　任：袁　牧

副 主 任：张险峰　徐　刚

编 委 会：张晓光　卢庆强　王彬汕　张　飏

编委会秘书处：龚晓伟　吴　巧　李雪梅　赵文飞

嘉宾致辞

尊敬的各位领导、各位专家，女士们、先生们、朋友们，大家上午好！在这个初夏时节，第九届清华同衡学术周活动再次隆重召开了，我代表中国城市规划协会对学术周的召开表示热烈的祝贺，对各位领导、各位专家和朋友们的光临表示热烈的欢迎，对社会各界的朋友长期以来对城乡规划建设的关注与支持表示衷心感谢！

清华同衡学术周这个活动是清华同衡一年一度的学术盛会，是交流城乡规划领域技术成果的重要平台，具有学术性强、信息量大、参与度高的特点。通过理论的探讨、政策的解读和实践的归纳总结，为城乡统筹发展以及人与自然和谐发展提供了清华同衡的智慧。

本届清华同衡学术周的特点是更加开放。一是本届学术周由清华同衡规划设计研究院与中国城市规划学会、中国城市规划协会共同举办。我们说过去是清华同衡自己办，欢迎大家来参与。现在是面向全国在办，也是面向全国各行各业来办。二是我们这次的主题定位是"规划视界"。我本人一直觉得我们的眼界决定格局，我们的视界开阔了，我们做的事情就好了。本届学术周我们也邀请了国内外知名的专家、学者，政府机构和企业界代表，以期以更高的站位和更广的视角探讨规划行业的未来。

规划的发展与人群、社会的需求和价值观的选择是密切相关的，规划技术手段的发展是在解决真问题的过程中自我完善。清华同衡学术周是同衡人总结自身实践的活动，是展现劳动成果的舞台，是交流学术思想的平台。我相信通过本届学术周的交流、研讨，必将使我们开阔视野，在观点上推陈出新。我们也恳请各位领导和专家一如既往地关注、支持清华同衡。我们规划行业的全体同仁应该用科学、先进的规划理念描绘最美丽、最有幸福感和归属感、自豪感、安全感的新篇章。

最后祝大家在本届学术周期间学术交流收获多多，预祝学术周活动圆满成功，谢谢大家！

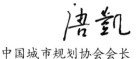

中国城市规划协会会长

尊敬的各位领导、各位专家、各位同仁，大家早上好！

首先，我代表中国城市规划学会热烈欢迎大家来参加今天的会议，清华同衡学术周已经举办了八届，今年是第九届。这个活动应该说是在坚守当中不断地创新，如今已经成为我们行业非常重要的促进学科建设、学科发展、学术教育的重要平台，也成为整个规划界非常具有影响力和传播力的学术盛会。今天开幕的第九届清华同衡学术周，我们城市规划学会非常高兴成为共同主办方之一，这也表明了我们学会和清华同衡之间的合作进一步加深了。

在不久前我们召开了全国城市规划学会的工作会议，在这次会议上我们研究了学会工作的重点问题。其中我们非常明确学会必须要以城乡规划学科的建设和发展作为中心工作，以推动学科建设、促进学科繁荣、提升学科影响力为目标，积极地开展工作。同时强调发挥学会的平台作用，与规划领域有影响力、有实力的规划编制单位开展全方位的合作。

清华同衡作为我们规划行业有担当、有情怀的企业，在学科的理论建设和行业发展当中承担了非常重要的角色。在学会各类学术活动，包括我们分支机构的活动，还有各个公益活动当中都非常积极。对于我们学会的网站、微信公众号以及我们英文会刊的编辑出版工作更是发挥了巨大的作用。也为学会赢得了很多的荣誉，可以说为行业作出了巨大贡献。在此，我也代表学会，代表我们规划行业的科技工作者对清华同衡这么多年的巨大贡献表示衷心感谢！

学会是党和国家联系科技部门的桥梁纽带，我们中国城市规划学会是住建系统和自然资源系统唯一获得了全国优秀科技社团、全国先进学术组织和全国党建先进集体的荣誉称号的社团，应该说在规划领域有一定的影响力。同时我们也深深感受到在新时代、新形势下，我们需要有很多新的历史担当，任重道远，也离不开全行业大家的共同努力。如何发挥好我们学会这个平台的作用，共同推进规划事业的发展，是我们当前和今后一段时间重点思考的问题。

今年清华同衡学术周我们特别高兴邀请到了很多行业的专家，而且我特别高兴请到了很多目前在一线工作的中青年专家，大家来进行分享和交流，既有理论研究成果也有实践经验总结，相信大家一定会在这几天的交流当中有巨大的收获。我代表学会再次感谢清华同衡举办这次活动，同时祝愿这次活动取得圆满成功，谢谢大家。

中国城市规划学会常务副理事长兼秘书长

尊敬的各位领导、各位专家，大家上午好！转眼间清华同衡学术周已经办了第九届了。上届学术周好像是在三年前，新冠疫情给正常的工作和生活带来了不便，但我们在这段时间静下心来认真思考学术积累，仔细打磨规划作品，冷静谋划发展之道。

这届学术周的主题是"规划视界"，用的是谐音，很好地表明了清华同衡在党的二十大精神的指引下，主动分析大形势，应对大变革，落实新要求，应对新挑战。展示了国家级的大院应有的战略高度和视角广度。

清华同衡长期支持北京的城市规划建设工作，为北京的城市发展作出了重要的贡献，是活跃在首都大地上的一支重要的技术力量。我非常高兴能代表北京城市规划学会对第九届清华同衡学术周的召开表示热烈祝贺！

在落实北京城市新总规、推进各区新详规、推进北京城市更新、建设北京智库平台、支持北京城市规划学会建设和运行等工作中，清华同衡都发挥了不可替代的重要作用。清华同衡副院长恽爽同志还担任了北京城市规划学会的法人，为此我代表北京城市规划学会衷心感谢清华同衡。

北京城市规划学会有一个口号叫作"政府的助手、事业的推手和会员的帮手"，以服务首都发展和城市建设为宗旨，团结北京地区从事城市科学、城乡规划、规划设计、规划管理的工作者及相关从业人员，积极开展学术研究、学术交流、专业培训、咨询服务和科学普及等活动，为提高首都科学发展和城乡规划的理论与实践水平提供学术支撑，为全面落实首都政治中心、文化中心、国际交往中心、科技创新中心的战略定位，建设国际一流的和谐宜居之都服务。在此特别感谢清华同衡为学会贡献了技术人才，承担了重大的任务，提供了各项的支持。我们学会好几项专项活动都是在清华同衡的支持下完成的。

展望未来，我祝愿清华同衡继续传承家国天下的责任与情怀，谦虚谨慎，锐意创新，共同为北京保护历史文化名城、建设和谐宜居之都而努力奋斗。

最后祝大家在本届学术周期间收获满满，也祝清华同衡行稳致远、使命必达，预祝本次活动取得圆满成功。谢谢大家。

邱跃

北京城市规划学会原理事长

尊敬的各位领导、各位学者、各位来宾，大家上午好！非常荣幸能够受邀在这里和大家共同参加第九届清华同衡学术周的开幕式。正如前面几位专家领导讲的，新冠疫情之后，能够面对面交流，一起探讨我们共同关注的规划领域的最新的前沿理论和方法确实是一次难得的机会。我相信这样的交流今后会持续、顺利地开展。

作为城乡规划以及相关行业的学术盛宴，正如前面几位讲到的，清华同衡学术周以家国天下为使命，围绕着"规划视界"主题，聚焦专业相关的重点话题，从区域都市、品质生活、生态城乡和社会技术等多个"视界"去探索我国城乡规划的未来，搭建起学术和实践交流的平台，传播清华精神，承担同衡责任。

随着现代科学技术的发展与人类文明的进步，随着历史洪流的快速发展，城乡规划各种理论也层出不穷。然而其过往的主要变化我个人理解主要体现在时间、空间、数量三个维度上。纵观我国城市建设史，从《考工记》的记载、严格规制的王城营建，到北宋东京开放的街区制、街巷制，更有近代统一规划的城市，我国城市建设总是在时空形制、空间布局、城市规模上不断变化，这是一个适应时间的必然过程，更是一个适应气候、人文、地理和技术的过程。今天它无疑又多了一份人文的色彩和要义。

习近平总书记曾谈到城市是人民的城市，强调人民的城市人民建。人民说好的才是真好。住房和城乡建设部倪部长上任之后，也反复在各种场合探讨什么是"好建筑"，经常在不同的场合碰到一些专家同行时第一句就是询问：什么是"好建筑"？什么是"好住宅"？这个命题也成为今天特别重要的话题。

本届主题"规划视界"需要我们突破时间、空间和数量三个纬度去进行深度思考，从更多的视角去研究城市规划，以多元、系统的思维去探讨新时代城乡规划的多种可能。当下城乡规划在时空数量因素主导条件下，需要更多地从现代化城市发展、高品质居民生活、绿色生态环境和现代规划技术等角度进行探究，从深层次探索适合我国的城乡规划体系，来迎接我国城乡规划可能遇到的新机遇和挑战。我们也看到学术周将从各个层面展开这样的一种探索和讨论。

清华同衡学术周已举办八届，十余年来一直遵循着政产学研用一体化的发展思路，依托清华同衡多业务板块和多专业实践，致力于推动中国城市和区域规划事业的发展。在领导班子和专业队伍的带领下，秉承着对规划事业的热情与追求，从城市更新到新型城镇化建设，从区域发展到区域协同发展，清华同衡团队一直在不断探索创新，提供有价值的全解决方案，给中国城市和区域规划事业的发展作出了积极的贡献。

今天在这个充满机遇和挑战的日子里，我们需要更多的像清华同衡这样的优秀团队为城市化进程的可持续发展注入更多的智慧和力量。清华同衡根植于清华大学的学术环境，长久以来治学风格严谨，成为业内的标杆。一直坚持城乡规划工作的实践、科研、教育相结合的产学研一体化的发展思路，积极探索并拓展城乡规划相关学科的研究领域，为推动中国城市和区域规划事业的发展作出了巨大贡献。作为国内领先的工程咨询与设计服务企业，清华同衡一直以来也秉承着规划求真的理念，致力于提供全方位、综合性的城乡规划和相关服务咨询。同时也一直重视技术创新和人才培养，倡导开放、合作、共赢的企业文化，在城乡规划行业里树立起了良好的信誉和口碑。在清华大学第十五次党代会报告中，再次指出要推进产学研深度融合、扎实推进高端专业智库建设、着力提升服务社会的能力，这也是清华同衡二十余年贯穿始终的使命与坚守。

相信随着城市化进程的不断深入，未来将会有更多的挑战和机遇等待我们的团队，在这个过程中我们也期待我们团队能够继续保持开放、创新、合作的精神，积极探索新的规划理念和技术手段。我相信清华同衡团队在未来的发展中将会继续保持着对规划事业的激情和追求，不断探索和创新，为城市化进程的持续发展作出更好的贡献。

同时我也深刻感受到了清华同衡团队使命和担当，也为他们所取得的成绩感到自豪。在这里我向清华同衡团队致以崇高的敬意和祝福！清华大学建筑设计研究院也愿意与同衡加强合作、携手共进，继续走在规划事业和建筑设计的前沿，为中国城市和区域规划事业的发展注入更多的智慧和力量。

最后再次感谢各位领导和嘉宾的莅临，也祝愿本届学术周活动圆满成功，谢谢大家。

中国工程院院士

清华大学建筑学院教授

尊敬的唐凯会长、石楠理事长、邱跃理事长，尊敬的庄惟敏院士，各位领导、各位嘉宾、各位规划行业的同仁们，大家上午好！

受新冠疫情影响，清华同衡学术周的线下活动中断了两年，今天我们终于迎来了各位朋友的再次光临，在此我谨代表清华同衡对大家的到来表示诚挚的欢迎和衷心感谢。尽管在过去的两年我们也积极地以各种各样的形式开展了60余场的学术交流活动，也开辟了清华同衡大讲堂等新的学术系列，但是隔着屏幕的交流总觉得少了一点什么，就像有的专家说的，学术交流不仅是分享过去完成的成果，有时候见面悄悄地问一句："老兄最近在忙什么？"可能得到的信息更贴近学术的前沿。这也是我们一直盼望和热衷于把学术活动还是办成一个线下的大家交流的活动的原因。

回想自2013年开始的十年时间，如今清华同衡学术周小到了第九届。我们努力把清华同衡学术周办出自己的特色，办成贴近实践前沿、最有烟火气的学术交流平台，办成青年规划师的学术节日，办成规划行业向社会传递信息的知识窗口。本届学术周我们也联合了中国城市规划学会和中国城市规划协会共同主办，希望今后有更多的社会力量能够加入进来，让我们的学术交流更加精彩、更加多元化。

过去几年或许还有未来几年可能都是规划行业所要面临的艰巨的挑战时期，我们不仅有生存的艰难，也有方向上的困惑。此刻清醒地认识到这些挑战背后的根源，打开自己的视界，理解百年未有之变是本届学术周的主题和目标。我们希望以此引发规划行业对我们规划工作价值的思考。无论是当前国土空间规划还是城市的存量更新，可能都不仅是一种新的业务类型，我们应当看到这是在面向新时期社会主要矛盾所催生出的思维方式和工作方法上的根本变化，是人民对美好幸福生活的追求和国家治理能力、治理水平现代化的新的要求。我们也应当看到新技术革命带来的生产力和生产关系之间的变化所引发的产业布局和社会分配等的变化，以及由此引发的国际政治格局、国家与地区间的竞争与合作态势的转变。

我们还应该看到，虽然人类无法改变地球在长生命周期当中的气候变化，但是我们仍然要尽可能地维持生态平衡，在生态保护的前提下维持我们的国土空间发展格局。我们应当意识到这些才是新时代的特征和我们所要面临的根本任务。规划师是一个理想主义者，但是这个理想不是空中楼阁，需要我们脚踏实地，也需要我们站得高、看得远。我们努力地放大规划师原来所擅长的空间视角，试图建立起社会、科技、生态与区域、城乡、生活之间的"视界"关联，探寻规划的真正价值和社会发展的根本动力，让规划能够为全社会的发展作出不可替代的贡献。也期待我们今年的学术周通过各位的精彩分享能够对我们的工作有所促进，对行业的发展有所贡献。

再次感谢各位的支持和参与，也期待大家能够有更多的收获，谢谢大家。

清华同衡规划设计研究院院长

前　言

清华同衡学术周始创于 2013 年，遵循政产学研用一体化发展思路，依托北京清华同衡规划设计研究院有限公司（清华同衡规划设计研究院，简称清华同衡）多业务板块和多专业实践特点，致力于传播清华精神、同衡价值、学术声音，将专业的求索纳入开放胸怀，为知识的殿堂注入烟火人气。十余年来，累计邀请 100 多位专家学者、200 多家各界媒体，分享了 300 多个学术报告，接待了 4000 多位现场嘉宾，已逐步发展成为行业内外广受关注的学术品牌。

随着党的二十大胜利召开，我国进入中国式现代化建设的关键时期，中国城市处于增量扩张到存量优化的加速转型期，城市建设既要应对资源环境约束日益趋紧的挑战，也要满足人民对美好生活的期盼。高质量发展、高水平建设和现代化治理的要求，为城乡规划行业带来了新的机遇和挑战。在此行业转型发展的背景下，2023 年 6 月，以"规划视界"为主题的第九届清华同衡学术周在北京盛大开幕。本届学术周由中国城市规划学会、中国城市规划协会、清华同衡规划设计研究院联合主办，为期 6 天。与会专家学者和行业领袖汇聚一堂，深度交流面向实际需求的前沿技术，共同展望新时空背景下的"规划视界"。

本书以"视界"为题目，以第九届清华同衡学术周精选学术报告成果为主体，选裁编撰。"视界"融合了时间视角和空间视野，这是基于：在时间范畴，改革开放步入深水区，行业变革既深且远，当下、未来密切关联；在空间范畴，我们工作的对象更广阔、更立体，不同层次多重交织。本书内容涵盖了空间规划不同技术细分领域的研究成果及实践经验，展示顺应当前发展阶段的高质量技术方案，旨在为规划行业的发展与进步带来新的思考，为美好人居环境的建设贡献同衡智慧。全书分为五个部分：

"观点集萃"，汇集清华同衡和相关行业资深专家对新型城镇化、空间治理、国土空间规划、城市活力、城市更新、乡村振兴、智慧交通、生态修复、人口负增长、低碳等热点问题的思考。

"区域·都市"，围绕"国家空间治理现代化"的目标，探讨在中国式现代化背景下，如何完善区域经济布局、国土空间格局和城市治理体系，转变城市发展方式，提高新型城镇化水平。

"品质·生活"，围绕高品质空间生产，探讨公共服务设施布局和空间环境建设，满足居民美好生活需求，实现宜居家园目标，通过规划实践案例分享"理想城市"的规划策略和行动方法。

"生态·城乡"，以生态文明理论为基础，探讨人与自然和谐共生，通过政策解读、实践探索，推进城乡融合和区域协调发展，实现全体人民共同富裕和县—镇—村的整体现代化。

"社会·技术"，以规划技术创新为主线，探讨中国城乡面临的真实问题和技术应对，通过实践案例展现同衡人的探索。

本书计划为系列丛书，将会持续跟踪清华同衡学术周，围绕每届活动主题精选优质学术报告，结集成书。希望围绕国家新型城镇化、城乡高质量发展和高水平规划建设的长期目标，与广大学术、行业同仁共同携手，开拓创新！受时间、精力所限，难免存在不足之处，恳请读者批评指正。

徐刚

清华同衡规划设计研究院副总规划师兼总工办主任

目　录

社会·技术

同衡视野

/ 袁 牧

本届清华同衡学术周引用"规划视界"这一主题，是因为我们希望在活动中看到更多站在常规角度看不到的东西，我们很想从清华同衡的角度看这个世界。

一、面对形势

党的二十大报告提出，中国要建成在人类历史上从未有过的巨大规模人口的现代化，实现物质文明和精神文明相协调的现代化，做到人与自然的和谐共生，同时走和平发展的道路。在此背景下，我们将面对一系列挑战。

1. 全球化困局

（1）全球化

中国的崛起与全球化分不开。改革开放四十余年来我们经历了全球化历程，中国加

2035 年我国发展总体目标

1. 经济实力、科技实力、综合国力大幅跃升，人均国内生产总值迈上新的大台阶，达到中等发达国家水平；

2. 实现高水平科技自立自强，进入创新型国家前列；

3. 建成现代化经济体系，形成新发展格局，基本实现新型工业化、信息化、城镇化、农业现代化；

4. 基本实现国家治理体系和治理能力现代化，全过程人民民主制度更加健全，基本建成法治国家、法治政府、法治社会；

5. 建成教育强国、科技强国、人才强国、文化强国、体育强国、健康中国，国家文化软实力显著增强；

6. 人民生活更加幸福美好，居民人均可支配收入再上新台阶，中等收入群体比重明显提高，基本公共服务实现均等化，农村基本具备现代生活条件，社会保持长期稳定，人的全面发展、全体人民共同富裕取得更为明显的实质性进展；

7. 广泛形成绿色生产生活方式，碳排放达峰后稳中有降，生态环境根本好转，美丽中国目标基本实现；

8. 国家安全体系和能力全面加强，基本实现国防和军队现代化。

速实现了在世界舞台上的崛起，在全球化的过程中，我国吸引到大量的国外投资，外汇储备不断增长，成为全世界最大的贸易顺差国。当然这个过程中，我国也遇到了环境污染、自然资源消耗、劳动力成本上升等一系列挑战。与此同时，通过全球化，我国获得了大量的技术进步成果。

（2）全球化的中断

受新冠疫情影响，国家间的交往减少，国际贸易受到阻滞，全球化逐步冷却，我国经济受到一定影响。与此同时，近年来我国人口出生率负增长的现象也较为突出（图1、图2）。

科技的不断发展是一种机遇，比如AI，从前的AI是在不同领域各自发展，如今AI将成为一个集合体，可以做很多意想不到的事情，可以回答几乎所有的问题。那我们能做什么？我曾试着把专业建筑设计交给AI，只要输入我的意向风格，AI软件都叫以做出来。试想如果甲方需要做一套规划方案，AI用5分钟拿出10个方案，那么还有我们的市场吗？前几年经历了元宇宙的产生，把我们从现实世界拉到虚拟世界，不久前苹果公司做出了头戴系统，以色列出现了世界第一台没有屏幕的电脑。

科技进步必然影响整个人类的产业进步，当前处于工业4.0时代，新一轮工业化到底是什么？整个世界在向前发展，但内部

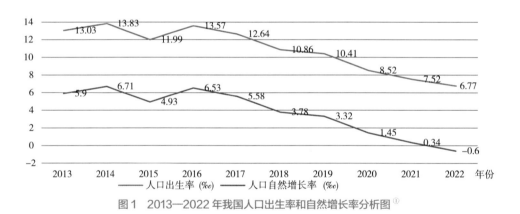

图1　2013—2022 年我国人口出生率和自然增长率分析图[①]

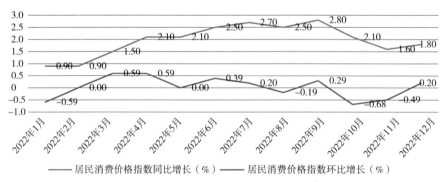

图2　2022 年居民消费价格指数分析图[②]

① 数据来源：国家统计局
② 数据来源：国家统计局

如何运行我们是看不到的，这就出现了鸿沟、壁垒。

2. 新时期中国城乡发展面临的问题

近些年，我国取得了长足的进步，但仍面临一些挑战。比如城乡社会的发展红利是否惠及每一个人？是否可以平均分配给每一位城乡居民？我们尚未完全做到。这些年我国南北、东西部地区之间发展的差异在扩大（图3、图4）。另外，人口红利在这些年逐渐减少，快速老龄化也将成为新的挑战，实现全体人民共同富裕的目标还需各界努力推进（图5）。

同样，在发展过程中对已有的资源利用需要进一步反思，不仅是自然的资源，还包括社会资源。在城市化快速发展过程中，我们还应当重视空间承载能力。

3. 加快构建新发展格局，着力推动高质量发展

我国近期最重要的工作是以高质量发展为核心，推动经济实现质的有效提升和量的合理增长。因此，国家提出了一系列的做法，包括扩大内需、深化供给侧的结构性改革，这是我们能够获得社会财富的主要途径。为了这个目标，我们要扩大国内大循环的内生动力和可靠性。同时既要内循环来提供动力，也要提升国际循环的质量和水平。重要的是我们要建立一个现代化的经济体系，这个体系包括提高全要素的生产率，将涉及一系列

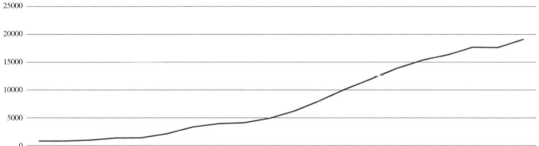

图3　2004—2023年我国南方、北方人均地区生产总值差异趋势 [①]

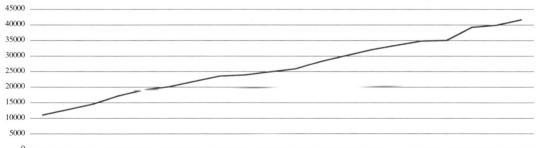

图4　2004—2023年我国东部、西部人均地区生产总值差异趋势 [②]

---

① 数据来源：国家统计局
② 数据来源：国家统计局

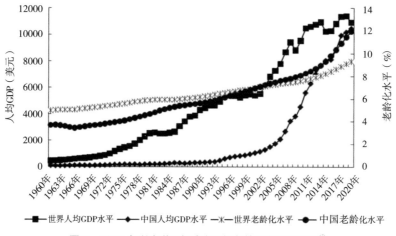

图 5　1960 年以来世界经济水平与老龄化水平的发展[①]

关于人和社会的营造；提升产业链的韧性和安全水平，涉及科技创新和技术研究；促进城乡和区域的协调发展，推进新型城镇化。

4. 行业面对的问题

在这种情况下，规划行业面对一些问题，2022 年土地和房地产相关税收中，契税 5794 亿元，比上年下降 22%；土地增值税 6349 亿元，比上年下降 7.9%；商品房销售面积 135837 万平方米，比上年下降 24.3%[②]。从 2022 年开始整体上房地产在下降，今年下降得更多、更快，税收也在下降。中国城市规划协会调研了 420 家会员单位，2019—2021 年营收增长占比不足 40%，持平占比 40% 多，还有 20% 是整体下降的。这些单位中净利润上升的占比不到 1/3，持平的约占 1/3，下降的约占 1/3（图 6、图 7）。这种情况在 2022 年更加突出。

近年来多数规划单位主要承接国土空间规划，这种业务的单一化对规划的需求是下降的。地方规划院和省级规划院整体业务量是下降的。从 20 世纪 50 年代开始参照苏联模式逐步建立起来的规划院，由建筑或工程专业背景的技术人员组成，成为我国城市规划体系的重要组成部分。改革开放后，部分规划院改制为国有企业或股份制企业，多种经营体制并存，规划设计市场全面开放，全国甲级机构增长，吸引了大批专业人才，壮大了技术队伍。这些规划机构在国土空间规划体系重构中仍然发挥着重要作用，人才队伍扩展，多专业、多学科背景的规划人员拥有其他行业领域无法比拟的综合专业优势。截至 2023 年，全国注册城乡规划师共计 45000 余人。

现阶段城市更新等新型业务量大，但是规划设计项目收费尚缺少标准支撑（表 1）。

面对这一系列的问题，城乡规划行业还有没有更大发展空间？作为城乡规划的技术人员我们以后还能做什么？在科技如此发达的情况下，我们用什么技术手段来面对城乡

---

① 　图片来源：周文. 未富先老、边富边老与先富后老——176 个国家 1987 年到 2019 年的人口老龄化与经济发展关系的变迁及启示 [J]. 厦门特区党校学报，2023（2）：58–68.

② 　数据来源：国家统计局

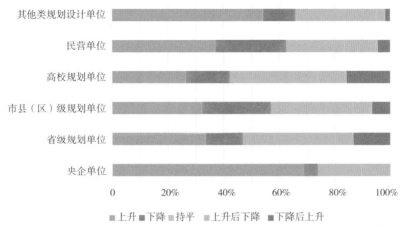

图6 中国城市规划协会420家会员单位2019—2021年期间营收趋势[①]

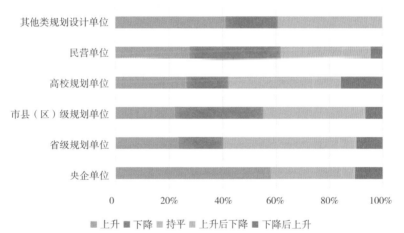

图7 中国城市规划协会420家会员单位2019—2021年期间净利润率[②]

发展？这些问题引出了清华同衡这几年对规划行业整体的思考。

二、同衡思考

对于清华同衡乃至整个行业来说，大的工作范畴主要包含基于安全考量的国家干预型规划、基于发展考量的国家发展型规划两个大部分。前者包括了我们正在做的国土空间规划等一系列的管控型规划，基本思维是管制、管控和底线保障。后者可能有很多类型，但是做什么现在还不是很清楚。我们在考虑这个问题（图8）。

基于管控型思维，清华同衡有以下几点思考：

同衡思考1：理性的底线思维

首先，面对这样一系列管控型的规划，

---

① 数据来源：《2021年规划编制单位调研报告》，中国城市规划协会，2023年

② 数据来源：《2021年规划编制单位调研报告》，中国城市规划协会，2023年

清华同衡第一要保证的是理性的底线思维。这个底线不是一条刚性的线，而是指实践项目一定要建立在理性基础上。这个理性需要判断资源的保护和发展之间到底是什么关系，判断这种保护在不同的时空中应当以什么样的方式具体实施。

同衡思考 2：准确判断资源价值

资源的价值是固化的吗？资源的位置永远不动吗？其实，资源的价值会随着时间的变化而变化，随着空间的不同而不同（图9）。这种不同如何判断、能不能准确判断，是清华同衡必须持续思考的问题。

同衡思考 3：合理的修复对策

判断这些资源的价值，同时这些资源在一定时期内被使用、破坏后有没有可能恢复或者修复，这属于技术对策。这个技术对策也是清华同衡一直研究、考量的事情，并且已经形成了一系列针对资源修复的对策。在我们的工作中，将这些对策不断地融入保护型、管控型规划，让它成为资源保护的重要一环，而不是单纯的、固化的保护措施。

同衡思考 4：逐渐修正的农业安全观

第四个思考比较微观，但是非常重要。我们在做资源保护型规划时会考虑一系列安全问题，其中很重要的一项内容是农业安全观。

这个安全观是大家一直思考并且不断修正的。它建立在研究的基础上，不是有了18亿亩管控红线，所有的安全观就不能改变。而是要随着社会发展变化，在不同的人口结构、不同的消费水准、不同的区域、不同的时空等情况下有不同的应对策略，这才是真正有效的农业安全观。在这种安全观之下，清华同衡才不会做"让水稻上山，让麦田下海"的事情。

同衡思考 5：准确而有效的文化安全观

第五个思考是准确而有效的文化安全观。这来源于习近平总书记在 2023 年 6 月 2 日关于文化的一系列指示，同时也是我们在不断思考和强化的价值观体系。我们要注重构建在物质安全之外的文化安全，以保护、传承、活化为基础，建立一套包含技术价值观的文化管控规划。

国家仅有管控是不够的，必须要发展。党的二十大提出，要谋求人民共同利益的最大化。共同富裕是我们的理想目标，但要实现这样的理想需要做一系列的事情，我们现在的社会情况决定了我们必须做一系列的宏观思考。

同衡思考 6：面对国家生产力布局的空间资源再分配

基于国家层面生产力布局的空间资源再分配，清华同衡和清华大学中国新型城镇化

表1 规划单位已有及扩展业务方向①

已有业务方向	传统规划业务	国土空间规划	社区治理	城市更新	大数据与新技术
占调研单位的百分比	70%	73%	26%	55%	28%
扩展业务方向	文化创意	智库	投资及产业	EPC或设计总包	其他新型业务
占调研单位的百分比	11%	12%	10%	35%	16%

---

① 数据来源：《2021 年规划编制单位调研报告》，中国城市规划协会，2023 年

研究院一直在做这方面的工作。国家对资源的有效配置，一直以来都是中国社会经济发展的基础，而生产力的空间级配也是社会经济合理运行的保障。

同衡思考7：空间上的产业集聚

产业如何布局，如何聚集，如何在空间上形成有效的产业分布？在宏观层面上有空间布局，在产业上也需要有落位、布点、网络。合理的产业空间集聚才形成合理的城镇群、都市圈体系，才能真正推进中国新型城镇化。

同衡思考8："人民城市"

基于共同富裕我们需要做的是建设"人民城市"。在这点上从北京城市副中心开始，我们把"人民城市"的理念融入规划当中去，坚持以人民为中心，满足人民的需求，依靠人民的力量，做了一系列基于"人民城市"的研究和规划。人民既是社会财富的生产者，也是社会财富的消费者，建立一个既创造公共资源又消费公共资源的自主生长的体系，才能实现真正的"人民城市"。人民的需求不是单纯提供基本的公共服务就可以满足，从社会学的角度来看，人民既是一个整体又是复杂的综合体，既有不同层级的需求，也有对社会的奉献。所以我们在考量整个社会公共服务的时候，应当以复杂系统观来考虑"人民城市"的概念（图10）。

同衡思考9：规划事权的分级界定

对于发展类的规划来说，规划事权的分

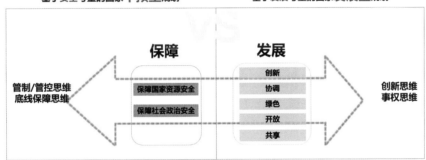

图8　两大类型规划示意图

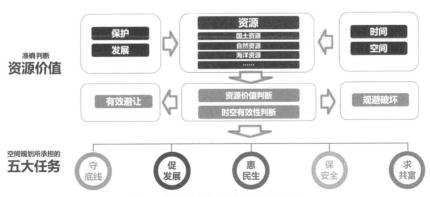

图9　资源价值与规划的关系示意图

配非常重要，如果我们只单纯考虑事权的逐级传导，可能现有的空间规划就足够了。但这种事权的单向传导能否充分实现社会发展呢？这是很难的。在这种情况下地方政府承担了更大的社会发展责任，基于此我们是否应当给地方政府足够的发展事权和规划事权？我想这个问题在未来是能够寻找到解决方案的。未来地方政府的发展规划是否可能拥有更大的空间？为了这样一个发展，我们或许可以构建一种更加公平、规则化的方式来进行事权的有效分配。在以发展为核心的体系之下，从中央到地方事权自上而下是传导的过程，而自下而上是一个责任协同的过程。地方政府应当顾及人民的共同利益，考虑地方的整体发展，向上考虑基本规则、相互尊重、协调发展。在这样的体系之下我们要建立一个公平的、互相尊重的规则体系（图11）。

在此规则之下，才有可能进行一系列基于发展的规划。具体的规划内容目前尚不清晰，但随着未来社会的向前发展，必将逐步明朗。

同衡思考 10：构建城乡规划的知识库

清华同衡在建立一个城乡规划的知识库，它是一个更大的知识研究体概念。清华同衡基于承担的规划建设实践，形成了一个多专业协同共建的知识体系。清华同衡拥有不同专业人才构成的几十个专业所，同时作为清华大学下属企业，与清华大学多个人居环境相关的学科建立了非常强的联系，形成科学研究共同体。在一批项目中以平台建设的方式形成多专业架构，每一个平台其实都是多专业的综合体，彼此互相支持，形成多专业配合的平台架构。

在此，引用一个当初人居示范项目的案例（图12）。规划院能够集合多少专业？有多少专业能够形成知识特色，进而在全院形成一个更大的知识体系？在这样的知识体系之下，我们需要不断思考自身的作用和角色，因而经历了从第一届到第九届清华同衡学术周。清华同衡持续与外界分享交流研究与实践经验，旨在构建更加科学、泛化能力的技术体系。

最终我们要做的是能用、够用、管用、好用的规划，在规划的"学"和"用"之间搭建桥梁。何为能用、够用、管用、好用？能用是指适合我国国情和新时代发展要求；够用是指真正能够解决问题；管用是指要适应不同的情况，因地制宜；好用是指真正让规划的管理机构可以使用，而不仅仅是做学问。

三、总结

规划是有"道、法、术"的。"道"是我们的理论基础和价值导向，我们要谋的是正道。"法"是我们的规则，我们应当熟于

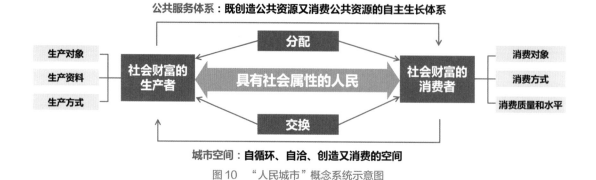

图10　"人民城市"概念系统示意图

图 11　规划事权的分级界定

同衡的二十年是不断践行、不断成长的过程。在这二十年中，我们的足迹遍及 30 余个省级行政区、11 个国家，积累了 1 万多个项目，同时也获得过若干奖项。

最后，这一切都归功于大家，感谢各位同仁能够始终秉持家国天下的情怀，感谢参会的行业组织不断地守正创新，感谢各位专家的辛勤指导和帮助，也感谢我们规划委托方的长期信任和支持。

法。"术"是我们的技术方法，最终我们一定要在"术"上成为精通者（图 13）。清华

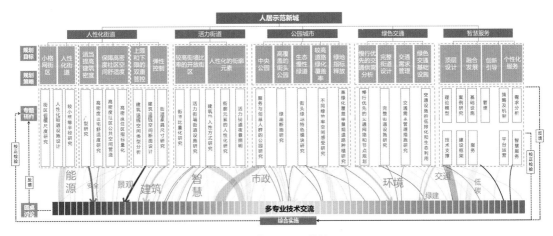

图 12　典型人居示范单元

图 13　规划的"道、法、术"

作者简介：

袁牧，清华同衡规划设计研究院副院长兼总规划师。住房和城乡建设部城乡建设专项规划标准化技术委员会委员，中国城市规划学会理事、城市设计分会副主任委员、山地城乡规划分会委员，盘古智库学术委员会委员。长期致力于城市规划与设计领域的实践及理论研究。

观点集萃

同衡学术 2023 视界

当前形势下新型城镇化战略的坚守

／尹　稚

关键词： 新型城镇化；空间格局

新冠疫情过后，我国城镇化率的发展速度发生了显著变化，原本以每年约1个百分点的速度稳步上升，现如今增速降至不足0.5个百分点。这一现象引发了社会各界的广泛关注和热烈讨论，从各类媒体平台上的相关话题中可见一斑。部分人士质疑，这是否意味着我们将回归乡野生活模式？是否会有大量人群重返乡村谋求生计？实际上，这种发展速度下降的原因是多方面的，但最为核心的因素在于其反映出的城市就业吸纳能力的降低。

一、留不住的城市和回不去的乡村

自1949年以来，中国已遭遇过两次类似的情况：首先是20世纪50年代"大跃进"之后，中国首次面临城市就业困境，导致"上山下乡"的知识青年数量剧增；其次是在"文化大革命"期间，我国国民经济一度濒临崩溃，大量知识青年被送往农村。然而，与这两次情况相比，现今我们所面临的问题呈现出新的特点。

首要问题是回乡者中有一部分人并不具备农业生产技能，这对农业生产构成了严重威胁。从成长经历来看，我们所称的"农二代""农三代"实际上是在城市中长大的一代。他们既与城市里长大的孩子有着相似的经历，又在城乡之间的徘徊中消耗了自己的童年和青春。据清华同衡去年的相关调查显示，这些人群在应接受义务教育的关键阶段更换学校的情况较为常见。他们甚至在城市和乡村之间反复游走，因为中考和高考对户口的要求，使得他们无法稳定地在一个地方接受教育。

尽管我们过去在解决城镇化问题方面取得了一些进展，但仍有许多问题亟待解决。这导致"农二代""农三代"在无法回归农村的同时，也难以适应当前城市产业的整体升级。此外，这还涉及一系列其他问题，如身份证制度的改革。对于那些热爱农村、愿意从事农业的人来说，他们能否顺利回归乡村也面临着巨大的挑战。一方面，他们失去了农村集体劳动组织的身份，进城后已成为城市居民，从而失去了对农村"三块地"的所有权；另一方面，他们缺乏资源，因为留在农村的人已经基本将集体资产分配到户。

因此，在当前的情境下，中国的城镇化进程已基本上没有退路，只能进一步加强。与过去想象的"在城市熬不住就回家"的情况不同，我们现在面临的是一个难以驻留的城市和一个越来越难以回归的乡村。

二、城镇化的客观发展规律

在当年制定国家新型城镇化规划时，其根本出发点是人的城镇化。城镇化作为一个客观发展的进程，难以通过行政力量进行刻意压制或过度加速。我们不应轻易因一些表象而联想到城镇化，例如看到"拉动消费"便重提此议题。

我们必须坚守两个基本认知。首先，城镇化是一个自然发展的过程，政府在其中能发挥的作用有限。其次，规划中所提的"推动"并非简单的标签变更或数量增加，而是指向更深层次的内涵。中国的新型城镇化规划并未过多涉及空间布局，而是以大量篇幅聚焦于"人"的问题。城镇化实质上是全体国民素质提升的过程，是人的现代化的过程，这需要通过就业转移、生活方式转变、社会融入等多种方式逐步实现，而非一蹴而就。

当时我们提出"推动"，是因为在全球范围内，少有提及政府在此进程中的积极作用。在中国的工业化和城镇化进程中，我们曾通过制度设计构建二元结构，从农村汲取资源以支持工业化和城市化。因此，提及"推动"意味着政府需要解除自身过去设立的障碍，利用政府权力进行必要的改革。真正的"推动"是在客观进程中拆除人为设置的障碍和制度陷阱，使进程更加顺畅、摩擦更少、更符合客观规律。

三、中国城镇化的基本空间格局

1. 坚守城市群、都市圈、中心城市、大中小城市协同发展的战略

中国城镇化的基本空间格局是否具备变革的可能性？这一格局实则深受中国自然地理条件的制约，这些条件在长达数千年的历史长河中并未发生显著变化，诸如三级台地形态、气候分区等特征均保持稳定。因此，尽管当前发展战略的探讨角度各异，这一格局作为近乎终极的形态，总体上仍维持稳定（图1）。例如，多年来关于胡焕庸线能否突破的讨论，无论是学界还是市场，经过深入探讨已达成共识，即不可能有大的突破，除非出现颠覆性的地球尺度或宇宙尺度气候改变，但这显然是一个遥远的设想。因此，在现有条件下，这一大的空间格局无须改变。多年来，我们逐步完成了这一空间拼图，从主体功能区的划分，到集中城镇化地区、城市群的确认，再到过渡阶段现代化都市圈的培育，以及核心主体或中心城市职能的强化，乃至圈内大中小城市的协同发展战略。我们正致力于实现区域协调发展和平衡发展。这一过程并不需要频繁地在空间上进行调整，频繁提出新的概念或提法。这些提法更多的是对未来几年工作重点的聚焦，而并非意味着空间结构需要频繁变动。实际上，这种大空间结构具有长期稳定的特点，并非朝夕之间就能改变。因此，对于规划师而言，避免不必要的折腾显得尤为重要。

2. 依托县域推动城乡融合发展

近年来，关于县城的发展也存在一些认知误区。县城作为城镇化的重要载体，其发展方向之一是，强调中国作为人口大国与西方发达国家在城镇化进程中的差异，试图将实现就业和生活方式转变以及现代生活的重点更多地放在县城。然而，实际情况显示，我国的县城是一个人口流动性极高的地区，不断有人涌入和离开。从数据观察来看，县城更像是一个人生驿站，是实现城镇化的第一个台阶。它是一种过渡性的城市，一旦人们脱离过渡状态，往往会继续前往更高能级

的地区。因此，试图将更多人固定在县城这一层级上存在很大问题。当然，县城的发展并非仅仅局限于作为上升通道的角色。部分县城因其优美的环境及卓越的公共服务品质，或将成为众多人士晚年的人生驿站。那些在城市中取得卓著成就的人士，或许会选择回归这些县城，享受宁静的慢生活。因此，我们必须明确县城的发展目标受众并非仅限于当地的农业转移人口，这部分人群流动性强，稳定性较差。随着城乡人口流动趋于平缓，县城作为从低能级聚居点向高能级聚居点流动中的重要环节，始终保持着高流动性。

关于乡村振兴的议题，讨论亦在持续进行。我们是否应固化乡村形态？在追求现代化的过程中，中国还能保留多少乡村风貌？未来十年、二十年，乡村的居民是否仍将是现在的农民，还是会转变为具备更高农业技能的产业人群，或是融入城市产业网络但选择在乡村居住的人群？这些问题都需要我们在城镇化进程中系统性地加以思考。城乡融合发展以及在城市群、城市圈内部优先启动的策略，将是未来几十年需要持续关注的重要议题。我们必须避免一刀切地将全国统一标准应用于各地。

3. 深刻回归对可持续发展的共识

近年来，在主体功能区方面，我们更多地关注了"守底线"的问题。但我必须强调，可持续发展的建设同样重要。我们需要重新审视可持续发展的形成过程，从增长的极限到无极限的增长，最终提出可持续发展的理念。若以守死线的思维看待未来发展，则将陷入增长的极限，这在历史上已被证明是有问题的。实际上，从生态保护地区的实践来

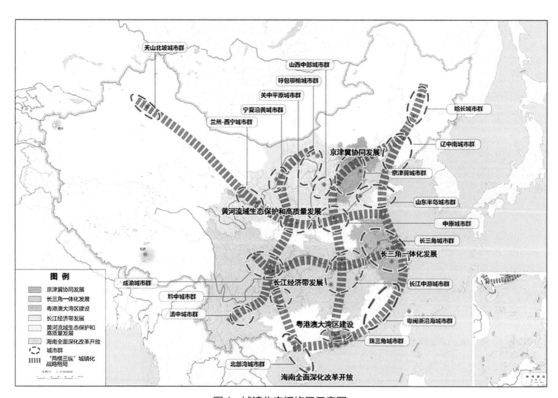

图1　城镇化空间格局示意图

图片来源：中华人民共和国国民经济和社会发展第十四个五年规划和2035年远景目标纲要

看，中国已证明生态保育是保障国家基本生态安全的基础。新中国成立后的大规模人工生态建设，放大了很多地区的环境容量，颠覆性地改变了生态特征，创造了新的生态价值。这些都表明，人与自然的关系远比僵化的"三条线"复杂得多。对于发展中的大国而言，"三条线"应具备弹性，如同橡皮筋而非僵硬的钢丝。因此，坚守可持续发展的基本共识，是我们应坚持的方向。

四、关于规划未来的思考

1. 关于空间规划的思考

作为规划工作者，对于空间规划而言，有几个方面值得我们深入探讨和理解。首先，空间资源的可运用性远比想象的要复杂，"三生"空间在现实生活中往往交织混合，仅少数地区具备绝对单独功能，其余地区则呈现高度融合状态。其可利用性具有巨大弹性，与投入水平、意识认知、视角及看问题的高度密切相关。其次，空间资源的利用必须发挥其在发展中的支撑作用。空间资源的有效利用对我国的发展起到了巨大的支撑作用。因此，我们在规划中应强调发展规划、空间规划与环境规划之间的正常优先序列和逻辑关系。

2. 关于规划治理的思考

在社会走向现代化的进程中，规划从管理走向治理。同样，我们所研究的城市并非单纯可以用自然科学和技术图纸解读的系统，而是一个复杂的社会生态系统。其被称为城市有机体，是因为它是由人构成的社会生态复杂巨系统。只有加强这方面的研究，我们才能揭示城市问题的本质并找到解决问题的合理路径。虽然技术助力至关重要，但我们也反对近年来技术至上的认知，简单地将演绎模型、数据模型和技术模型用于城市治理和管理是危险的。

3. 关于规划的坚守

最后，尽管近年来我们面临的问题日益增多，这与国内外形势的变化有关，但无论短期内会出现怎样的曲折和波折，我们都应坚守规律性和趋势性的战略共识。中国问题的复杂性源于思想意识、人口结构、经济状态和社会发育程度等方面的差异。因此，我们不再追求全国一刀切的政策，而是根据发展阶段、发育成熟度、主体功能区和差异化的空间尺度，差异化地推进政策出台和实施，并根据实践反馈调整政策。我们必须铭记"审时度势、因地制宜"的原则。世界上没有两个完全相同的城市，也没有适用于所有城市的普遍真理。在未来一段时间内，我们确实需要共克时艰。尽管当前是一个充满矛盾的时代，但绝不是走向死亡的时代。即便面临阶段性的危机，我们也应坚信客观规律不可战胜，人类发展的基本趋势是不可逆转的。只要我们坚定信念，就能够共克时艰，坚定不移地走下去。

作者简介：

尹稚，清华大学建筑学院教授，博士生导师。清华大学中国新型城镇化研究院执行副院长，清华大学城市治理与可持续发展研究院执行院长，清华大学国家治理与全球治理研究院首席专家，中国城市规划学会副监事长。长期参与并主持大量城市规划设计工作和前沿创新型项目，擅长处理综合性、政策性极强的重大问题。获得2021年度中国城市规划学会领军人才奖。

"十四五"下半场需要关注的重大问题

/ 杨伟民

关键词：房地产市场；城镇化

"十四五"下半场题目很大，要干的事很多，本文围绕其中几个重大问题进行阐述。

在以习近平同志为核心的党中央的坚强领导下，在各地区、各部门的强力推动下，在 1.7 亿经营主体的奋勇努力下，2023 年经济运行开局良好，实现了 4.5% 的增长。绝大多数行业好于 2022 年四季度，绝大多数服务行业好于 2022 年一季度。目前我国经济社会全面恢复常态化运行，需求收缩、供给冲击、预期转弱三重压力得到缓解，经济发展呈现回升向好态势。但目前的经济增长主要是恢复性的，内生动力还不强，需求仍然不足。

"十四五"下半场，应该进一步聚焦一些影响经济发展的重大问题，长远兼顾、综合施策，为长远发展奠定机制性基础。

"十四五"下半场需要关注哪些重大问题呢？我认为至少有以下六个问题。一是居民消费问题，它是需求侧拉动增长的主动力，拉动了 GDP 的 38%。二是房地产，它是经济发展的支柱产业，2022 年占 GDP 的 6.1%，房地产行业发展不稳，增长下行，其他行业很难填补。三是平台经济，它是数字经济的核心，虽然目前数字经济占 GDP 比重很小，但有人认为广义的数字经济拉动了 50% 以上的经济增长。四是民营经济，它是重要的市场主体，占 GDP 和主要指标的 50% 以上。

五是城镇化，它关系到需求和供给，城市经济占 GDP 的 90% 以上。最后是进出口，它在需求和供给侧都是拉动经济的重要动力。所以，"十四五"下半场以及更长远的发展应该关注这六个问题。

一、居民消费稳定增长

新冠疫情期间受冲击最大的是居民消费。新冠疫情期间，社会消费品零售总额年均实际增长 0.8%，城镇居民人均消费年均实际增长 0.2%，购房消费年均缩减 8.5%。

这些数据给我们的启示是，新冠疫情发生以来的需求收缩主要是居民消费的收缩，内需不足主要是居民消费不足。我们的发展是坚持以人民为中心的发展，改善民生是发展的根本目的。居民消费是民生改善的标志之一、实践标准之一。新冠疫情期间，城镇居民人均收入年均增长 3.5%，但消费没有怎么增加。所以，改善民生光有收入不行，还得把钱花出去，实实在在提高消费水平才叫提高人民生活水平。

我国已经到了从生产大国向生活大国、从制造大国向消费大国转变的阶段，各项政策要随之转变。我们的城市规划要规划什么？就是要规划人民的生活空间。以往的规划关心生产更多一些，但很多地方的产业园区真正规划的人民生活的空间不够。若生产与消费循环不畅，增长必然减速。

消费者也是市场主体，居民消费也是市场主体的自主行为。让消费者自由选择、自主消费，是发展社会主义市场经济的应有之义。因此，对于居民的消费行为，要不干预、少限制。发展市场经济，既要不干预企业的生产经营，也要不干预消费者的消费行为，这应成为各级政府的行为准则，成为各种文件的原则。

中央提出把恢复和扩大消费摆在优先位置，它既关系增长动力，更关系到我们是不是坚持了以人民为中心的发展这一价值导向。所以，要改变以扩大投资为主的扩大内需政策，实行以扩大居民消费为主的扩大内需政策。改善民生需要加强公共服务，但要认识到，公共服务不是民生的全部，民生的主体是居民私人消费。要深化收入分配制度改革，实行给居民让利的金融政策，给居民减税降费和加大转移支付的财税政策等；改变对住房、汽车等和部分高消费的抑制政策；改革身份证和住房两大制度，推进农民工市民化。

二、房地产市场稳定

最近十几年，我国逐渐形成了以房价上涨为龙头，房地产企业、金融机构、地方政府（平台企业）二者相互支撑拉动增长的格局。2010—2020年，哪些行业拉动增长最多？是房地产、金融、建筑业，拉动了我国26%以上的经济增长，远远大于制造业对经济发展的拉动作用。关于房地产业的稳定，首先要在认识上对三个问题深入讨论，达成共识。一是住宅供需是不是已经达峰？二是最大的刚需在哪里？是3亿城镇流动人口，

其中农民工是主力。这些人口不回去，要不要解决他们在就业地城市的居住问题？现代化之时，他们居住怎么办？未来不再存在"农民工"这样的称谓。三是高房价的原因究竟在哪里？高房价的根本原因是居住用地少，"北上广深"居民用地和人口增长失衡，居住用地占建设用地比例低，工业和办公楼用地多。

党的二十大重申加快建立多主体供给、多渠道保障、租购并举的住房制度。房地产市场的问题不仅是短期调控和风险管控问题，更是制度重建和发展模式重建问题。房地产市场的问题是全局性、整体性、综合性的，也不是地方和一两个部门能解决的。应瞄准新的住房制度、房地产新的发展模式，多部门协同制定综合性、长期性、制度性的房地产新政，明确与房地产相关的土地、税收、金融、公积金、预售、租赁、租售同权等的制度安排。给购房者、租房者，给房地产企业，给金融机构，给地方政府长期的、可见的预期，市场才能稳定，房地产业才能稳定发展。

三、平台经济健康发展

过去十年，信息技术服务业年均名义增长17.6%，其中互联网2019—2022年年均名义增长达36%，有力拉动了经济增长，对扩大就业、推动创新和民生改善都发挥了积极作用。

新冠疫情期间，信息技术服务业也经历了大起大落。2021年一季度信息技术服务业增长开始减速，从2020年四季度的21%降到2022年三季度的7.9%、四季度的10%，2023年一季度增长11.2%，同过去十年的17.6%和疫情期间的21.2%的高点相比，仍有加快

的空间。

过去十年，信息技术服务业是吸收就业的主要行业之一，累计新增就业 300 万人，间接带动的就业更多。目前大学生就业难，在一定程度上是因为信息技术服务业吸收就业放缓。

2022 年一季度、二季度，中共中央政治局会议都强调了促进平台经济健康发展。中央经济工作会议专门强调支持平台企业在引领发展、创造就业、国际竞争当中大显身手。2023 年 4 月 28 日中共中央政治局会议进一步指明鼓励头部平台企业探索创新。数字经济是未来经济的主要形态，平台经济是数字经济的核心，平台企业是平台经济的主体。如果在这个领域落后，在未来的国际竞争中就会失去先机。要把握监管与发展、发展与安全、垄断与创新、国内与国际的平衡，把握好"时度效"，促进与数字经济健康发展。

四、民营经济预期好转

民营经济在我国经济中具有"五六七八九"的地位，即贡献了 50% 以上的税收、60% 以上的国内生产总值、70% 以上的技术创新成果、80% 以上的城镇劳动就业、90% 以上的企业数量。同时，民营经济贡献了 50% 以上的工业营业收入、50% 以上的固定资产投资，50% 以上的进出口总值。

"三重压力"中的预期转弱，主要是民营经济预期转弱。前两年民营工业企业增长一直快于全部工业和国有企业，2022 年后开始减速并低于国有企业的增长，2022 年民间投资增长呈下降态势，2022 年年末降至 0.9%。

从上面数据来看，民营经济预期转弱问题得到了一定缓解，但是并没有根本解决。针对这一轮民营经济预期转弱问题，党的

二十大强调要支持民营企业发展壮大。2022 年中央经济工作会议也提出了对一些不正确的议论和舆论要敢于"亮剑"，同时也提出了从制度和法律上把对国有企业、民营企业平等对待的要求落下来，从政策和舆论上鼓励、支持民营经济和民营企业发展壮大。

从长远上考虑，避免屡屡出现民营经济预期转弱的问题。在理论方面，进一步明确民营经济在中国式现代化和中国特色社会主义中的性质、地位和作用；在法律和司法方面，进一步健全公有制经济财产权不可侵犯、非公有制经济财产权同样不可侵犯的产权保护制度；在准入方面，进一步明确民间投资的"红灯"即负面清单，清除隐形壁垒；在政商关系方面，进一步完善政商沟通制度，完善问责追责机制。同时，要着力帮助企业解难题、办实事，这是政府推动高质量发展的任务之一。

五、加快城镇化

我国常住人口城镇化率提高较快，但城镇化质量不高，户籍人口城镇化率与常住人口城镇化率之差还在扩大。目前我们面临的一些问题很多是跟城市化有关系的，包括消费不足、农村居民收入低、人均消费量很低，都跟城镇化政策有关。例如，农民财产性收入过低，城乡居民财产性收入之差高达 10 倍。农民错过了财富快速增长阶段，原因是宅基地、农民住房的非市场化。

农村户籍与集体所有制挂钩，决定了我国不能废除户籍制度。我提出要改革身份证制度，全国人口的身份证按常住地的住址登记，不再按户口所在地的住址登记，并据此划分城市人口和乡村人口。持有城市住址身份证的人口就是城市人口，登记的住址可以

是产权房，也可以是租赁房。离开常住城市回到农村的，换发登记在农村住址的身份证。通过改革身份证制度，彻底解决城市户籍人口、常住人口、管理人口三个人口统计口径，户籍人口城镇化率、常住人口城镇化率的不同口径，以及由此带来的城市治理难题。

要加快建立涵盖农业转移人口的非户籍人口的多主体供给、多渠道保障、租购并举的住房制度，让包括3亿农业转移人口在内的全体人民住有所居。支持人口流入多的城市增加低价商品房和租赁房供给，通过扩大供给来抑制房价。当前在扩大内需中应启动主要面向农民工的安居工程建设，利用空置工业用地、过剩商业用房等建设或改造低价居民住宅。

六、进出口稳定增长

我国净出口占 GDP 比重已大幅减少，内需比重提高。但是，不能简单地用"三驾马车"看待国内、国际循环的地位，并不是国内大循环可拉动 97.5% 的经济增长，国际循环拉动只拉动了 2.5%，而是既要看需求和出口，也要看供给和进口。2020 年我国 16 万亿元进口额中 74% 是用于生产。进口已在生产中融入了国内大循环，国内大循环本身就是国内国际双循环相互促进的结果。我国自有资源不足，没有初级产品进口的成倍增加并融入国内大循环，经济不会快速增长。

2020—2021 年，进出口是我国经济得以增长和恢复的亮点。2022 年 10 月后陷入负增长，2023 年以来情况不容乐观。中国经济发展和实现现代化离不开进出口，构建新发展格局重点是国内国际双循环的相互促进，我们既要扩大内需更要坚定不移地坚持对外开放。虽然现在国际环境复杂，但是我们也一定要坚持这个基本方针，不能有任何动摇。

我们要学会在日益复杂多变的国际环境中增长扩大开放的本领，提高扩大开放的能力，积极主动地营造有利于扩大开放的国内、国际环境。我国已经到了必须扩大制度型开放才能进一步扩大商品流动型、要素流动型开放的阶段，要主动对接国际规则、规制、管理、标准，深化国内体制改革。通过制度型开放，引领贸易和投资继续壮大。营造市场化、法治化、国际化的一流营商环境，推动经济在法制轨道上运行，减少不当干预。研究务实、管用的稳定进出口和外资企业的增量政策，想方设法留住外资企业、民营企业的出口龙头企业。

作者简介：

杨伟民，中国国际经济交流中心副理事长。

中国人口负增长问题再认识

/ 王广州

关键词：人口结构；超低生育率

以往人口研究更多的是研究人口的增长，研究人口快速增长带来的问题以及如何解决这些问题。但是，在人口负增长的现阶段，亟待加强人口负增长及相关问题的研究。

首先简单介绍人口研究领域常用的观察图形——人口年龄结构图。人口年龄结构图能够描述人口总量、年龄结构、代际关系、性别结构。例如，性别比例的突然失衡会带来婚育人口结构在生物学意义上的一些挤压；再如，年龄分组通常划分为0~14岁、15~64岁以及65岁以上老年人群，60岁以上人口属于老龄群体（国际上为65岁），老年人口比例的高低是衡量人群老龄化程度的重要观察指标。

一、中国人口的四个重大变化

目前，从人口普查数据来看，2020年中国人口呈现四个重大变化。

第一，少儿人口首次低于老年人口。2020年少儿人口和60岁以上的老年人口规模基本上是相等的，老龄人口增加、少儿人口减少这一趋势仍然在进一步加剧。这种情况在中国人口历史上从未出现过，是人口结构的重大变化。

第二，出生人口性别比出现了历史性转折。我国出生人口性别比自1984年开始持续升高。正常的出生人口性别比在105：100左右，出生男女婴儿人数曾基本持平。1984年以来，我国出生人口性别比达到120：100，2020年出生人口性别比下降到111.3，未来性别结构失调导致的婚姻挤压问题将日益突出。

第三，农村人口远少于城镇人口。农村人口一直是我国关注的重点，我国历来是乡土社会，农村人口多于城镇人口。但目前城镇人口远多于农村人口，这一情况在我国历史上也从未发生过。

第四，一人户比例超过四分之一。人口普查数据显示，我国独身、独居的户数占比已经超过四分之一，相比第六次全国人口普查的七分之一，上升显著。

二、中国人口负增长的主要特征

所谓"再认识"的原因，一方面是以往对问题的认识不够清晰，另一方面是可能存在某些错误认识。对人口负增长及其所带来的问题的担忧是否是杞人忧天，需要我们对我国人口负增长的性质、特征和趋势进行再认识。

人口分析最基本的平衡方程即：

$$N(t)=N(0)+B(0,t)-D(0,t)+I(0,t)-O(0,t)$$

其中，能够引起正增长的因素是 B，代表出生人口，D 代表死亡人口，I 代表迁入人口，O 代表迁出人口，加号是促进正增长，减号是促进负增长。同时，与各指标的相对大小也有关系。例如，死亡人口与人均预期寿命有关系，平均预期寿命每提高 0.1 岁，对于中国 14 亿人口的影响大概是增加 30 万人；出生人口方面，总和生育率变化 0.1 大概会引发 100 万人口的变动。因此，生育与死亡的变动速率不同，带来的人口正负变动也不同。

从历史的角度看，根据马尔萨斯理论，抑制人口增长主要来自战乱、瘟疫与饥饿。例如，我国在 20 世纪 60 年代的人口负增长主要与自然灾害有关。基于 1953 年以来我国历次人口普查数据，本研究采用基准人口比例、人口净再生产率、人口内在自然增长率、人口惯性等人口再生产测量指标，以及队列要素/孩次递进人口预测方法，对我国人口负增长问题进行研究，得出我国的人口负增长主要呈现出超低生育率负增长、加速的负增长、区域不平衡人口负增长，以及城乡人口结构发生重大转变的负增长四个方面的结论。

第一，超低生育率负增长。从人口总规模稳定的静止人口角度看，伴随人口平均寿命的增长与每年新生人口的减少，我国实际出生人口已经在 1995 年前后开始出现低于基准出生人口的状况，人口生育率已经降低至更替水平以下并持续至今。2020 年，我国年度新生人口总规模已下降至基准出生人口总量的 70%。从净再生产率（一个妇女一生生育的能够接替其生育职能的女孩数）角度来看，我国目前短缺 40% 左右。从内在自然增长率（相当于人口增长的加速度）来看，也早已开始为负。可以说，我国人口负增长趋势的内在结构性积累由来已久，并且在不断加深。低生育率是指总和生育率低于 2.1，超低生育率是低于 1.5，极低生育率是低于 1.3。我国 2020 年总和生育率接近 1.3，已经达到极低生育率水平。同时，即使处于在相同生育率水平，生育年龄的早晚也对生育率有直接影响，即早生、晚生也是不同的。比如，放开"三孩"政策后，一部分人已经远远超过旺盛生育年龄，即使有生育意愿的妇女，生育三孩的可能性也大大降低。总和生育率在城乡之间是存在差异的，但由于农村人口逐步减少，城乡差异也在逐渐减少。从育龄妇女递进生育率指标来看，2000 年一孩终身生育率为 99.98%，即终身未生育子女的妇女比例不到千分之三，但 2020 年一孩递进生育率下降到 90% 以内，即终身未生育子女的妇女超过 10%。因此，相比二孩、三孩生育率，一孩生育率低是导致生育率下降最重要的因素。

关于极低生育率是需要认真对待和深入讨论的。下面对低生育率陷阱、二次人口转变等一系列相关问题进行讨论。首先，全球存不存在低生育率陷阱？我国二次人口转变特征是否凸显？我国人口很早就已经完成了由高出生率、高死亡率向低出生率、低死亡率的人口转变，即所谓的一次人口转变。目前人口普查数据表明，人口再生产方式继续向不婚不育比例迅速提高以及平均初婚年龄上升速度较快的方向转变，即所谓的二次人口转变。另外，出生人口性别比升高后导致终身单身男性占比增加，对婚姻也形成明显的挤压，导致男性受教育程度较低人群未婚比例较高，而女性中受教育程度较高人群未婚比例相对较高。

第二，加速的负增长。根据现有人口变动趋势判断，我国人口将面临加速负增长的长期趋势，原有预测对人口负增长速度可能是低估的，加速的人口负增长才是值得高度警惕的。从结构性预测角度来看，老年人口年度增长规模逐年扩大，劳动年龄人口则在不断地减少。从年龄组人口相对规模来看，15~59岁劳动年龄人口与60岁以上老年人口的比例从原有3.5∶1的水平，在较短时间内即将变为接近1∶1，这个变化速度是非常快的，并且此趋势将不断加剧。从14岁以下人口与60岁及以上老年人口的比例来看，目前是1∶1，根据出生人口趋势分析，即将出现接近4个60岁以上老龄人口对应1个14岁以下人口，我国家庭结构正在发生深刻变化，老年人口和老年家庭将持续、快速增加。

第三，区域不平衡人口负增长。人口负增长更突出的地区主要在我国北部地区，包括东北三省、内蒙古、甘肃等地，且各地人口增长速度差距大。例如，黑龙江省边境城市黑河在十年间人口负增长26%左右。

第四，城乡人口结构发生重大转变的负增长。我国城乡人口格局也在发生重大转变，转折点发生在2010年，约为1∶1，2020年已转变为6∶4。同时，城乡各自内部的人口年龄结构也在发生深刻变化。但在2020年，农村15~21岁年龄段人口占比出现"内陷"，这是现阶段需要深入研究的现象。另外，这种城乡年龄结构性变化对消费、就业的含义也产生了很大影响，再生育的成本也成为讨论的热点。

总结来说，对中国人口负增长的再认识主要包括极低生育率的人口负增长、加速的人口负增长、区域不平衡的人口负增长以及城乡人口结构发生重大转变的负增长。这些变化正在影响我国城乡规划的发展，具体影响如何还需各位规划专家讨论。

作者简介：

王广州，人口学博士，中国社会科学院人口与劳动经济研究所研究员。

无人驾驶就是你对美好生活的向往

／吴甘沙

关键词：无人驾驶；城市交通

导读

我们做科研、做企业有很多目的或初心，但本质都是要满足人民对美好生活的需要和向往。当今我们的城市还有很多问题，而各类问题的本质则是对信息流与交通流融合的需求以及由人的不确定性所带来的对融合的阻碍。想要真正达到这种融合，我认为有两个方向，即无人驾驶与共享出行。无人驾驶与共享出行的融合与碰撞，可在极大程度上释放城市各类空间，如道路、停车场、加油站等。空间的释放带来的是时间的释放，以及由此引起的城市商业、工作、生活等多功能形态场景的重新设计。我希望在未来能够创造出"0 事故死亡、0 交通拥堵的交通体系，使出行和物流成本降到 1/3、道路和停车空间减少 1/3、路上总时间减少 1/3"，以满足人民对美好生活的需要和向往。

一、问题频发的城市交通环境现状

城市的主人是谁？我记得很久以前看过一个美国的动画片，叫《*What On Earth*》，这个名字有双重含义，就是火星人来到地球看到了什么？他来到地球看到了城市的主人是谁呢？他认为大大小小的铁皮壳子的生物是

一种生物。这个生物里偶然还可以看到寄生虫进进出出。所以这本质上反映了一种异化，就是城市的主人是汽车，而人是寄生虫。

回到城市本身，当今我们的城市有很多问题，比如说交通拥堵、交通事故、停车难等。当前的智慧交通也尝试了很多办法，比如绿波带、智能交通信号控制系统等，但是收效不太理想。探索其原因，我发现本质上是城市需要信息流和交通流能够融合，但事实上因为人的不确定性因素，并没有达到这样一种融合。想要真正达到这种融合，我认为有两个方向，一个是无人驾驶，一个是共享出行。

二、无人驾驶与共享出行重构出行新体验

1. 无人驾驶：交通拥堵与事故有效缓解

从出行方面看，据相关统计，全球每年由于交通拥堵带来的生产力的损失和资源消耗是万亿美元，同时交通事故每年导致 130 余万人死亡、5000 余万人受伤，这种破坏力度大于任何一场中等规模的战争。交通事故的发生有 93% 跟驾驶员的行为习惯相关（麦肯锡统计数据），而当驾驶员变成了 AI 驾驶

员后，事故发生率可以减少90%以上。因为AI驾驶员的训练里程要达到千亿公里级别，可以避免大部分因驾驶员的行为习惯而导致的交通事故。

同时，无人驾驶能通过车车协同编队行驶提升单车道的流量，有效避免"幽灵堵塞"，甚至可以在十字路口去除红绿灯，彻底根除交通拥堵。

2. 共享出行：汽车资源利用率有效提升

汽车作为一种资产，其生命周期是什么样子？据相关统计，一辆汽车有95%的时间是闲置的，停在停车位，剩下5%的时间也没有得到高效利用，其中只有2.5%的时间在正常行驶，有1.2%的时间在龟速行驶，还有0.8%的时间在寻找停车位。共享汽车可以对应地缓解这些问题。共享的含义有两层，一个是不用再买车了，想要出行叫车就可以；另一个是车辆本身可以有各种各样的共享目的。一车多用能够用于各种不同场景，也可以减少路上的车辆。比如一辆车早上用来共享出行上班，上午可以送老年人去医院，中午可以配送午餐，下午可以成为共享办公室，晚上又用来共享出行下班等。

3. 道路重构：城市空间的大幅度释放

解决了上述问题后，下一步是重塑道路。当今城市典型的道路结构都是双向四车道，还有两侧停车道，留给人走的空间很少，这不是以人为中心的城市。那要怎么改变？

当无人驾驶、共享出行成为主流，车道、停车空间能够大量释放。首先，是道路中间的隔离带不再需要。因为无人驾驶车辆不会开到路对面去。其次，是单个车道可以变得更窄。因为无人驾驶车辆始终会在车道

中央行驶。再次，是停车区不再需要。因为无人驾驶车辆到了目的地后不用考虑停车问题，白天车辆在城市中川流不息，夜间可以停到市中心以外的地方，释放市中心的停车空间。停车时甚至可以像超市购物车一样折叠起来，还可以原地掉头，所需空间很小。

此外，未来的停车场可以高密度泊车。我看到一个国外的数据，一个城市15%的土地都是用来停车的。当高密度泊车实现后，停车空间可以实现大幅度缩减，留给人的空间就会有大幅的增加。空置出来的停车空间可以用作即时上下客车道，也可以变为自行车道，甚至可以成为城市绿地、公共空间等。即时上下客车道还能带动街边商铺、建筑一楼大堂更加繁荣，提升人在其中的便利性。

4. 个性化公交：流量与体验的双向平衡

当前，公交车由于流量大、人数多、站点分布不平衡等问题，导致体验有点差。当个性化、智能化公交成为主流，公交车可以实现家门口到目的地的接送服务，可以极大提升出行效率和出行体验，实现流量和体验的平衡。

迷你出租车也是未来出行的一个发展方向。现在路上常见的5座出租车的平均载人数是1.4人，而采用2座迷你出租车后，可以使单个车道的流量增加4倍，提升道路空间的利用率。

当城市的道路交通可以实现大车、小车结合使用，城市道路空间的多功能重新设计就成为可能，各种各样的车辆轨道随之出现，共享公交车、出租车、自行车、行人各行其道，城市将真正变得丰富多彩，而不仅是模式化的钢筋水泥的城市。

5. 加油站 / 地铁站：空间的转型和示范

随着新能源汽车的普及以及可充电绿色车道的建设，当车辆开到没电后，就可以进入绿色车道，实现边开边无线充电。或者，车辆模块化生产后，当使用电池的车辆没有电后，可以即时预约一个配送电池的车辆一起进行贴合替换。加油站可以大幅减少或不再需要。

同时，随着后地铁时代的到来，未来很多车都在地下跑，地面空间将进一步得到释放。空间的释放带来的是时间的释放，随之带来的是生产力的提升和经济的发展。以往在路上的时间，可以被释放出来进行工作、学习、购物、消费体验等。由此，将形成新的基于道路交通的消费模式，很多行业的业态也将被改变，比如用于交通出行的汽车旅馆、支线航空、驾校培训服务等将不再需要。

美国《连线》杂志发表过一篇很有趣的文章，提出无人驾驶盛行后，会不会对城市的经济带来很大的影响？会不会影响城市的财政收入？其实国外有很多这样的案例，有负面的，也有正面的。比如路边的停车表，前半个小时免费，半个小时以后开始收费。如果无人驾驶车辆在一个地方停 29 分钟就挪一下，停车费就收不到了。正面的影响则是可以增加消费，比如智能拼车可以使得残疾人、小孩、老人甚至宠物都有了出行的自由。

另外一种可能是未来的车都是"商业地产"，商业职能不在商场里，而是在道路上，相当于把商铺开在了一辆辆车里，变成一种乘客经济，乘客是消费主体，即从人和车的移动到商业地产的移动、物的移动，使得物流效率提高，实现人与物的"双向奔赴"。它有可能成为新的经济增长引擎。有社会科学家研究得出无人驾驶对经济带来的最大价值是使得酒的销量增加 30%。此外，随着城市空间的进一步变化，个人零售将变得更加便利，移动的超市（车辆）将根据人的需要随时随地出现，实现"心想物来"。

6. 时间"相对论"：未来城市有更多可能

随着无人驾驶、共享出行成为主流，城市空间被重新布局，时间被极大释放，带来的明显效果是房价会下降。这个下降指的是城市不同区域之间的房价价值转移了。原来由于时间、路途等原因需要住得离公司更近，或者选择靠近公交站点或生活便利的地方，现在这些原因都可以忽略了，可以根据人的需要选择住的地方，特殊地段的房价将会降低。换句话说，价值将会从那些因生活便利而溢价的房产（靠近公交站点，通勤时间短）转移至那些因不便利而房价低的房产（通勤时间长，远离市中心）。

此外，随着移动"商业地产"的发展，未来的城市还有可能是能够移动或者是变形的。比如说一片空地上什么都没有，但是要组织一个比赛或活动，就可以用很多车围成一个个同心圆，人们可以在车里住宿、吃饭、娱乐、聊天。它使得未来的城市具有更多可能性。

三、2031 使命满足人民生活美好希望

在这条创新的道路上，行业已经有了很多场景的尝试，包括机场、工厂、矿区、港口、口岸等，可谓是八仙过海各显神通，也在很大程度上满足了使用需求。但其实从本质来说，这些还都限于各个场景领域的垂直尝试，一直到 ChatGPT 的出现，我发现一个

通用的模型其实是可以胜过各个专业模型的。

　　这个模型我们团队研究了很久，拿到了工业和信息化部第一期人工智能揭榜挂帅自动驾驶操作系统的第一名，已经应用到私家车、"最后 5 公里"和干线公交车等场景，以及在一些特定场景使用的皮卡、轻卡、重卡，还有港口专用的平板车，以及配送车、环卫车，获得了比较好的反馈。

　　希望到 2031 年我们能够创造出一个"0 事故死亡、0 交通拥堵的交通体系，使出行和物流成本降到 1/3、道路和停车空间减少1/3、路上总时间减少 1/3"，全方位地满足人民群众对于出行的需求和美好向往。

四、结语

　　清华同衡毫无疑问是城市规划、未来数字经济、数字生活领域的一个行业领导者。驭势科技的理念是"与先行者同行、与开创者共创"，也期待在未来的学术交流中能够与清华同衡碰撞出更大的火花，让 2031 愿景更早实现。

作者简介：

　　吴甘沙，驭势科技（北京）有限公司董事长、CEO，英特尔中国研究院前院长、首席工程师，国家科技创新创业人才，中关村高端领军创业人才。

国土空间格局优化中的乡村规划建设模式探索

/ 张 悦

关键词： 县域发展建设；国土空间新格局；城市化地区；农产品主产区；生态功能区

一、城市化地区的发展动力源与城乡融合

1. 城市化进程和城乡关系中的乡村规划与建设

当前城市化的进程从总体上看并不仅是进入放缓甚至逆城市化的阶段，而是进入了更加深刻而剧烈的"人的城镇化"，尤其随着户籍制度和土地税收制度改革，城市地区将接纳更多的农业人口转移，提供更充分的居住保障和公共服务。因此，国家在未来一段时间仍将进一步鼓励人口流向城市，如国家"十四五"规划纲要明确提出全面取消城区常住人口 300 万以下的城市落户限制，全面放宽城区常住人口 300 万至 500 万的大城市落户条件，完善城区常住人口 500 万以上的超大特大城市积分落户政策，并且从基础设施投资补助、城镇建设用地年度指标分配、教师医生编制定额等诸多方面支持城市吸纳乡村转移人口。

基于以上背景，有必要从城市化地区和非城市化地区两个视角来讨论乡村发展建设路径：城市化地区的乡村，将进一步融入城乡一体化的系统之中，在不同层面支撑中国城市群、都市圈、超大特大城市、大中城市的人口集聚，实现高质量创新和实体经济发展；而非城市化地区的乡村，将在人口有序流出的情景下，重点推动全面乡村振兴和共同富裕，提升国家农业安全、生态安全、能源安全、边疆安全等方面的整体保障能力。

2. 以城市化地区的乡村支撑国家创新驱动与实体经济发展

当前中国城市化地区基本形成了"两横三纵"的总体格局和 19 个城市群的布局，是国家高质量发展的重要动力源。党的二十大报告提出将发展作为第一要务，因此作为城乡发展动力源区域的乡村，其定位和责任就尤为重要。城市化地区涉及 476 个县域单元、约 800 多个设区的单元，这些区域与城市的发展密切相关。因此编制这 1000 多个县和区域单元的乡村规划不是简单地解决农业农村问题，而是考虑这部分乡村建设的使命是支撑国家创新驱动和实体经济的发展，服务于超大特大城市建设，从而参与全球竞争和科技创新。

超大特大城市的乡村将以支撑其所处城市的全球资源配置、科技创新策源、高端产业引领功能为首要目标，建设重点在于完善郊区新城建设和多中心组团发展，承接中心城区的功能疏解，满足中心城区的郊野游憩需求，并保障城市群与都市圈的整体生态环境承载与基础设施韧性。

未来大中城市周边乡村地区应以夯实中国实体经济发展基础为首要目标，立足资源禀赋特色和综合成本较低的优势，协同所处城市承接超大特大城市的产业转移，推动区域内的制造业规模化、集群化发展，建设先进制造业基地、商贸物流中心等。可见，编制该地区的乡村规划要具备国家系统思维，而不只是规划专业思维。

3. 城市群 / 都市圈一体化发展下的城乡基础设施与公共服务设施均等化

城市化地区的乡村规划与建设将更多地开展城乡融合发展试验改革，促进人才、资金、科技、信息等要素双向流动，推进城乡基础设施和公共服务均等化建设①②。

在推进城乡基础设施一体化建设方面包括：畅通和密织多层次公路网，完善一体化公路客运网络和公交互通机制；完善轨道交通网络规划，推动干线铁路、城际铁路、市郊铁路和城市轨道交通"四网融合"；完善"通道 + 枢纽 + 网络"的物流运行体系，提升区域物流运行效率；统筹市政基础设施建设，推动统一规划、统一建设、统一管护，推动各类市政管网合理衔接与城乡一体化布局等。

在推进城乡公共服务融合建设方面包括：促进优质公共服务资源的城乡融合，鼓励区域内多层次、多模式合作办学、办医和教师、医护人员异地交流，推动病历及医学检查结果互通互认，推动与产业配套的中高职学校专业贯通招生，增加健康、养老、家政等服务的共建和多元化供给；加快

社会保障衔接，建立统一信息平台和结算网点；推动政务服务联通互认，实现"一网通办"等。

在推进生态环境共保共治方面包括：构建城市化地区的绿色生态网络，城乡联合实施生态系统保护和修复、廊道绿道衔接、林地绿地湿地建设、河湖水系疏浚；建立环境协同共治，建立城乡大气污染、流域水污染、土壤污染综合防治和利益协调机制等。

二、农产品主产区的农业现代化与县域统筹

1. "十四五"规划中的农业两区空间布局

"十四五"规划纲要提出，粮食生产功能区和重要农产品生产保护区是确保国家粮食安全的重要空间③。该类地区县域发展建设的目标应为：坚持强化农业基础地位，加快农业农村现代化，全面推进乡村振兴。

农产品主产区的县域乡村空间，将以农田保护为基础，进一步划定粮食生产功能区和重要农产品生产保护区的"两区"地块。具体包括：

（1）粮食生产功能区 9 亿亩，包括以东北平原、长江流域、东南沿海为重点的水稻区 3.4 亿亩，以黄淮海地区、长江中下游、西北及西南为重点的小麦区 3.2 亿亩（含稻麦复种 0.6 亿亩），以松嫩平原、三江平原、辽河平原、黄淮海地区及汾渭河流域等为重点的玉米区 4.5 亿亩（含麦玉复种 1.5 亿亩）。

---

① 《中共中央 国务院关于建立健全城乡融合发展体制机制和政策体系的意见》
② 《国家城乡融合发展试验区改革方案》
③ 《国务院关于建立粮食生产功能区和重要农产品生产保护区的指导意见》

（2）重要农产品生产保护区2.38亿亩（与粮食生产功能区重叠0.8亿亩），包括以东北地区为重点、黄淮海地区为补充的大豆区1亿亩（含麦豆复种0.2亿亩），以新疆为重点、黄河长江流域为补充的棉花区0.35亿亩，以长江流域为重点的油菜籽区0.7亿亩（含稻油复种0.6亿亩），以广西、云南为重点的糖料蔗区0.15亿亩，以海南、云南、广东为重点的天然橡胶区0.18亿亩。

2. 以农产品主产区乡村带动农业现代化与保障粮食安全

农产品主产区的县域乡村空间将重点支撑农业现代化发展。首先，须严守耕地"量"的红线，遏制耕地"非农化"，防止"非粮化"，并以此作为农产品主产区责任考核和资源配置的依据。同时，需提"质"以增强农业综合生产能力，实施10.75亿亩集中连片高标准农田[1][2]，并使得农作物耕种收综合机械化率提高到75%。这些现代农业建设工程将从田块规模形态、田间道路密度和宽度、蓄引灌排网络、输配电泵井系统等方面塑造新的乡村景观，乡村规划设计师应当协同参与其中。此外，在"粮经饲"统筹、农林牧渔协调的农业结构下，不同县域依据各自优势特色发展现代畜牧、健康水产、绿色经济林与林下经济等。

农产品主产区还宜突出特色优势，因地制宜地延长农业产业链，提高农产品加工和农业生产性服务业水平[3]。具体包括：

（1）建设一批农产品精深加工基地和加工强县，鼓励农民合作社和家庭农场发展农

产品初加工，建设农产品产地集散地和销地批发市场、农产品物流骨干网络和冷链物流体系设施等。

（2）建设休闲农业和乡村旅游精品工程，培育一批"美丽休闲乡村""乡村旅游重点村""休闲农业示范县"。

（3）挖掘各类非物质文化遗产资源，保护传统工艺，促进乡村特色文化产业发展。

（4）支持供销、邮政、农业服务公司、农民合作社等开展农资供应、土地托管、代耕代种、统防统治、烘干收储等农业生产性服务业。

（5）深入推进"互联网+"现代农业和农产品出村进城工程，加快重要农产品全产业链大数据建设，建设农村电子商务公共服务中心和快递物流园区等。

3. 突出以县城为重要载体和全县域统筹的乡村建设行动

农业主产区的乡村离散型人居形态是有别于城市化地区高密度建成区的一种有效建设模式。因此，除了强化县城综合服务能力和吸纳转移人口之外，更需要在全县域统筹县镇村农房及各项基础设施与公共服务设施建设。具体包括：

（1）统筹县域公共服务设施普惠共享，加强义务教育学校标准化建设、寄宿制学校建设及县域教育资源共享机制，改善乡镇卫生院和村卫生室条件及其与县医院巡回远程诊疗机制，统筹县域城乡社保制度与社会救助体系等。

（2）统筹县域基础设施规划建设管护，

---

① 《高标准农田建设通则》
② 《高标准农田建设技术规范》
③ 《国务院关于促进乡村产业振兴的指导意见》

以政府投入为主完善道路、公交、邮政、水利设施体系，以政府、社会资本和农民投入相结合开展乡村供水、垃圾污水处理和农贸市场建设，探索以企业投入为主开发建设乡村供电、电信和物流等经营性设施服务等。

（3）推进农产品加工流通企业下镇，引导农业企业原料基地加工车间等下村，实现加工在镇、基地在村、增收在户的县域产业联动发展。

（4）在保护农业生产空间、保护乡村风貌和尊重农民意愿的前提下，通盘考虑土地利用和整治，优化乡镇村庄居民点的布局建设，改善农村人居环境。

此外，县城是县域城镇化和乡村建设行动的重要载体。当前全国 1881 个县及县级市常住人口共计约 2.4 亿人 [1]，生产总值约占全国 GDP 的近 40%，但却仍存在市政公用设施底子薄、公共服务设施不健全、产业配套设施不足等问题，难以承载更多的人口和产业，难以适应农民日益增加的到县城就业、安家的需求。因此应加快县城建设，补短板、强弱项。具体包括：

（1）完善县城公共服务设施建设，加强中小学、幼儿园建设及其对转移人口的覆盖供给，加强职业教育资源供给和转移人口职业技能培训，加强医疗卫生、养老等设施建设及其对新、老居民的均衡配置。

（2）扩大县城市政公用设施投资，加强城市道路、市政管网、垃圾处置、排水防涝、应急处置等设施建设。

（3）改善县城新市民和中低收入居民住房问题，加大公共租赁房、政策性租赁住房、共有产权住房建设的保障力度，防范县城房价、地价过高等。

三、生态功能区的保护补偿与转移支付

1. "十四五"规划中的生态工程布局

我国依据胡焕庸线以西高原及沿海、沿江河地区等构成了确保国家生态安全的生态功能区。该类地区内县域发展建设的目标应为：坚持山水林田湖草系统治理，提高生态系统自我修复能力和稳定性，促进自然生态系统质量整体改善。

"十四五"规划纲要提出，到 2035 年，全国重要生态系统保护和修复的具体目标包括：森林覆盖率达到 26%，天然林面积保有量达到 2 亿公顷左右，湿地面积不减少，保护率提高到 60%，新增水土流失综合治理面积 5640 万公顷，自然海岸线保有率不低于 35%，以国家公园为主体的自然保护地占陆域国土面积 18% 以上等 ①。将以国家重点生态功能区、生态保护红线、国家级自然保护地等为重点 ②③④，布局在青藏高原生态屏障区、黄河重点生态区（含黄土高原生态屏障）、长江重点生态区（含川滇生态屏障）、东北森林带、北方防沙带、南方丘陵山地带、海岸带等重点区域。

2. 以生态功能区的乡村支撑国家生态安全屏障

生态功能区所涉及的县域乡村空间，将

① 《全国重要生态系统保护和修复重大工程总体规划（2021—2035 年）》
② 《环境保护部 发展改革委 财政部关于加强国家重点生态功能区环境保护和管理的意见》
③ 《关于印发〈生态保护红线划定指南〉的通知》
④ 《关于建立以国家公园为主体的自然保护地体系的指导意见》

以承载全国重要生态系统保护和修复重大工程为目标。具体包括：

（1）青藏高原生态屏障区：全面保护高寒草原、河湖、湿地、冰川、荒漠等生态系统，封禁沙化土地，治理退化土地，恢复天然林草等。

（2）黄河重点生态区（含黄土高原生态屏障）：上游提升水源涵养能力，中游做好水土保持，下游保护湿地生态系统和生物多样性。

（3）长江重点生态区（含川滇生态屏障）：加强亚热带森林、河湖、湿地生态系统保护与整治修复，实施退耕退牧、还林还草、退田还湖还湿等。

（4）东北森林带：全面加强森林、草原等生态系统的保护与修复，连通重要生态廊道，强化沼泽湿地动物迁徙地、繁殖地保护管理等。

（5）北方防沙带：推动森林、草原和荒漠生态系统综合整治和自然恢复，推进防护林体系建设、退化草原修复、水土流失和风沙源治理等。

（6）南方丘陵山地带：增强中亚热带森林生态系统质量和稳定性，实施原生植被全面保护、中幼林抚育和退化林修复，保护濒危物种及其栖息地，开展有害生物防治等。

（7）海岸带：全面保护自然岸线，严控过度捕捞等人为威胁，重点推动入海河口、海湾、滨海湿地与红树林、珊瑚礁、海草床等典型海洋生态系统的保护和修复等。

除了在广大生态功能区市、县实施上述重大生态工程外，还将建立跨市、县行政区

自然保护地体系，在该陆域国土面积约18%的范围内将全域严格管控非生态活动，并稳妥推进其核心区居民、耕地、矿权等的有序退出。

3. 生态保护补偿和转移支付机制下的共享发展

生态功能区内县域功能应置于全国整体的生态保护补偿机制之下。该机制将具体体现在：

（1）加大纵向转移支付力度，中央财政根据不同生态功能和成本来提高相应的均衡性转移支付系数，中央预算内投资对重点生态功能区内基础设施和基本公共服务设施予以倾斜，加强保护成效和资金分配挂钩。

（2）推进横向生态保护补偿，鼓励受益地区和保护地区、流域上游和下游通过资金补偿、产业扶持等方式建立横向生态关系。

（3）完善市场化、多元化生态补偿参与，探索用水权、排污权、碳排放权的初始分配制度和交易制度。

（4）建立生态产品价值实现机制，科学核算，完善保护补偿和损害赔偿，推动政府考评应用，基本形成保护生态环境的利益导向机制①②③。

基于以上生态保护补偿机制，对于保留在生态功能区的县域，将重点开展生态化的各项乡村建筑与基础设施建设，实现城乡共享发展。需要补充说明的是，类似的补偿和转移支付机制，也不同程度地适用于农产品主产区、能源资源富集地区、边境地区等因

① 《国务院办公厅关于健全生态保护补偿机制的意见》

② 《生态保护补偿条例（公开征求意见稿）》

③ 《关于建立健全生态产品价值实现机制的意见》

承担国家战略功能而发展权受限的地区的县域乡村建设。

四、国土空间新格局下的乡村规划建设：分类与分布展望

一是应根据城市发展规律及其支撑腹地的需要划出城市化地区，确定全国城市化地区的县（区）域单元 1309 个（包含部分农业"两区"地块和生态保护修复工程），该地区内乡村规划与建设由所在城市、都市圈、城市群统筹融合。

二是根据保障国家粮食安全和农业现代化的需要，基于"两区"及集中连片高标准农田等，确定农产品主产区的县（区）域单元 872 个。

三是根据重点生态功能区、自然保护地、森林覆盖区等范围，确定生态功能区的县（区）域单元 687 个。

参考文献

[1] 徐文舸. 加快推进以县城为重要载体的城镇化建设 [N]. 学习时报，2021-05-05（3）.

[2] 邵磊，张晓明，顾朝林，等. 县域镇村体系规划编制技术导则（草案）[J]. 城市与区域规划研究，2018，10（2）：144-167.

[3] 张悦，张晓明，胡弦，等. 镇域规划编制导则（草案）[J]. 城市与区域规划研究，2017，9（4）：85-98.

[4] 邰艳丽，唐燕，顾朝林，等. 乡域规划编制技术导则（草案）[J]. 城市与区域规划研究，2018，10（1）：142-167.

[5] 陈继军，张洋，白静，等. 村域规划编制导则（草案）[J]. 城市与区域规划研究，2017，9（4）：99-111.

[6] 顾朝林，张晓明，张悦，等. 新时代乡村规划 [M]. 北京：科学出版社，2018.

[7] 林文棋，吴梦荷，张悦，等. 中国城镇化的地区差异及其驱动因素 [J]. 中国科学：地球科学，2018，48（5）：639-650.

[8] 张悦. 推进我国各级城镇的协调发展 [J]. 小城镇建设，2018，36（11）.

作者简介：

张悦，清华大学建筑学院党委书记、教授，清华大学乡村建设研究院院长。中国城市规划学会常务理事、教育部高校城乡规划专业学位全国教育指导委员会副主任、住房和城乡建设部高等教育城乡规划专业评估委员会副主任、自然资源部科技咨询委员会委员。

国土整治与"轻文明"

/ 郧文聚

关键词：国土整治；土地资源

一、"轻文明"的本质诉求

"可持续的土地和海洋"是一个重大挑战。2020 年,《全球工程师调查》提出,未来 25 年全球工程师面临的挑战中,可持续发展的土地和海洋以 16% 的得票位居第三。可见,土地资源安全保障是一道难题。

如何实现经济、社会、生态系统的协调和可持续发展,是城乡规划、国土整治、生态修复的共同课题。怎样去设计和实施才能够逆转土地退化势头,才能够让我们这个世界在经济不受损、社会继续向好的前提下,生态系统仍能维持下去,值得规划师去深思。

过去由于我们深受"物质之重"的胁迫,出现了很多"反物质化"的现象。在"物质之重"与"精神之轻"之间如何平衡,在科学、艺术、道德方面如何处理,是个重要的议题(图 1)。

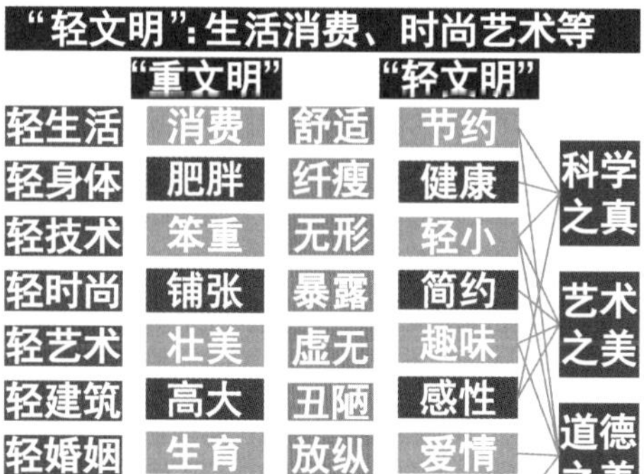

二、国土整治,改造中国

国土整治发挥了重要作用。我国的耕地存在数量不足、质量不高、布局不稳、弹性不大、取舍堪忧五大问题,这里面既有人的问题,更有全球变化的问题,还有资源禀赋的问题。我国的国土整治经历了补充耕地、以建促保、以节促用、回归自然这四个阶段。在生态文明建设背景下,解决土地安全问题,不仅需要工程技术,还需要在科学原理上进行突破。规划和国土整治层面,需要重视以下几方面工作。

第一,强化《全国重要生态系统保护和修复重大工程总体规划(2021—2035 年)》的指导作用。该规划构建了中国生态安全格局的龙骨,主要解决了自然生态系统的质量和功能问题,将重要生态系统原则上限定为森林、草原、湿地河湖、荒漠、海洋这五类自然生态系统。

第二,以人为本,建设国家公园。2015年以来,我国先后开展了三江源国家公园、

图 1 "物质之重"与"精神之轻"阐释图

祁连山国家公园、东北虎豹国家公园、大熊猫国家公园、热带雨林国家公园等国家公园试点，是国家保护地的主体。以三江源国家公园为例，在建设过程中，将林业草原、自然资源、生态环境、水利、农牧等各类生态保护举措进行了整合，在园区内实现了统一的管理。草原生态系统得到了恢复，实现了生态管护员的全覆盖，对于农牧区的脱贫增收也发挥了重要作用，牧民的医疗、教育等各方面条件得到了有效改善。

第三，开展山水林田湖草系统工程。针对国家重点生态功能区、国家重大战略重点支撑区、生态问题突出区，开展山水林田湖草系统治理；对生产、生活、生态空间进行全域化布局，优化耕地格局，整治废弃土地，盘活存量建设用地，修复、治理人居环境；对废弃工业土地和矿山废弃地开展生态修复；着眼海陆统筹，推进海岛、海岸带及海洋生态系统治理。

第四，开展国土整治。2016年，全国耕地质量等级结构的4个等级中，优等地仅占2.9%，低等地和中等地各占17.79%和52.72%，必须重视耕地安全，节约集约利用土地，加强绿色基础设施建设，开展全域土地综合整治，实施山水林田湖草沙冰一体化保护修复工程。

三、"轻整治"：城市、乡村、原野

中国式现代化应该是全体人民共同富裕、人与自然和谐共生的现代化，需要促进区域协调发展，全面推进乡村振兴，推动绿色发展，促进人与自然和谐共生。在城市、乡村、原野，满怀慈爱、满怀尊敬地开展"轻整治"。强化科学技术对规划实践和工程实践的指导。在国土空间规划层面，重点做好"四

定"，即定性质、定边界、定规则、定程序。在国土空间整治修复的实施方面，重点做好以下五个方面工作。

第一，着重治理突出生态环境问题。加强防沙治沙与荒漠化综合治理，开展天然草原保护修复，实施草原"三化"（退化、沙化、盐碱化）治理，推进江河源区沙化土地综合治理，加大防护林体系建设力度。加强水土流失与石漠化综合治理，有序实施退耕还林还草，在水土流失严重区域开展以小流域为单元的山水田林路综合治理，加强坡耕地、侵蚀沟及崩岗的综合整治，实施石漠化综合整治工程。开展水生态修复，因地制宜推进退耕还河还湖还湿，防治水污染，加强天然湿地保护修复。构建多尺度生境廊道和生物多样性网络，保护珍稀濒危野生动植物及其栖息地。

第二，稳妥推进农业空间生态修复。加强乡镇国土空间规划管控，开展乡村全域土地综合整治，整体推进田水路林村综合治理，稳步实施美丽宜居乡村建设，持续开展农村人居环境治理，保护自然人文景观及生态环境，传承乡村文化景观特色。结合农用地整理和生态保护修复工程，针对性地消除农田土壤障碍因素，开展农田半自然生境和生物多样性保护修复，加强农田生态基础设施建设；实施农田污染防治，综合运用调整种植结构、生物移除等措施，加强土壤污染治理与修复；在资源环境承载力弱、耕地高强度利用地区，建立耕地休耕轮作制度，降低土地利用强度。

第三，大力开展城镇空间生态修复。根据城镇山体受损情况，因地制宜采取工程措施消除安全隐患，恢复自然形态。落实海绵城市建设理念，开展江河、湖泊、湿地等水体生态修复。综合运用多种适宜技术改良废

弃场地土壤，消除安全隐患，重建自然生态。推进绿廊、绿环、绿楔、绿心等绿地建设，构建完整、连贯的城乡绿地系统，完善蓝绿交织、亲近自然的生态网络，促进水利工程、市政工程生态化。加强地质灾害综合防治，实施城市地质安全防治工程，开展地面沉降、地面塌陷和地裂缝治理，提升城市韧性。保持城镇特色风貌，腾退、低效、留白空间优先用于生态修复。

第四，有序推进矿区生态修复。开展矿山地质环境恢复和综合治理，加强历史遗留矿山综合整治，推进工矿废弃地复垦利用，强化矿山废污水和固体废弃物污染治理，合理开展矿山生态重建，促进矿区生态系统功能逐步恢复和增强。进一步完善分地区、分行业绿色矿山建设标准体系，全面推进绿色矿山建设，在资源相对富集、矿山分布相对集中的地区，加快建成一批布局合理、集约高效、生态优良、矿地和谐的绿色矿业发展示范区，引领矿业转型升级，实现资源开发利用、经济社会发展与生态文明建设相协调。

第五，积极实施海洋生态修复。实施海岸线整治修复，营造生态岸滩。开展滨海湿地生态修复，推进退围还海还滩、堤坝拆除，加强候鸟迁徙重要栖息地保护恢复，加强外来入侵物种防治，恢复退化盐沼湿地。实施河口整治修复，恢复流域—河口水文连通性，保障河口生态需水，改善和恢复河口生境条件。实施海湾综合整治修复，改善海湾生境，加强海洋珍稀濒危动物栖息地的保护修复，加强赤潮、绿潮等生态灾害防治。实施海岛整治修复，开展重点权益海岛的岛体地貌稳定性修复。加强红树林和珊瑚礁生态系统保护修复。

四、诗意栖居：虽不能至，心向往之

实现人与自然和谐共生，要满足人民对美好生活以及优美生态环境的需要，要提供物质产品、精神产品、生态产品三个产品，在空间、产业、生产、生活四个方面，坚持以节约优先、保护优先、自然恢复为主，还自然以宁静、和谐、美丽（图2）。应持续深入推进"两山"理论走向实践，挖掘生态产品价值，推进产业生态化和生态产业化，在这中间有"轻"的思想，轻手轻脚、轻言细语很重要。

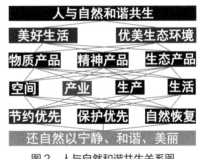

图2 人与自然和谐共生关系图

作者简介：

郧文聚，自然资源部土地工程技术创新中心主任，自然资源部首席科学传播专家，中国土地学会耕地红线科学传播专家工作室首席专家。

中国规划有什么特色，可以有什么特色？

/ 梁鹤年

关键词：规划；特色

中国城市规划所用的理念和手段有哪些不是"进口货"？

功能分区肯定改变了中国的城市结构和面貌：大院式的社区被单土地用途、单经济阶层的封闭式住宅小区取代。连西方人因对功能分区反感而想出来的混合功能、公交导向发展，以至新城市主义我们也照抄了。有时，我们的"洋为中用"更是"创意十足"：人家曾企图以环路去围堵大城市的无序扩散（这是有"环路之祖"之称的伦敦环路的目的，虽然最终失败了），我们却因环路诱发了大城市的不断扩张。

任何的规划模式都代表着规划者对人类聚居中人与人的关系、人与己的关系和人与大自然的关系的定义和定位，反映他有意识或潜意识的宇宙观、伦理观和社会观。换言之，规划是"文化"的产品。西方规划反映西方文化。中国规划反映怎样的文化？

未谈文化之前先看看中国规划有没有"中国特色"。对我来说，有三处地方特别显眼。

一、土地国有或集体所有

在西方（以美国为代表），做规划最棘手的问题是土地私有。凡是规划都会约束土地的使用和开发，也就是约束土地拥有者的权益。否则，规划往往被视为"类似无偿征用"。中国的规划没有这个约束。可是，中国的规划好像从未认真使用"土地国有"作为规划实践的有效杠杆。

二、用地指标

这个原意用来保护耕地的指标制度在实践中往往压缩了建设用地的供应。在经济发展的压力下，地方政府的规划（土地利用的规划）倾向"做大"建设用地的需求，变相助长粗放型的用地模式，非但浪费土地（包括加大道路占地的比例），更是增加通勤、供水、供热、排污和公共服务设施等的长期成本。今天，粗放型发展已经失去势头，靠"增量"的发展要结束了，取而代之的是要靠"存量"来发展。中国的城市里头存在大量未有开发、未全开发和需要重新开发的土地。好好利用这些土地去创出中国特色的"高质量"城市可以为中国规划事业带来黄金机会。

三、中国式公众参与

为什么要公众来参与规划？在西方，最初是因为公众能够提供一些当地的、具体的、独特的信息，使规划更接地气，现在完全变了质。在西方，规划被"过分"政治化，而公众参与差不多变成了规划合法性的唯一基础。我相信没有人否认规划有政治层面，但规划不能"就是政治"，不然，还要规划专业干吗。随着规划的政治化，公众参与的公众也变了质。参与者越来越不是当地人，更多是外来的活动分子、利益团体，甚至国际组织。他们参与的动机和目的往往与当地人的福祉无关。我认为，有意义的参与不应该是为了"公众利益"（public interest，参与者各自为政地谋取各自的利益），而应该是为了"共同福祉"（common good，大家一起实现大家的好）。

共同福祉的理念中外早有。只不过这两百多年在西方被个人主义和功利主义掩盖。中国提"命运共同体"合时极了。用在城市规划上这意味什么？

先谈城市是什么？我赞成亚里士多德的说法——人们来到城市是为了生活，人们居住在城市是为了生活得更好。可以说，城市就是，或应该是"可以让人生活更美好的聚居之所"。

让我们看看"让人生活更美好"。中国谈"为人民服务"。人民是个组合词：人与民。在这个组合里，"民"是个政治理念，聚焦于政治的权利与义务。但这些权利与义务是从"人"的所需和所能衍生出来的。而这些所需和所能是取决于人的本性，也就是"人性"。可以说，"为人民服务"就是"为人民的人性所需和所能服务"。

人性有三，先是物性。人是动物，凡动物都求生存和延续。人类求生存和延续实现在他的生产、生活、生态活动上。这些活动都需要物质条件并对物质世界有影响。城市规划的聚焦点就是城市居民的生产、生活、生态活动所需的空间环境条件和对空间环境的影响，强调的是安全、方便、舒适、美观。

人有群性。群居促进个人和众人的生存和延续。但是，由于每个人都会有不同的生产、生活、生态活动，而各人需要和追求的空间条件不尽相同，聚居在一起自然会出现矛盾，从而产生纷争。于是人类需要为自己发明一套原则去规范各人的权利和义务。

人有理性。人是"理性的动物"。在千万年的进化过程中，人类的不断发展（相对其他动物）都是靠理性去处理矛盾。理性让人知道，作为动物，他求自存（生存与延续）；作为群体动物，他要与他人一起共存（其他人的生存与延续）。他知道自存太重是对人家不公平，共存太重是对自己不公平，都不能持续，因此必须平衡。自存与共存平衡才能息事，息事才能和谐，和谐才能生活得更美好。满足城市居民的物性、群性、理性，就是"以人为本"的规划，是真正"为人民服务"的规划。

现代规划是工业革命的产品，处理工业革命带来的问题和需要。但变革在即，用一个词来总结工业革命以来的经济、社会和文化就是"标准化"，衍生出"规模化"。但越来越成熟的小康世界不再满足由标准化生产规范的标准化消费，开始追求"个性化"消费。个性化消费是难以用标准化生产去满足的，需要用"精准化"生产。这是下一个"工业革命"的动力和逻辑。

这场由新消费者带动的新经济将会是怎样的？可以想象几个衣、食、住、行的个性化消费例子。①怀孕的妇女不想孩子生来像她一样近视，想吃可补胎儿眼睛的食物。②白领想穿即合她身份、合她经济条件，又能表达她个性的上班衣服。③两口子新添小宝宝，想改变家居的空间去适应新环境。

④有视力障碍者想外出旅游，见识见识。

相应的精准化生产又会是怎样的呢？①科研发现某省某县某乡的气候、水土特别适宜种植某类水果，再经古法加工酿成果酱，特别适合补养胎儿眼睛。以独特的天然条件（因此供给是有限的）去满足特殊消费（因为需求也是有限的）将是未来的经济模式。②全国性的行业组织把个别裁缝定类（男装、女装、盛装、便装、唐装、洋装，以至上装、下装、内装、外装，等等）和定级（一星到五星、平价到高价，等等），消费者按自己需要和能力在互联网上选择。度身、拣式、选料、试身都通过电脑进行，快递送到，反馈与评价也是公开发布在行业网上。每个消费者都可以追求表达个性的产品和服务，每个生产者都可以靠本领力争上游（打破规模化生产带来的垄断）。这也将是未来的经济模式。③全国性的行业组织把个别设计师定类、定级，消费者按自己需要和能力在互联网上选择。设计概念、施工图样都通过电脑商讨、模拟。如双方同意，设计师更可以供给家具、推介承包、监管施工。行业组织承担质量保证、工程保险。通过互利、互律的行业组织，生产者既能提供精准化的服务和产品，又可以有同行群体的规模力量支撑创业；消费者既能选择个性化的服务和产品，又可享用行业组织的规模力量去保证质量。这会是未来的经济模式。④全国性的视力障碍者群体发挥规模效应去设计和组织特种旅游模式，强调听、嗅、味、触的官能感觉，使视力障碍者获得高度个性化的经验和享受。为弱势和边缘群体提供个性化的产品和服务，从而扩大整个社会的消费创新和选择也会是未来的经济模式。试想想，这样子的生产、生活、生态活动会需要和追求什么空间条件，对城市空间的使用、布局和分配会有什么的影响？

引入上面"以人为本"的思维范式。我们要从人的物性角度去研究在个性化消费、精准化生产的世界里，各类空间的安全、方便、舒适、美观将会是怎样定义和衡量的；从人的群性角度去预测新时代各种各样的生产、生活、生态活动对空间的不同需要和追求会导致什么矛盾；从人的理性角度去探索各方利益的自存与共存平衡之所在。

我认为中国的传统思想可以补充和丰富这套"以人为本"的规划思维。工业革命以来的资本社会反映了西方文化意识，特别是在处理人与人、人与自己和人与大自然的关系上。西方有着"真是唯一"的宇宙观，因而走上极端；性恶（人人只顾满足私欲）是人类共性的伦理观，因而走上无善无恶；个人自由是普世价值的社会/政治观，因而走上自我中心。我想到我们的中庸、大我、性善。

如果西方对个人和性恶不是那么坚持和极端，也许他们当今的社会撕裂和对生态的破坏不会这么严重。所以，我想从"以中庸去中和极端"说起。

中庸之道会引导人去建立和维持个人自由和人人平等之间的平衡关系。中庸是种取态，"不偏、不易"——不偏离正轨，不左右摇摆。找正轨是"择善"，需要智慧；不摇摆是"固执"，需要操守。正轨就是"大我包容小我，性善抵消性恶"。

逻辑上，大我与小我是同时独立和统一于"我"，是对等而不对立。大我是我，小我也是我。实践上是"换位思考"：当一个人只考虑自己时是小我意识，追求自己的"理想"状态；当一个人同时考虑自己与别人时是大我意识，追求大家的"合理"状态。在大我与小我平衡的状态里，人人有自身的价值，也有相应的义务：人人为我，我为人人。如果把一个城市视为大我，每个市民视为小我，大我的力量会更能满足小我的需求，大我的意识会更能提升小我的品质；小我的投入会壮大大我的力量，小我的参与会丰富大我的内涵；大我会使小我的福祉更有保障，小我会使大我的福祉更趋完整。这就是大我包容小我带来的共同福祉。

两千年的原罪心态，加上现代的自由主义驱使西方人依赖法制去约束堕落的人性（只想满足私欲）。孔子、孟子的伟大是在人性有善有恶的认识基础上提倡仁政，以道德去教化人，因此有性善、民贵之说。孟子的智慧是他聚焦于善之"端"。他提出，"恻隐之心，仁之端也；羞恶之心，义之端也；辞让之心，礼之端也；是非之心，智之端也。"这些都是善之"端"。真正成善，仍需要培养。西方认为性恶不能改，而且是"好事"，因为人人追求私欲会引发竞争，带来进步。孟子非但对于人性比较乐观，更认为通过教育，人人可以成善。因此，性善文化会是慷慨的，可以包容性恶；会是慈悲的，可以感化性恶。这就是以性善抵消性恶。我们可以想象一个有恻隐、知羞耻、尚辞让、明是非的城市吗？

在城市的空间使用、布局和分配中，以中庸中和极端、以大我包容小我、以性善抵消性恶去达成各方利益之间的自存与共存平衡可以是新时代、新经济下中国特色的规划。这令我想起"性能规划"，也称"表性规划"。

西方的小我、性恶文化里，做工业的不考虑控制噪声、振动，总要赚钱；住宅不想要噪声、振动，只要安静，两者怎能放在一起？西方的土地资源丰富、经济力量雄厚，尤其是美国，索性楚河汉界，既然互相不让就索性你我分开。这是功能分区能够在西方

持久的内在逻辑。今天，西方大谈混合用途，雷声大雨点小，总未见成功。他们重自存，轻共存，自然互相排挤，怎会真正地、真心地混合？

在个性化消费、精准化生产的新经济模式里，生产、生活、生态活动只会越来越多姿多彩、瞬息万变。这些活动对空间弹性使用的需求，只会有增无减。自存与共存平衡的土地空间部署有用场了。性能规划（分区）的聚焦点是"性能"而不是功能。不管任何功能类别，只要与在这块土地上的生产、生活、生态活动所产生的交通堵塞、噪声、振动等"性能"能够相容，功能放哪里都可以。只要符合"性能指标"（交通堵塞、空气污染、噪声、振动、防火、日照等形形种种），一块土地可以用作任何用途。控制的不是功能而是这功能对环境、邻里和基础设施的要求和影响。当然，这需要有能够包容小我的大我、能够抵消性恶的性善，而先决条件是中庸中和了极端。

性能分区既保留了功能分区的强处（保障区内的地价和区位的特性，但助长了用途单一），又同时容许（鼓励）混合和综合空间使用。性能指标取代了建筑高度限制、红线后退、间距和种种的传统用地约束，也就开放了设计的创新。性能分区强调自存与共存平衡作为用地的依据，以代替过时的、章程式的、一成不变（但又需要不断修改）的用地法规。

性能规划（分区）的关键在于性能指标。怎样去制定？在自存意识下，人是追求"理想"；在"共存"意识下，人是接受"合理"。但人类的适应能力很强，"可接受"的噪声、职住距离、绿地率等种种规范都可能有相当大的幅度（接受度）。大我和性善意识有助于扩大接受度。中国特色的土地国有、

用地指标和公众参与也可以发挥诱因和推动作用。通过调研，可以找出在特定的生产、生活、生态活动里，人对空间安全、方便、舒适、美观的接受度范围有多大。这就是性能指标的量化。

目前，功能分区很难废弃，但可以积极以性能分区去补充，然后慢慢去取代。性能分区给予土地与空间利用和开发很大的弹性，是个积极性（相对于禁制性）和包容性（相对于排他性）的规划，有助于推进多姿彩、多活力和多创新的"高质量"城市。这是西方自存世界可望而不可即的理想。但在自存与共存平衡的规划文化中这会是再正常不过的事。无论是邻里内的守望相助或马路上的相互礼让，都弥漫着一种彰显大我、弘扬性善的氛围。

这个中庸、大我、性善的规划文化必须先来自规划工作者，然后普及市民。为此，规划工作也应是教育工作——自我提升和提升众人。不知道大家有没有听过一首西方有名的民歌《Those Were the Day》。填词的是建筑评论家拉斯金（Eugene Ruskin，1909—2004 年）。他在《建筑与人》（*Architecture and People*，1974 年）中这样说："城市面貌远超于设计和规划，首先是人的价值、目标和对个人责任的认识。看看我们的内心、灵魂和思想，当它们变得美丽时城市会很快跟上去。"

我相信，我们的中庸可以中和西方的极端，然后通过大我包容小我、性善抵消性恶去建设自存与共存平衡的城市、和谐的社会。这将是中国可以和应该向世界作的贡献。

作者简介：

梁鹤年，加拿大女王大学城市与区域规划学院原院长、荣休教授。

日本零能耗政策与规划设计阶段的支持技术

/ 沈振江

关键词： 零能耗；低碳；设计导则

一、日本零能耗政策解读

1. 日本零能耗政策与智慧城市建设

首先介绍"日本零碳"的发展背景，日本零能耗政策与智慧城市建设密不可分。

日本的智慧城市建设经历了五个主要过程，呈现金字塔形发展结构：从房地产开发、基础设施建设、智慧设施建设、到利用大数据提供新的生活服务，以及基于新的生活服务基础创造新的生活方式、文化和艺术。这一发展理念与欧洲的"智慧城市体系"①也较为相似。

可见，日本对于智慧城市建设的推进是分阶段进行的，从建筑规划领域的"绿色技术"探索，到"智慧设施"建设，再到"零碳生活"，与我国的"智慧、绿色、低碳"三个理念并行发展有所不同。

2. 日本零耗能政策发展情况

2014年日本政府提出"能源基本计划"，目标是2020年新建的公共建筑和到2030年新建的所有建筑的平均达到／实现零能耗建筑（zero energy building，简称

ZEB）。2015年日本政府成立了"ZEB实现路径委员会"，提出优化工作方式的节能实现路径，其中最重要的包括利用信息通信技术（ICT）设施的能源管理进行节能诊断，以及利用大数据技术改善业务部门的运营能力，从而达到控制能耗的目的。随后在2018年日本政府公开了《ZEB设计导则》，主要是以"保证舒适的室内环境"和"节能化"两个原则为前提的零能耗建筑普及。

3. "能源基本计划"解读

"能源基本计划"中提出具体的政策目标：到2020年新建公共建筑物实现ZEB，到2030年新建建筑物的平均达到／实现ZEB（平均净排放量将达到零）。

在长期能源供求前景中，在实现全年1.7%经济增长的基础上，日本政府提出了"2030年度将最终能源需求与政策前相比削减原油为5030万千升左右"的目标，从而在住宅、建筑物中实现新建住宅、建筑物的节能基本符合ZEB、ZEH（zero energy house，零能耗住宅）标准。

---

① 智慧城市体系包括智慧移动性、智慧公众、智慧环境、智慧经济、智慧治理、智慧生活。

4. 日本零能耗建筑（ZEB）介绍

（1）ZEB 的节能方法与法规

2015 年 7 月 8 日，日本制定了《关于提高建筑物能源消费性能的法律》（《建筑物节能法》）。为了提高建筑物的节能性能，该法律中提出了以下两种方法：

一种是规制措施（义务型），即"大规模建筑物的节能标准限制措施"，要求 2000 平方米以上的非住宅建筑都要适应现在的节能标准；另一种是诱导措施（鼓励型），即"符合节能标准的标识制度及符合节能标准的建筑物容积率奖励特例的限制措施"，通过奖励"调整容积率"达到零碳的标准。

（2）ZEB 的技术标准与能耗计算

早期有关绿色建筑的标准包括：日本的 CASBEE、英国的 BREEAM、美国的 LEED、德国的 DGNB、中国的 EIAS 等。日本的 CASBEE（建筑环境综合性能评价）是日本能源节能机构 IBEC 在 2018 年提出的，评价方法以各种用途、规模的建筑物作为评价对象，从"环境效率"出发进行评价，评价体系中"事后评价"的工具手段较多，而设计阶段的能耗评价研究还较少。

日本进行 ZEB 评价是利用 BEI（building energy index，建筑能源互联网）评价指标，根据能源消耗性能计算程序，通过与基准建筑物进行比较，以设计建筑物的一次能源消耗量的比率 BEI 为指标，在 BEI ≤ 0.50 的情况下，判定为 ZEB（包括 ZEB ready）实现。

其中，设计建筑物的一次能源消耗量的统计对象，依据《民用建筑绿色性能计算标准》规定，包括了空调设备、换气设备、照明设备、热水供应设备及升降机，其他的则不算在内。

$$BEI=\dfrac{\text{一次设计能源消费量}-\text{其他一次能源消费量}+\text{能源效率化设备的能源}}{\text{一次标准能源消费量}-\text{其他一次能源消费量}}$$

太阳光的发电量越大，设计能源消费就越小。

（3）ZEB 的定义与分级

日本 ZEB 的定义是：以"保证舒适的室内环境"和"节能化"并存为前提，在此基础上，推进可再生能源的活用的建筑。ZEB 考虑到建筑所带来的能源负荷以及积极利用自然能源，运用高效率的设备系统等在保持室内环境质量的同时，实现大幅度的节能化，使能源消费量的收支为零。

日本为该类建筑物划分三个级别：（以定量划分）节能率达到 50% 以上的称为"ZEB ready"，达到 75% 以上的称为"nearly ZEB"，达到 100% 以上的则称为"ZEB"。

（4）ZEB 的设计流程

零能耗可以理解为空调、照明、换气、热水等能耗或建筑物内消耗的能量与通过太阳能发电生成的能量大致相等，但实际上是用发电的原材料消耗进行计算。要达到这一目标，必须通过建筑物表皮的高绝热化和自然能源的高效利用来抑制建筑物的能耗。在此基础上，通过引进节能技术，实现彻底的节能。最后，引入可再生能源，并尽可能地使能耗接近零。

这样的建筑物被定义为"能源自立型建筑"（图 1），其设计过程大致分为被动设计、主动设计以及建筑物的能源管理三部分。被动设计是指建筑本身对能耗的影响；主动设计即硬件设备的设计，需要将其安全系数调整至非常高；能源管理则强调了工作方式和生活方式层面的节能。

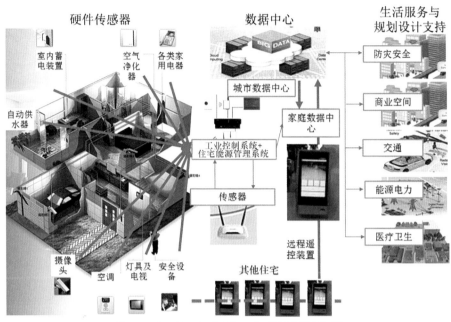

图 1 以能源管理为基础的日本零能耗建筑示意图

二、建筑设计阶段的支持技术

1. 建筑形态法规与太阳能板设置

通过将建筑形态控制法规参数化，控制屋面大小，有效计算建筑可布置太阳能光板的空间，进一步确定太阳能光板的面积铺设，从而分析太阳能光板的年产电量，计算出节能指标贡献。

2. 太阳能发电优化设计

太阳能容量优化设计主要包括主动设计与被动设计两个内容。主动设计涉及三项主要研究：地理位置与建筑太阳能发电研究，即研究太阳能板朝哪个方向可以取得最大的太阳光量；建筑外皮与太阳能发电潜力研究，即对建筑墙面是否可以进行太阳能光采集的研究；与建筑结构的结合研究，即将太阳能光板和屋面结构结合在一起，同时又设置了

"空层"来达到隔热效果。此外还有被动设计，比如对开窗大小与建筑室内的照度分布和温度分布的研究。

3. 工作生活方式与能耗模拟

此外还有关于工作生活方式与能耗的研究（图2）。通过虚拟的元宇宙环境进行人的生活行为模拟，比如开关灯行为模拟、智能控制空调能耗模拟等。在日本，空调房间可以分为个人空间与整体空间，每个人可以根据自己的喜好，通过人工智能来控制温度和湿度，即以节能的目标来做整体空间的温度设计。这一研究课题对日本零碳设计导则在设计阶段的应用是非常重要的。

4. 社区生活方式与能耗

城市里的生活方式对能耗的影响也是极为重要的。通过15分钟生活行为[①]调查了解

---

① 四类生活行为包括：必要行为、拘束行为、自由行为、其他行为。

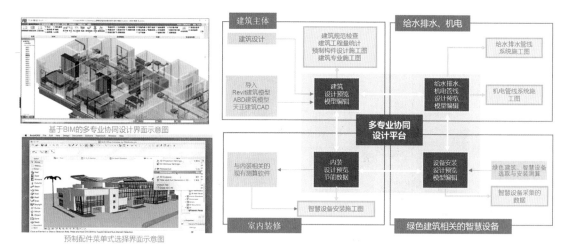

基于BIM的多专业协同设计界面示意图

预制配件菜单式选择界面示意图

图2 BIM 与建筑能耗管理示意图

每个行为和能源消费的关系，研究基于每30秒各类行为的能耗大数据，得出人均24小时能耗，从而预测未来日、月和年的能源消耗，进而结合社区建设，通过社区送发电系统，达到更有效的能源节省。

作者团队关于零能耗、低碳领域的其他研究工作包括全过程模拟和规划咨询等，这些研究都是长时间持续性的。未来团队将以日本的零碳设计导则为基础，进一步开展更多尝试性、探索性的科学研究工作。

作者简介：

沈振江，日本金泽大学环境设计系教授，日本工程院院士，福州大学教授。

国家发展治理的空间维度与空间治理

/ 卢庆强

关键词：空间治理；国家治理体系；国土空间体系；空间维度

时空问题是一个永恒话题，既是一个实践问题，也是一个哲学问题，需要不断去探讨和认知。本文结合这几年笔者从事国家高端智库的相关研究，以及城乡发展与空间治理相关实践，基于国家发展和治理语境，讨论空间的发展和治理问题。主要包括三方面内容：一是国家发展治理视角下的空间维度内涵问题，二是面向中国式现代化和现代空间治理的时空场域问题，二是探讨国家和城市两个层面空间治理面临的关键议题。

一、什么是国家发展与治理的空间维度

国家发展与治理的空间维度的思考，至少包括三个方面：空间发展对于国家发展的作用，空间治理对于国家治理的作用，空间发展与空间治理的关系及其对国家发展与治理的响应。

1. 空间发展对于国家发展的作用

要更好地认知与把握空间发展作用，需要将空间发展和治理放在国家整体发展与治理中考察，才能更深刻地理解规划从业者所承担的行业使命，更好地看待行业当下的问题。可以从三个层次理解。

（1）空间发展相较于人类发展的基础性作用。包括以下三个方面。一是物质空间是人赖以生存的生活家园，不同空间上承载的不同人群是人类共存共治的时空场域。规划行业最终是处理人与人、人与空间的关系，只要有人的地方就会产生时空问题，有人生活的地方就有需要响应的需求，这是规划行业存在必须应对的基础性需求。二是土地等资源资产是人类发展的核心要素，自然资源与空间资产是支撑中国式现代化的要素保障。这是经济社会发展需要的资源资产要素投入与要素保障的考察视角。三是以空间场景与文明印记承载中华文化与中华民族现代文明塑造的内容与形式载体。这是目前不断深化认识的方面，增加了时间维度与客观目的的深层次内涵理解。

（2）基于国家视角下的空间发展体系。不同于一地一隅的空间认知，国家尺度下需要从体系思维的角度去思考，即国土空间体系的认知维度。包括三个方面：一是对应上述空间基础性作用的承载体系及其内涵构成——人居环境体系、主体功能体系和地域文化体系；二是对应空间基础性作用的目标体系及其功能响应——安居乐业与需求响应、比较优势与地域协同、文明标识与传承利用；三是对应规范尺度的空间单元体系及其内在偏好——国土安全、区域协调和城乡

发展。承载体系、目标体系与单元体系这三者是思考国土空间体系内涵与构成的基础，内在逻辑是包含物质实体与人类活动高度融合的"人化空间"。

（3）空间发展相较于国家发展的作用。在上述认知的基础上，进一步思考国家发展的空间纬度，即空间发展相较于国家发展（人的经济社会发展）的功能作用及其作用机制。包括四个方面的内涵：一是作为经济社会活动的空间载体（地域端），其作用机制重点是构建空间秩序；二是作为经济社会活动的空间资源（输入端），其作用机制重点是配置利用，资源和空间保护利用方式是不同持续发展方式的主要考察指针；三是作为经济社会活动的空间生产（输出端），其作用机制重点是空间营建，而空间生产方式及其产出是不同现代化模式的主要体现；四是作为自然－人文空间有机体，其作用机制重点是系统工程（人时空端），是融合了人的行为的复杂系统。深化不同视角的内涵解析及其所遵循规律的考察，是处理、应对空间问题的首要基础。

2. 空间治理对于国家治理的作用

（1）空间治理的作用与功能。空间治理作为国家治理体系的重要组成部分，通过规划等空间治理手段，主要实现三方面功能：一是以确定空间发展底线与资源利用上限的方式，倒逼经济社会发展方式转变；二是以引导约束空间与资源利用的方式，促进经济社会可持续高质量发展；三是以空间战略与政策体系，体现国家战略意图与协同央地关系。

（2）空间治理的主体与协同机制。主要包括空间治理的主体、工具和模式三个方面：一是空间治理主体协同，包括行政管理体系

和资源配置体系、社会共同体的主体构建与多元主体合作生产和价值共创等；二是空间治理理念引领，遵循中国式现代化要求，体现人与自然和谐共生等；三是空间治理分层协同，包括区域、城市与县乡尺度的发展战略和政策体系，以及不同分异空间主体之间统一市场建构、纵向和横向治理主体的协同治理等。

3. 以现代空间治理促进空间高质量发展

空间治理和空间发展两者之间又是什么关系？

（1）"发展"和"治理"的范畴对应。这里不是"管控"和"发展"相对，管控只是治理的手段之一，这两者还是有比较大的差异的。党的二十大报告里提出要优化区域经济布局和国土空间体系，这是基于空间发展视角的阐述逻辑。应对这一空间发展和需求响应问题，需要思考与空间治理体系相匹配的治理逻辑问题。

（2）空间发展体系和空间治理体系两者的目标任务。正如前述空间发展体系的认知维度包括人居环境体系、主体功能体系、地域文化体系；基于国家和人民两个视角的空间发展目标是要实现"国泰民安"和"厚生利用"。而空间治理体系构建的主要任务有两项：一是处理国家和社会、人民之间不同治理主体的关系，其底层逻辑是处理行政效能、市场效率和社会自治的关系；二是处理不同空间单元的战略意图和政策体系协同。对应这两方面的空间治理体系任务的目标是"人民共和"和"协同共生"。

（3）空间发展与空间治理是一对矛盾统一体，统一于人类发展的空间实践。包括如何通过和谐共生的现代化模式实现永续发展，如何通过协同共生的方式形成高效统一市场，

如何通过价值共创的方式形成公平社会网络。理顺空间发展与空间治理的内在逻辑与相互关系，探究其背后遵循的发展规律与治理逻辑，有助于我们理解以中国式现代化（现代空间治理方式）实现中华民族现代文明的建构（空间高质量发展目的），如图1所示。

二、中国式现代化的时空场域与现代空间治理

在梳理空间发展与空间治理关系的基础上，需要进一步思考面向中国式现代化的治理语境，探讨现代空间治理的时空场域和技术场域问题。

1. 中国式现代化的时空场域

（1）空间治理体系方面：中国治理体制与模式总体要求。中国式现代化对空间发展治理的要求中，最重要的是治理主体、治理理念与治理方式。治理主体特征是决策与资源配置主体"党政引领的共创性"。在治理理念与治理方式方面应重点关注：统筹发展与安全、"五位一体"的均衡性、"五化同步"

的共时性、中华民族的延续性、时空进程的加速性、大国空间的差异性等。

（2）空间发展体系方面：空间发展与治理的时代场域。其中最重要的是遵循强化的价值体系，"国泰民安"与"以人民为中心"，是"国"与"家"价值融合的内核。在空间发展时代特征方面应重点关注：创新引领与多轮驱动的新动力体系、补短扬长与多样需求的新需求体系、国内国际双循环与城乡双循环的新循环体系、格局优化与更新迭代并存的新载体体系、党政主导与多元合作的新治理体系。

（3）国家视角方面：空间发展与治理的空间场域。需要考察国家视角下空间发展与治理，体系构建与整体统筹协调，主要矛盾与多元冲突相互交叉，国内体系与地缘格局内外联动。国家视角的空间场域的重点是基于不同空间层级、央地之间的权责匹配与治理协同问题。应重点关注：大国的空间尺度与差异性的问题，考察国土安全与对外互通的问题，空间发展慢变量与短期政策、弹性需求的问题，发挥顶层设计与地方实践的央地共同施策问题等。

图1 空间发展体系和空间治理体系内在关系

2. 现代空间治理的技术场域

（1）现代空间治理的系统特性。空间发展与治理的系统思维与辩证关系，空间发展与治理不仅是技术工程的问题，它还是一个管理工程和社会工程，需要以整体性的系统观和方法论来应对这一复杂巨系统，需要立足国家发展和治理视角，避免简单的管控逻辑和简单的量化发展逻辑。现代空间治理的系统特性需要遵循政治逻辑、行政逻辑和技术逻辑三者的统一，基于复杂系统逻辑和综合工程维度，考虑如何去遵循这三重逻辑，融合技术工程、管理工程和社会工程的三重属性，遵循其背后不同的价值导向和技术范式。要避免单一逻辑和单一工程思维，这是应对复杂系统时代、现代治理场域、有限求解与无限游戏的客观要求。

（2）中国特定空间发展和治理观。现代空间治理要求与中国发展实际与治理体系相结合，有其特定的空间发展和治理观。总结归纳成三个方面：国土安全观、区域协调观、城乡发展观。国土安全观指基于两个大局要求重视国土安全问题，统筹发展和安全。区域协调观指基于国家共同富裕与统一大市场建设要求，主要是破地方行政区经济边界与壁垒的过程。城乡发展观指基于城乡治权和价值平等关系的城乡融合体要求，进行城乡双循环与实现资源资产赋能的过程。遵循上述区域发展、城乡关系的价值导向与基本逻辑，依托空间发展和治理的善治，才能实现建设"国泰、民安、共富"的现代中国的目标。

三、国家与城市层面空间治理的关键议题

1. 国家和区域层面空间治理的关键议题

国家和区域层面空间治理的国家治理能力提升的关键性议题。一是系统治理的整体统筹与体系建构问题，如何避免决策与执行的片面化、部门化、短期化，建立和完善面向空间整体治理的多目标、多层次、多主体治理体制机制。二是底层制度改革的艰巨性与可行路径问题，涉及国家空间基础性制度安排的完善优化，既需要慎重也需要魄力。如何解决好破与立的关系，这是一个大国治理难题。三是垂直体系与横向协同之间的纵横规则嵌套问题，从强行政垂直管理体系，打破横向协同壁垒，实现上下结合、协同治理依然尚待有效破解。四是同一空间单元不同功能需求的规则嵌套与解决冲突协调问题。五是同一管控逻辑和大国不同空间功能异质性之间的适配性问题。最后是综合平衡与系统协调问题。这些问题的解决和妥善处理，涉及国家与区域协同发展治理的战略—制度—政策体系及其系统集成。

2. 城市和县域层面空间治理的关键性议题

城市层面整体治理能力提升和系统治理问题。一是城乡差异化关系下的不同类型城市发展模式和路径，应对不同发展动力、发展目标，解决不同的现实矛盾。二是城乡治权平等与价值等值的问题，从城市体系占主导、乡村空间处于支配地位，转变为尊重城乡差异下的治权关系与价值实现，如何去平衡和融合是关键。三是城乡空间动力与空间生产问题。四是空间生产活动与动力机制差异问题。五是存量空间再利用与多元功能需求治理路径问题。最后是城市政策的整体统筹问题。

四、结语

遵循"共同发展，有限治理"的空间发

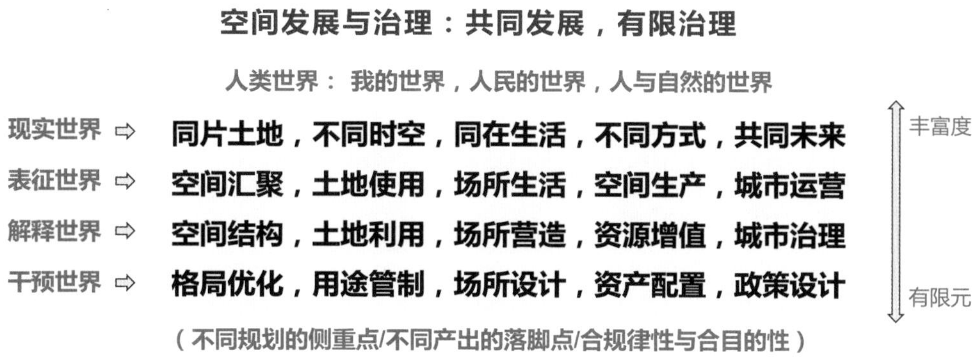

空间发展与治理：共同发展，有限治理

人类世界：我的世界，人民的世界，人与自然的世界

现实世界 ⇨	**同片土地，不同时空，同在生活，不同方式，共同未来**
表征世界 ⇨	**空间汇聚，土地使用，场所生活，空间生产，城市运营**
解释世界 ⇨	**空间结构，土地利用，场所营造，资源增值，城市治理**
干预世界 ⇨	**格局优化，用途管制，场所设计，资产配置，政策设计**

丰富度 ↕ 有限元

（不同规划的侧重点/不同产出的落脚点/合规律性与合目的性）

图 2 空间发展与治理的层次解析与治理理念

展与治理理念，其内在逻辑是从不同层面对空间维度进行解析和解构，并遵循复杂共生系统观。从现实世界到表征世界，再到解释世界，最后到干预世界，越往上的层级越多元和丰富，越往下的层级越有限和收敛，其丰富度与干预度是呈逆相关的。对于空间发展和治理来说，重要的是在发展中解决问题，并且实现共同发展，这是我们追求的目标；同时，以有限治理应对无限需求，充分发挥不同主体的能动性，响应整个经济社会发展的多样性，既需要立足于复杂系统的思维与研判，又需要以有限元和有限解的方式进行应对；最终探寻合规律性与合目的性在实践层面的统一（图 2）。

致谢

清华大学中国新型城镇化研究院、清华同衡规划设计研究院和清华大学中国发展规划研究院联合课题组，面向中国式现代化的国家空间治理体系研究（清华大学国家治理与全球治理研究院承担的国家高端智库 2022 年度课题）。

参考文献

[1] 杨伟民. 改革规划体制 更好发挥规划战略导向作用 [J]. 中国行政管理，2019（8）：6-8.

[2] 樊杰，郭锐. "十四五" 时期国土空间治理的科学基础与战略举措 [J]. 城市规划学刊，2021，263（3）：15-20.

[3] 孙施文. 为空间治理的规划 [M]// 中国城市规划学会学术工作委员会. 治理·规划. 北京：中国建筑工业出版社，2021.

[4] 林坚，赵晔. 国土空间治理与央地协同：基于"区域—要素"统筹的视角 [J]. 中国人民大学学报，2022，36（5）：36-48.

[5] 尹稚，卢庆强. 中国新型城镇化进入区域协同发展阶段 [J]. 人民论坛·学术前沿，2022，254（22）：29-36.

作者简介：

卢庆强，博士，清华同衡规划设计研究院院长助理、副总规划师、总体发展研究和规划分院院长，兼任清华大学中国新型城镇化研究院院长助理、城市群与都市圈研究分中心主任，正高级工程师。中国土地学会土地规划分会副主任委员，自然资源部智慧人居环境与空间规划治理技术创新中心技术带头人。

清华同衡国土空间总体规划实践探索与收官阶段思考

/ 汪　淳

关键词： 国土空间规划；实践探索；科研创新

一、清华同衡国土空间规划实践中的特色科研创新工作

国土空间规划改革伊始，清华同衡便创新工作机制，统筹搭建全院国土空间规划技术业务协同平台（图1），形成11个专业分院与中心、5个业务所、9个地方分院及4个职能部门共计200余人的骨干团队，全面推进院内国土空间规划技术业务协同、项目质量审查、科研攻关和人才队伍培养等工作。

一是发挥多学科、多专业协同优势，提升解决国土空间复杂系统问题能力。应对"多规合一"改革背景下"全域全要素"规划要求，通过院内统筹和院外合作，跨界整合城乡规划、土地利用规划及其他相关专业

规划力量，集成技术，融合方法。以《河南省黄河流域国土空间规划（2021—2035年）》为例，清华同衡与河南省多家厅属研究机构合作，组建涵盖城市规划、土地管理、水文地质、环境工程、矿产勘探等多学科联合工作组，协同攻关。

二是系统整合全流程业务，上下贯通推动技术集成创新。例如，院内重大研究课题"基于城市人居空间刻画、诊断与推演的智慧规划关键技术集成及应用"，以人居环境科学理论为指导，从"人—空间—时间"系统演化的科学规律总结入手，按照"供需匹配微画像—问题矛盾精诊断—情景模拟智推演"的技术路线进行智慧规划关键技术集成创新（图2）。融合多源异构数据，研究多专

图1　清华同衡国土空间规划技术业务协同平台组织架构

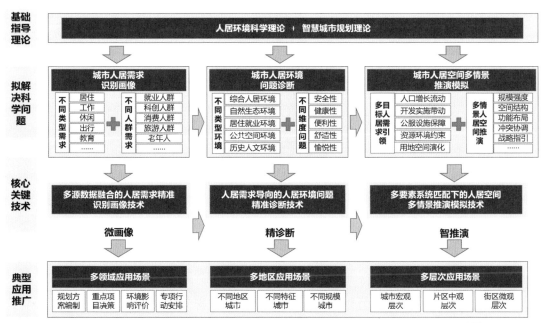

图 2　"基于城市人居空间刻画、诊断与推演的智慧规划关键技术集成及应用"技术路线图

业算法模型，在多领域、多地区、多层次的规划中实现应用示范，有力提升了空间治理的科学化、高效化、精准化和智能化水平。

三是综合运用先进技术方法，提高规划研究和决策科学性。以清华同衡自主研发的"城镇开发边界划定优化智慧技术集成框架"为例，耦合"双评价"、系统动力学、城镇开发潜力评价模型以及多情景地理模拟等多项专利和软件技术，科学支撑城镇发展需求预测、国土空间格局优化和用地布局调控。

四是积极开展全方位科研合作与科技攻关，推动学科发展和人才培养。与清华大学、腾讯云成功申报并共同建设自然资源部"智慧人居环境与空间规划治理技术创新中心"，与清华大学建筑学院联合开展国土空间规划相关领域科技课题攻关、学科建设和实践基地建设等工作。

二、国土空间总体规划技术难点与技术探索

面向高质量发展、高品质生活和高水平治理等要求（图 3），本轮国土空间总体规划编制中存在四大技术难点，分别是资源环境本底条件与空间功能指向的匹配方式尚不清晰，"多规合一"改革撬动高质量发展的规划抓手有待明确，以人民为中心的发展思想的高品质空间响应路径缺乏整合，数字化、精细化治理要求下的实施监督机制构建逻辑亟须厘清等。针对以上技术难点，清华同衡在以下四大方面进行了技术探索。

1. 科学认知自然地理格局与资源环境本底条件

针对资源环境本底条件与空间功能指向的匹配方式尚不清晰的技术难点，探索适用不同场景的双评价方法。通过优化和凸显地

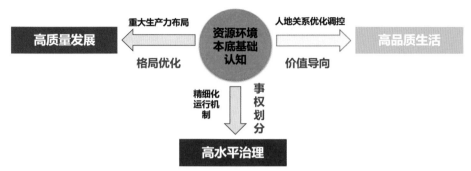

图3   资源环境本底条件与空间功能指向关系图

域特色的资源评价维度创新来精准刻画不同区域自然本底特征和资源特色指向,为特色化国土空间格局构建提供支撑。在科学认知自然地理格局与资源环境本底条件的基础上,探索人地关系和谐发展模式,推动国土空间格局与人口集聚能力、资源环境承载能力、经济发展动力、国家重大战略和城乡融合等需求相匹配。

2. 面向高质量发展的规划研究

针对"多规合一"改革撬动高质量发展的规划抓手有待明确的技术难点,立足于国土空间规划在空间格局优化、要素配置与支撑体系等方面的重点任务,通过与重大生产力布局相匹配的空间格局引导、人产城优

化互促的要素配置和保障体系构建、政策和平台协同对接的模式和体制创新等为高质量发展保驾护航。遵循和支撑"产业链—创新链—价值链—供应链"发展空间需求,开展产业综合优势级别评估,在此基础上构建"增量重点投放、存量提升、服务完善"等不同类别资源投放策略。按照"聚人,营城,兴业"的目标,以人为核心推进产业环链、城市环链联动互促,打造"人城境业"高度和谐统一的空间体系,推进城市高质量发展与高品质生活的有机融合(图4)。提升多维度就业保障体系,通过就业功能和居住功能主导等不同类型单元职住匹配度分析,提出增加就业岗位、提升公共服务配套、增加通勤公交等相应规划措施。加强对产业用

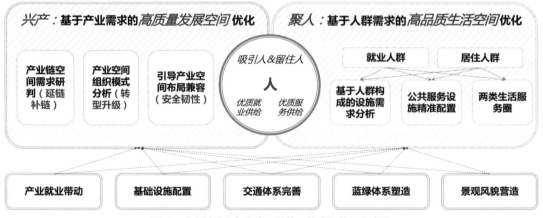

图4   "人城境业"高度和谐统一的空间体系示意图

地、居住用地和设施用地的比例引导来推动用地合理布局。强化重大生产力布局在规划协同、要素融合、手段结合等方面的体制创新。

3. 面向高品质生活的规划研究

落实新型城镇化战略，以需求为导向引导公共服务设施配置和城乡融合发展。综合考虑城镇化模式、生产生活方式的分区差异，结合人口流动规律和自然地理格局等分析，对不同人群需求进行研究，进一步引导公共服务设施和城乡融合模式。

强化人口流动分析和人口梯度转移格局研究。构建与人口分布、产业集聚、设施建设和特色资源格局相匹配的国土空间保护开发总体格局。在县域层面，针对不同主体功能区定位的县级行政单元，根据人口流动规律和集聚格局研究，确定以县城为重要载体的城乡融合发展核心区以及基于资源产业基础的保护开发片区，分区差异化推进乡村振兴模式引导。

推进生态文化资源价值转化模式创新，拓展共同富裕新路径。激发优质生态文化旅游资源价值，培育绿色经济新动能，实现绿色富民。响应多元人群差异化需求，发挥城镇乡村各级载体作用，推进产业现代化和绿色化发展，营造绿色生态宜居生活在城乡的不同示范场景。

4. 面向高水平治理的监测评估预警机制研究

推动"规划编制—成果审批—许可实施—监督反馈"的全周期闭环运行。全要素、动态化、差异化、精细化的监测评估预警机制是实施监督体系的重要支撑（图5）。全要素指要涵盖山水林田湖草沙生命共同体和人居环境要素；动态化指要建立手段完备、监管高效、多方协同的动态长效保障机制；差异化则指要突出兼顾保护与发展、刚性与弹性的可操作管控机制；精细化体现在运用先进技术和数据治理手段提升空间治理能力。

按照"谁审批、谁监管"的原则，清晰界定监测评估预警主体。按照五级三类国土空间规划体系，基于事权划分原则，进一步明确不同层级、不同类型国土空间规划审批主体和程序要求。

兼顾底线管控与发展引导，研判实施监督重点内容。进一步加强对底线内容的实施监管，重点监督各类控制线落实以及自然资源保护约束性目标指标等落实情况。同时强

图5 监测—评估—预警关系及结果应用示意图

化对品质保障类内容的监管，重点监督各级各类重大公共服务设施、绿地、安全与综合防灾体系、城市交通和市政等重大基础设施及相关技术标准的落实情况。

加强监测评估预警成果应用。进一步探索监测评估应用于规划动态编制与调整的联动机制，提升规划动态适应性。优化监测评估结果应用于"刚弹相济"规划传导的奖惩机制。在增量指标预留、流量指标供给、增存挂钩激励、用地指标奖励等方面积极探索可操作的实施路径。

三、总结与展望

面向中国式现代化的国土空间治理，有以下两方面的展望。

一是以"理念—体制—手段"为主线，进一步释放规划体系改革新动能。落实新发展理念，发挥发展规划的统领作用和空间规划的基础作用，以重大生产力布局为重点，强化重大空间战略与国土空间格局的耦合，推进国土空间规划与发展规划的协同机制创新，探索以"重大项目＋规划许可"等协同手段推动项目实施。

二是以"要素—格局—功能—价值"协同为重点，走向多维度、系统化的空间治理。在要素方面，以提高质量和效益为核心，从关注要素配置走向关注要素流动；在空间格局方面，以统筹发展与安全为核心，从反映资源本底走向保障战略实施；在功能方面，以人的全面发展和共同富裕为核心，从功能引导走向功能引领；在价值方面，以数字化和精细化为核心，从价值认知走向价值实现。

作者简介：

汪淳，清华同衡规划设计研究院副总规划师，自然资源部智慧人居环境与空间规划治理技术创新中心运营委员会主任／技术带头人，中国自然资源学会国土空间规划研究专业委员会委员。长期从事国土空间规划、科技园区规划等工作。

国土空间详细规划的变革分析与实践探索

/ 张晓光

关键词： 国土空间详细规划；传导；实施

一、对新时代详细规划改革的认识

详细规划是国土空间规划的重要类型，负责将国土空间总体规划的战略目标和底线约束要求与建设保护的实际需求紧密对接，发挥着承上启下的重要作用。

详细规划的核心作用是保障总体规划有效实施，高效服务生态文明建设和经济社会高质量发展，并支撑空间治理能力的不断提升。但当前详细规划也面临着与总体规划的传导机制不完善、管控方式"一刀切"带来的主动性和灵活性不足、"多规合一"实施协调不够等突出问题。为此，详细规划需要对编制管理体系进行必要的改革，实现从传统单一层级、静态蓝图向空间维度上分层分类、时间维度上全过程管理、治理维度上面向编制管理一体和数字化治理的转型（图1）。

二、加强上接总体规划、下连实施的桥梁纽带作用

1. 建立以任务传导为核心的统筹机制，全面落实总体规划要求

如何全面落实总体规划是详细规划编制和实施中长期存在的难题。虽然各地普遍采取了增加单元层级详细规划的做法，但并未彻底解决实施随时间推移带来的发展不确定

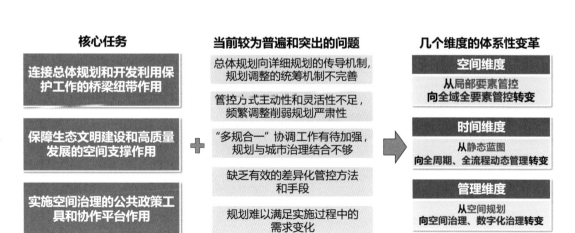

图1 国土空间详细规划改革的任务和改革方向分析

性问题、不同层级治理主体诉求相互协调问题、城乡不同区域差异化特点如何适应等问题，刚性与弹性一时难以兼顾，"一管就死、一放就乱"的现象仍有发生。所以有必要继续思考和分析总体规划向详细规划的传导过程，以及如何构建合理的传导机制。这方面存在两个较为普遍的认识误区：一是从单纯的技术角度来看待和理解两者之间的传导过程；二是以刚性和静态的理想蓝图来应对动态的规划实施要求。

总体规划向详细规划传导的核心是各类综合性、调控性、治理性的任务，而非单纯的技术要求或简单的量化指标。总体规划与详细规划之间传导过程的分析主线应当从技术逻辑转向治理逻辑，改变单一的自上而下的、以"指标分账"为核心的技术方法，构建立足各层级治理主体视角、以任务传导和细化为核心的传导机制。具体来说，总体规划的目标与要求需要与各层级治理主体的诉求进行结合后再转化和细分为具体实施任务，各类任务的细化和明确需要与对应治理主体管辖的事权相匹配，总的来说是一个由粗到细、逐步确定的过程。空间资源的分配也需要与实施任务充分挂钩，通过"自上而下"

和"自下而上"的反复沟通协商，按照所承担实施任务的需求和各类权利主体的发展权益来匹配相应的空间资源。

构建规划编制单元层面、地块层面两个层级的任务资源统筹机制。详细规划的实施是长期的动态过程，实施任务的目标、内容、布局、规模等必然会随外部环境变化进行动态调整，但空间资源的有限性决定了我们应当从更宏观的视角将局部实施任务的调整和全局性的实施要求相结合，这就需要建立一套任务资源之间的整体统筹机制，将空间资源的投放与实施任务意图挂钩并随实施的调整进行动态统筹，实现"资源跟着任务走"，破解实施中经常出现的资源任务供需错配、实施困难等问题。例如北京在新一轮控制性详细规划改革中为了加强街区控制性详细规划和上位的分区规划之间的衔接，在街区控制性详细规划层次之上增加了"街区指引"工作层次，作为传导总体规划和分区规划任务的细分统筹平台，传导总体规划、分区规划在规模、空间、品质方面的刚性要求并将其分解至街区层面，并可随实施需求进行适当调整，是街区控制性详细规划编制和管理的重要依据和技术支撑（图2）。

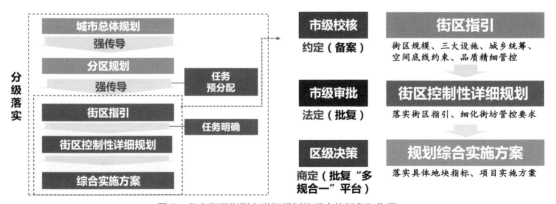

图2　北京街区指引在详细规划体系中的任务和作用

2.加强与实施的衔接，从静态技术蓝图向"任务—策略—行动"的综合实施方案转变

随着与实施相关的利益主体日益多元化，规划实施目标日趋综合，实施的难度正不断提升，纯粹的被动式"管控"已无法完成要求，需要向主动"引导"进行转变。

在编制单元层面的详细规划时，第一要与国民经济和社会发展规划、近期建设规划充分衔接，主动策划规划实施项目；第二要加强任务实施成本分析，对接财政性资金投入能力，统筹算好历史账、资源账、任务账、资金账；第三要充分利用过程引导工具和激励政策，将规划实施任务与空间资源分配、成本投入与空间收益分配挂钩，实现"收益跟着任务走"。

地块层面的详细规划编制要在传统的空间规划技术方案基础上，协调相关政府部门的实施诉求，综合考虑各类产权关系和历史项目的影响，加入征地拆迁、土地供应时序、实施资金测算与资金平衡等方面的内容，充分考虑后续土地综合整治、土地整理与供应等规划实施路径需求，构建面向实施的规划综合统筹方案，实现空间技术方案与资金投入和实施计划的整体耦合。例如北京街区控制性详细规划成果中除管控图则外，增加了规划实施导则，导则中制定了规划街区的资源清单、任务清单、项目清单和实施策略，与规划综合实施方案的整体谋划相衔接，强化了规划的可操作和可实施性。

三、推动空间、时间、管理三个维度的方法变革

详细规划要充分发挥支撑高质量发展的治理工具作用，应重点关注空间、时间、治理三个维度上的变革：在空间维度上从局部要素管控向全域全要素管控转变；在时间维度上从静态蓝图向全周期、全流程动态管理转变；在管理维度上从空间规划向空间治理、数字化治理转变。

1.空间维度：从局部到全域覆盖

按照国土空间规划全域覆盖的要求，详细规划应当建立全域统一的以土地用途管制为核心的管控体系，编制时需要将行政区域分为城镇、乡村、生态空间、海洋等不同类型，统筹保护、利用、开发、修复需求，编制相应的单元层面详细规划，不同类型的规划单元其规划关注重点也会有比较显著的区别。

城镇地区单元：分类细化，因区施策。在增量扩张向存量提升转变的背景下，城镇的不同区域一定会面临不一样的提升需求，关键在"因区施策"，从区位、主导功能、重要程度、实施进度等不同角度将城镇规划单元进行分类，按照各类型特点制定差异化的功能准入、资源投放要求和设施配置标准，通过对要素的精准管控提升空间治理的精度（图3）。

乡村地区单元：加强要素统筹，创新管控方式。乡村地区具有生态、生产、生活空间相互交织的特点，需要从传统"垂直到底"的单要素管控向横向"多要素统筹"转变，在总体规划各专项系统协调的基础上进一步调和各类要素控制要求的矛盾，为科学的土地用途管制打下基础；在管控方法上积极创新，建议在单元层面采取"图则控制+规则约束+政策引导"的组合方式，制定总量规模约束条件，明确底线范围，分类制定土地用途管控与行为准入要求，补齐管控短板。

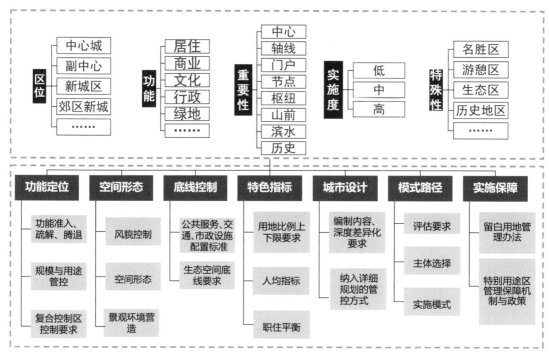

图3 城镇类规划单元分类引导的标准和差异化管控内容示意

生态地区单元:分级细化格局,明确管制要求。生态地区要构建涵盖山水林田湖草各类生态要素的综合分析平台,对传统由不同部门制定的多种保护类型、不同级别的保护边界和保护要求进行"全打开"式的梳理和整合,对上位规划的保护要求进行适当的细化。

山东济南南部山区规划实践:构建统一的技术平台,在系统分析山水林田湖草各类生态要素基础上,以"基础分区+叠加管控"方式落实各类保护要求,制定"一图"(生态控制线内部管控分区图)"一表"(生态空间用途管制与准入清单表)明确、详细的用途管制和行为限制措施要求(图4)。

高度重视各类交界地区的统筹协调。由于城镇、乡村、生态地区的规划编制内容与管控方式的显著差异,城乡过渡地区、自然保护地和村庄交界地区、陆海交界地区等交界区域面临着不同类型管控体系与标准的衔接过渡,上述地区会成为详细规划能否实现有效的全域管控的难点,必须高度重视此类地区在规划技术标准和管控体系方面的衔接和过渡,这方面需要有一定程度的创新。

2. 时间维度:开展详细规划实施评估,实现编制、实施全过程闭环管理

规划实施定期评估工作需要从总体规划向单元层面详细规划延伸,为规划编制计划制定、动态维护、实施过程优化提供技术支撑,和总体规划评估的结论形成相互校对和验证,为全局性问题的解决提供更精细颗粒度的发力点。

单元层面的详细规划实施评估重点对实施进度、核心指标完成情况和成效、实施满意度进行分析,通过量化指标、主观感受两个视角判断实施是否与规划目标、底线管

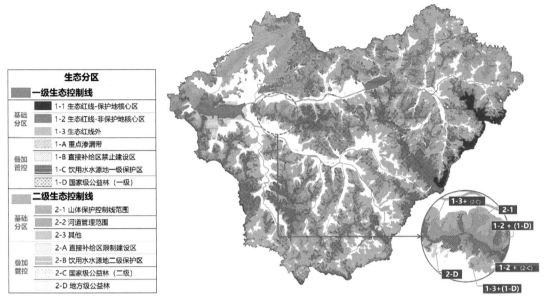

图4 济南南部山区规划对各类生态要素管控要求的整合示意图

控、功能优化、配套设施建设等要求发生偏离，寻找问题和短板，提出改进措施和建议。不同类型的规划编制单元应当建立差异化的评价模型，一般地区和重点地区的评估内容与深度也应当有所区分。规划实施评估报告应当对实施进度、产业提升、人居环境优化、公共服务和支撑系统的实施效果进行分析，还可以从更综合的视角评判空间资源投放的综合收益（图5）。

3. 管理维度：不断完善国土空间详细规划"一张图"，支撑编制管理一体和数字化转型

建立国土空间详细规划"一张图"，支撑详细规划编制、审批、实施、监督向全程在线数字化管理转型。详细规划"一张图"建设中需要重点关注三个方面的工作：一是加强数据融合，按照统一的技术标准构建数据资源体系，将各类二维、三维数据的类型、格式、数据关联标准进行规范，实现汇聚入

库统一管理，支撑规划、实施、评估、监督全流程工作；二是实现数据贯通，要和国土空间总体规划"一张图"的数据形成贯通，相关部门应当实现数据和信息共享；三是强化应用，应用可以说是"一张图"的生命线，要基于统一数据底座积极拓展各类定量分析和情景推演、仿真技术和可视化表达、智能校验和实时监测等方面的应用功能，为技术方案优化和各类行政决策提供科学支撑。

四、高度重视政策、制度、标准等"软性"因素在详细规划体系完善中的作用

按照国土空间规划改革的要求，详细规划的成果形式和内容将会比传统控制性详细规划或村庄规划更加多样化，详细规划体系将会由不同类型、不同层次的详细规划共同组成。为了让这个体系能够良好地运行，除规划技术成果的优化外，我们需要更加重视不同类型和不同层级的详细规划之间、技术

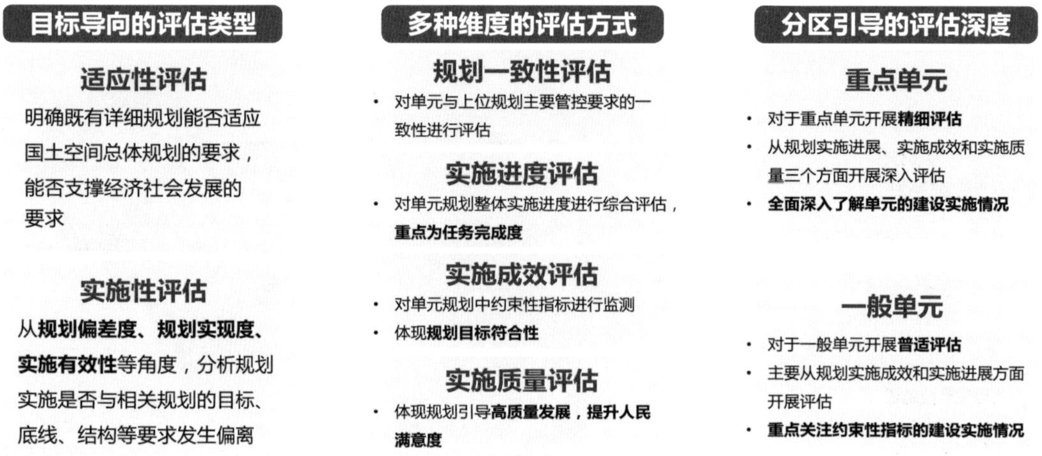

目标导向的评估类型

适应性评估

明确既有详细规划能否适应国土空间总体规划的要求，能否支撑经济社会发展的要求

实施性评估

从**规划偏差度、规划实现度、实施有效性**等角度，分析规划实施是否与相关规划的目标、底线、结构等要求发生偏离

多种维度的评估方式

规划一致性评估

· 对单元与上位规划主要管控要求的一致性进行评估

实施进度评估

· 对单元规划整体实施进度进行综合评估，**重点为任务完成度**

实施成效评估

· 对单元规划中约束性指标进行监测
· 体现**规划目标符合性**

实施质量评估

· 体现规划引导**高质量发展，提升人民满意度**

分区引导的评估深度

重点单元

· 对于重点单元开展**精细评估**
· 从规划实施进展、实施成效和实施质量三个方面开展深入评估
· **全面深入了解单元的建设实施情况**

一般单元

· 对于一般单元开展**普适评估**
· 主要从规划实施成效和实施进展方面开展评估
· **重点关注约束性指标的建设实施情况**

图 5　详细规划实施评估的类型、方式和评估深度

成果和管理实施之间的"软性"连接，包括各类规划管理制度、运行机制和配套政策。这部分内容是很多地区最为突出的短板，应当成为详细规划体系强化的重点。例如，为了有效传导总体规划要求，需要建立编制单元层级的任务资源，统筹平台和运行规则；为了适应全生命周期管控需求，需要建立规划实施评估制度和技术方法，指导后续实施和动态维护；为了加强对实施的指导，需要完善规划技术内容与实施过程，引导工具和政策的结合等。这些"软性"因素是保障详细规划从静态蓝图向动态过程"活"起来，实现"能用、管用、好用"的关键。

五、小结

我国的控制性详细规划是伴随着市场经济和土地有偿使用制度的建立，在借鉴国外规划制度的基础上逐步发展起来的。当下我们正面临新时代更高的发展目标和日益复杂的现实问题，应当在既有经验的基础上结合自身特点和需求积极探索，不断创新，对详细规划的理念、方法和技术工具等进行适当变革，不断完善国土空间详细规划体系，为具有中国特色的国土空间治理制度和路径提供支撑和保障。

作者简介：

张晓光，清华同衡规划设计研究院副总规划师，正高级工程师，注册城乡规划师。中国建筑学会城市设计分会理事，中国城市规划学会详细规划专业委员会委员。长期从事详细规划和城市设计领域的研究和实践工作。

遗产与城市活力重塑

关键词：遗产保护；重塑；城市活力

一、城市活力的重要意义

城市活力为什么重要？怎样认识城市活力与空间的关系？

当下城市更新行动的目标，不是生产高质量却冷冰冰的城乡物质环境，而是要推动人在物质空间中的丰富互动，通过交流有实在的获得。

消费是城市活力的重要组成，消费是驱动内循环的重要动力，相比于线上消费，线下消费在现阶段和未来相当长的时间内仍然会是主要消费类型。我们必须注意到，能够激发消费的物质空间很多都是具有活力的城市公共空间。

充满活力的城市空间有助于孕育各类创意创新产业。人是创新之本，塑造具有吸引力和亲和力的城市空间就是在推动创意创新产业发展。例如依托老纺织机械厂保护更新的广州 TIT 创意园，在 7 公顷的土地上，在 4.5 万平方米的空间中创造了 4000 多个工作岗位，腾讯微信总部便位于这里。

城市活力也应是人与自然和谐共生的生动体现。不仅是人群之间，人与自然空间、人与其他物种在和谐共生状态下的交流互动也是活力的体现，具有生态文明时代的重要意义。

二、城市活力的不断丧失

然而，当下中国城市的活力尤其是老城区的活力在多重因素影响下出现不断丧失的现象，如高品质公共空间的普遍缺失，曾经具有活力的空间随着人口外溢、环境与业态老旧而逐渐衰败。同时，虽然城市发展路径强调从追求高效率转向追求高质量，但很多生产生活模式仍然不可避免地强调效率导向。以数字媒体社交为代表的目的性极强的生活方式会抑制人在应对现实生活中各种不可预知的变化时所需要的灵活性和多样性，造成人与人之间偶发性交往的减少和人际关系的冷漠。同样的情况也体现在自然界，人工种植的杨树纯林之下的生物多样性会大大下降。与人工林相比，目前正在申遗的景迈山古茶林 ① 传承布朗族与傣族的林下茶种植技术，在森林中间砍伐少量高大乔木以栽种茶树。乔木层—茶树层—草本层的立体群落结构为

---

① 2023 年 9 月 17 日，中国"普洱景迈山古茶林文化景观"申遗项目在沙特阿拉伯利雅得召开的联合国教科文组织第 45 届世界遗产大会上通过审议，列入《世界遗产名录》。

茶树创造了理想的光照、温度和湿度等生长条件，同时利用自然生态系统预防病虫害并提供天然养分，从而可持续地生产出高质量的有机茶叶（图1）。传承千年的以植物群落为特征的林下茶种植技术观念，对于现在已解决产量问题、质重于量的茶产业，显然极为高明。那么，对于城市空间的高质量营造，传统智慧以及文化遗产也能够发挥积极的作用么？回答是肯定的。

三、遗产重塑城市活力的途径与优势

城市活力内涵丰富，至少包括文化活力、社会活力、经济活力、环境活力等方面。其中，文化方面的活力主要体现在观念交流，社会方面的活力主要体现在通过社会治理来推动信息的交流，经济方面的活力体现在物资与资本之间的交流，最底层还有一个非常和谐生动的环境活力，人与自然和谐共处和互动，整个构成了活力的状态（图2）。历史文化遗产对于这些方面的活力塑造都能起到作用。概括起来主要有三个方面：一是吸引聚集，二是促进交流，三是激发创新。联合国关于可持续发展的17个大目标中有14个大目标，近30个子指标都提到了历史文化遗

产可以参与的内容。比如遗产可以促进亲近自然的健康生活方式，通过特色场景的消费、文化产业的赋能促进经济增长与就业，促进国际文化的交流，提升商贸活力等。

为什么历史文化遗产能够在追求高质量发展的今天，对于重塑城市活力起到多元而有力的作用？有以下几点原因：

一是遗产所承载的行为模式往往是在漫长的历史演化中积累形成的，符合人的基本生物性与社会性要求。比如晋江市梧林村传统文化活动"烧塔仔"，据说是由元末起义者举火为号逐渐演化成的一种闽南地区非物质文化遗产活动，但因为它符合人们聚集到一起围着火焰载歌载舞的行为需求，今天这个传统习俗复兴以后转型为非常受欢迎的文化活动。二是遗产具有跨文化的吸引力，满足人接触、见识新文化的欲望。三是遗产所在环境多具有独特的场所感，无论是老城、老街区还是老厂区都是有故事的环境氛围，人们身处其中容易放松，引发联想，继而迸发不经意的灵感，激发创新。最后就是遗产地具有包容的历史氛围，很多人到了老城、老街里就是单纯地走走看看，这样一个高度复杂而又和谐的历史氛围，包容各种各样的想法产生并有可能成为创新的基因。

图1　景迈山古茶林

图2　城市活力的塑造模型

四、遗产重塑城市活力的实践经验

遗产如何参与城市活力的塑造？下面结合一些实践案例阐释遗产跟活力塑造的关系。

1. 营造文商旅消费空间

关于遗产与城市活力互动的阐释可以从营造文商旅的消费空间开始。例如晋江市的五店市街区内有若干处文物保护单位和历史建筑，经过空间织补和功能提升之后，这个区域成为老年人和年轻人、本地人和外地人都喜欢、认同的一个历史片区。尤其是对海外华侨来说，他们到了晋江最喜欢去的地方就是这里，因为有归属感，逢年过节一些重要活动、文化行为都在这里举行，使这里成为提升晋江活力的城市文化会客厅。同时这个片区因为其独特的包容性，还在不断地孵化本土的文商旅高端品牌，继而向厦门、泉州、福州辐射。

又比如晋江市梧林村，这个村子的规划、实施、运营过程中，清华同衡团队全程驻场参与，给予正确的遗产观引导，保持与运营商的积极互动，使得梧林村不仅在空间品质上得到提升，还成为晋江传统文化的活态传承与展示的重要引领空间，吸引很多人专程来此体验传统文化（图3）。

2. 串联城市文化活力网络

对于范围较大的成片遗产资源，可以通过串点成线、编织文化活力网络的方式带动城市活力提升。比如被汪曾祺先生称为"昆明眼睛"的翠湖片区，高密度的城市发展割裂了原本通过河道串联在一起的翠湖与滇池水域体系，历史生态格局与历史环境都不复存在，片区内散落的各种历史遗存需要整合。对此清华同衡与合作团队进行了系统性的分主题梳理，把散布在翠湖周边不同历史时代的资源进行串联、整理和展现。尤其是推动城市并配合地方政府把连接滇池和翠湖的洗马河生态廊道重新恢复起来，不仅具有重大的生态意义，同时也呈现出富有历史感的柳林洗马文化景观。现在昆明市围绕翠湖策划各种各样的活动，使翠湖真正成为城市的文化客厅。又比如景德镇市御窑厂片区，处于景德镇历史城区的核心范围内，改造前环境品质与片区活力都亟待提升。清华同衡团队在开展工作时考虑在遗产保护和城市发展间寻找平衡点，打破纯粹静态保护的观念。针对不同对象分类施策，如对文物进行高标准保护修缮；对传统风貌建筑进行功能策划与植入，改造成遗产酒店等活力业态；对与传

图3 晋江市五店市街区成为晋江文化会客厅

统风貌不协调建筑进行降层处理、立面改造等。地方运营公司围绕该片区策划大量的文化展示、体验、交流、消费活动，有效提升了老城区的整体活力。

3. 培育活力热点场所

围绕点状存量空间，可以根据周边社区居民的切身需求，将其培育成充满文化味儿、人情味儿的活力热点场所。比如北京市景山街道的兆军盛菜市场，在改造前像其他菜市场一样存在着卫生安全、消防、停车等问题。保护改造工作如果从单纯的遗产保护角度来说非常简单，划几条必要的线，提一些风貌协调的要求就可以了，但是不解决任何实际问题。清华同衡团队开展了从规划到交通、建筑，再到引入传统文化元素、与各个摊主谈心交流以满足其诉求等方方面面的工作，让菜市场变成了一个充满人情味儿、文化味儿的一站式便民服务大厅。清华同衡团队还帮助商贩们完善菜市场的企业文化，策划座

谈会等各种活动，在激发社区商业活力的同时，提升社会对菜市场的关注，也获得了市、区政府的支持认可，使兆军盛菜市场成为一个多元跨界的交流场所。

很多历史文化街区里的人并不知道这个街区有多少文化。清华同衡团队与中国古迹遗址理事会（ICOMOS China）合作，在北京市景山街道里植入了"知造局"这个社区文化小客厅，就是要在社区里传播跟文化遗产相关的知识。400平方米的空间里功能高度复合，既可以充当讲堂，又可以用来办展览，也有一些办公的空间。它的首要作用就是传递跟连接，用大众化的态度来传播文化遗产的知识。结合世界文化遗产的主题和内容，举办面向大众开放的光影展和一些有品位的文化活动，这些文化活动都会邀请社区居民来参加。里面还有一个咖啡馆，销售依托世界文化遗产研发的创意产品，既满足日常消费需求，也可以补充"知造局"运营的经费，探索遗产活化的可持续模式（图4）。

图4 北京市景山街道"知造局"

4. 重建人与自然良好关联

最后一个案例白鹤小镇体现的是人与自然的和谐共生。该项目位于鄱阳湖岸边的南昌市鲤鱼洲，每年有超过 95% 的白鹤在迁徙时都要经过这里。这个区域的发展变化向我们展示了人与自然之间从盲目顺从到改造围垦，再到反哺与欣赏，最后到今天的尊重—顺应—改造自然的全过程。清华同衡团队从生态和人文两个角度来推进工作。首先是改善鸟类生境，向历史上鄱阳湖的自然水生态环境学习，塑造了白鹤的夜栖地与觅食地，让白鹤能够留下来。然后设计和实施了白鹤共生馆，让这个区域成为一个创造、传播知识的活力场所，吸引了很多研学活动在此开展（图 5）。

五、结语

在上述这些遗产参与城市活力重塑的实践过程中，清华同衡结识了很多合作伙伴，形成了自己的"朋友圈"。比如面向文化园区有文化遗产 DIBO 联盟（设计—投资—建设—运营一体化）作为支撑；面向小微社区有 ABCUR 联盟（社区营造与城市复兴），其中有很多小微设计团队，甚至包括菜市场的经营者和水果铺摊主。这些朋友和合作者与清华同衡一起推动着遗产对城市活力有效的积极、良性互动。

图 5　南昌市鲤鱼洲白鹤小镇

作者简介：

　　霍晓卫，清华同衡规划设计研究院副院长、副总规划师，正高级工程师。住房和城乡建设部科学技术委员会历史文化保护与传承专业委员会委员，国家文物局专家库成员，中国文物保护基金会专家。长期从事历史城镇与传统村落的保护与发展、城市设计等专业领域工作。获得中国城市规划学会第二届中国城市规划青年科技奖。

治理视角下的城市更新制度重构

/ 潘　芳

关键词： 城市更新；制度重构

一、城市更新制度重构的时代命题

1. 城市发展进入存量时代，亟待面向经济社会发展新需求推动城市转型

近十几年中，我国城镇化率增速与人口增速相继迈过拐点，城市发展进入存量时代，亟待面向经济社会发展新需求推动城市转型。2017 年后，新增的就业主体已从农民工转为大学生，从"择业而城"转向"择城而业"，空间需求在得到基本满足后将产生更精细化的多元化转变，如对社交密度、情感归属、服务品质等的考量，城市更新就是城市"转型"。

2. 城市更新有待破解城市新发展阶段的治理难题

存量时代为城市更新提出了如下治理难题：第一，在发展动力上，城市已经从资本型增长阶段转化为利益型，目前的城市空间的资源初始配置已经基本完成，旧有利益格局难以打破；第二，在产权特征上，现有产权主体多元、结构复杂，每一次更新都会涉及多元主体复杂的产权和利益关系重塑的问题；第三，在治理模式上，需要关注城市空间资源再配置的公平与效率，尤其需要通过制度设计和政策创新合

理确保各方主体享有其带来的经济社会效用。总之，城市的治理重点在增量时代是土地作为重要载体如何支撑经济发展，而在存量时代将转变为在有限存量空间中如何既能"补短板"解决先前高速城市化的历史欠账，又能"谋发展"满足新进产生的社会需求（表 1）。

3. 城市更新制度重构的四个维度

在城市治理的角度下思考城市更新制度的重构，建议从四个角度出发（图 1）：一是在治理主体方面进行组织维度重构，将原来自上而下的模式拓展为政府统筹与多元协同；二是在治理模式方面进行政策维度重构，在顶层设计的基础上增加分级分类的建构；三是在治理工具方面进行规划维度重构，从"施管控"的规划计划向"促共识"的谋划策划转变；四是在治理环节方面进行实施维度重构，以前供需分离的审批管理需要向全生命周期管理转变。

二、城市更新制度四大体系构建要点

在四个维度的基础上，城市更新工作制度的构建可以划分成四个体系（图 2）。具体包括：综合考虑国家、省市、区县的功能作

表1 城市新发展阶段城市更新有待破解的治理特点与问题

	增量时代	存量时代
发展动力	资本型增长阶段： 城市化加速阶段，增量建设为主导； 城市空间资源及利益格局的初始配置； 城市发展的资本积累以"土地财政"为主	运营型增长阶段： 城市化减速阶段，存量优化为主导； 城市空间资源的初始配置基本完成，利益格局基本形成； 城市发展的资本积累以存量资产的运营收益、税收等现金流为主
产权特征	产权主体相对单一，结构相对简单； 政府垄断新增建设用地供应，掌控土地处置权及土地开发的增值收益分配； 城市土地使用权出让主要涉及政府和开发企业	产权主体多元，结构复杂； 在通过改变土地用途或开发强度、完善设施功能等存量资源提质增效的过程中，对涉及政府、原居民（村民）、开发商、租户和其他公众等多元主体复杂的产权及利益关系重塑
治理模式	城市空间资源初始配置的公平与效益； 避免土地利用外部性导致的市场失灵，并通过空间用途管制获取土地溢价用以投资城市建设"底线管控"为主导； 政府主导	城市空间资源再配置的公平与效益； 通过制度设计及政策创新，推动各主体能够更加公平、有效地享有再配置带来的经济社会效用； "底线管控"与"激励引导"并重； 政府统筹并向市场和社会合理放权的过程
治理重点	城市土地作为重要载体如何支撑经济发展？ 城市空间资源是地方政府落实增长发展、实现价值再生产的重要载体，常聚焦以较低成本超前消费空间为代价换取城市快速发展	如何在有限存量空间中"补短板＋谋发展"？ 在高度压缩的时空环境下快速推进的工业化和城市化，使诸多社会矛盾和潜在的问题分摊到更长的时间里合与叠加积累，导致存量优化不仅是谋发展，更需要在存量空间中解决历史欠账

图1 治理视角下推进城市更新制度重构

用，并注重与自下而上的多元社会参与的对接的组织管理体系；通过核心文件和配套政策构建完整的政策法规体系；通过城市体检评估、城市更新专项规划等落实到城市更新年度计划的规划计划体系；以上三个体系的构建最终是为了支持实施运行体系。

1. 组织管理体系

目前我国城市更新以城市为基本单位初步形成了"高位引领，各司其责"的发展趋势。"高位引领"即各地均由市级主要领导或分管领导来担任城市更新领导小组组长，高

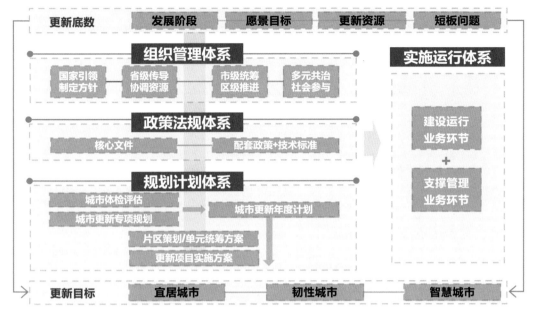

图2 城市更新工作体系构建方向

位推动才能顺利推行。这是因为城市更新工作不是一个部门事项，而是一个社会的整体事项，需要每个市直部门"各司其责"在分管环节里不断细化完善。区级政府部门一般作为城市更新的责任主体。

基层政府机构，如街道办事处、乡镇人民政府、村民和居民委员会，则起到协调民意、上下沟通的作用。这种新的、大量的协调社会力量的需求是城市更新工作区别于以往建设工作的特点之一，因为城市更新中各方社会主体经常需要同时或率先进场，如产权主体、统筹主体、实施主体等。所以，需要促进自下而上的政策传导要求与自上而下的主导进程有机结合。

此外，针对企业参与机制，应该充分发挥市场机制，明辨出确实需要政府补贴的公益项目，并与可盈利项目通过明晰转换条件来平衡利益，以此畅通社会资本的参与路径，形成多元化的更新模式。针对专家参与机制，现在各地多通过建立城市更新专家委员会

制度以及责任规划师或设计师参与制度予以落实。

各方专家向上服务政府部门，提供专业化意见；向下服务多元社会主体，协助政府下放城市治理权力，指导民众合理合法参与城市更新，尤其为对发声途径最为有限的利害关系人提供技术救济。

2. 政策法规体系

设立原则可总结为"立法统领、一主多辅、按需增补"。目前，各地都逐步形成了"核心文件 + 配套政策"的"1+N"体系。其中，"1"主要是指全面推进城市更新工作的纲领性核心文件，一般为法规规章和规范性文件。"N"主要指配套政策，很多城市都对其进行了拓展细分：按照功能空间类型可以分为居住区、产业园区等，便于分类施策作出针对性指导；按照主体事项又可以分为土地规划、财税金融等，便于重点突破旧有政策堵点；此外，还可包括与各项城市更新

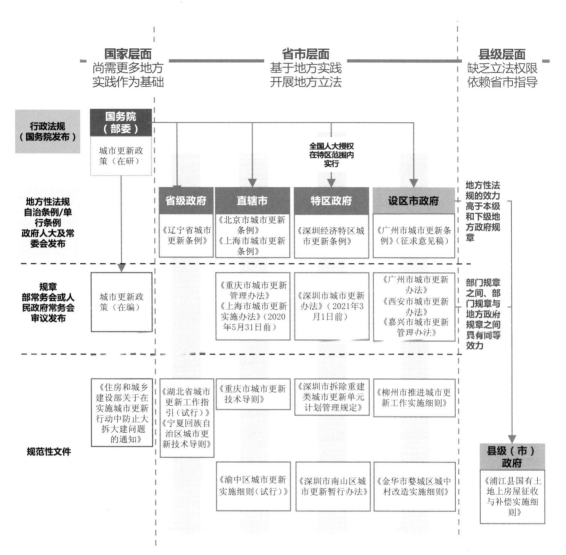

图3 城市更新政策法规体系的建构过程及示例

工作配套的技术标准、导则等。

在各级政策构建方面（图3），国家层面目前仅正式出台了一份规范性文件；省市层面则基于地方实践，很多地方已经开展了地方立法；值得一提的是，非常广泛的县级区域因无法立法而高度依赖于省市政策指导，所以在将来的立法工作中，相关省市应当多考虑县级层面的发展阶段及城市更新特色需求。

配套政策的制定原则是分类施策、重点突破。分类施策是以责任或者实施部门牵头，按照更新对象分类制定政策，畅通单一对象的更新流程。例如，北京市针对五个不同的更新对象分别出了指导意见，不同类型更新的逻辑、复杂程度、更新的难点都是不同的，由此北京市形成了五大类、12项更新类型，所有的政策制定都是由相关部门去完成的，涵盖了与城市建设相关的各个行政部门。重点突破是针对一些特别关键的环节和堵点，制定专门的政策，目前来说主要集中

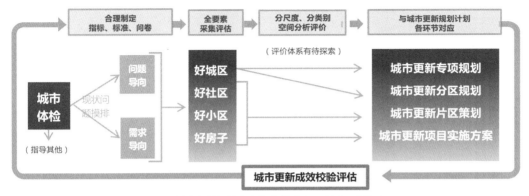

图4 城市体检与城市更新有效联动，形成工作闭环

在规划土地政策和财税政策，规划土地政策方面土地综合政策、不动产登记、容积率转移出台的政策会比较多，财税金融方面主要包括财政奖补、税费优惠、基金管理、投融资管理。

3. 规划计划体系

现今各地自发形成的城市更新体系基本都是分为城市体检评估、城市更新专项规划、城市更新年度计划三个板块协同推动，且实施导向非常明显（图4）。

城市体检是城市更新的重要前提；城市更新专项规划是顶层设计，其下的城市更新片区的规划（或称策划、方案）需要统筹片区内更新资源和更新需求，在"补短板、谋发展"的同时还要关注经济测算和长效的运维机制，而城市更新的项目实施方案实际上是技术方案、实施路径和成本测算三大部分互为支撑；所有的方案完成之后最终要进入城市更新年度计划，有些地方则是纳入城市更新项目库，以指导下一步工作。

其中有两个问题在各地实践中逐渐突显：一是城市体检和城市更新如何有效联动形成工作闭环，为城市更新提供前期现状摸排与后期成效评估；二是城市更新的片区策

划方案和控制性详细规划的衔接方式因城而异。例如，上海的平行替换方式中，衔接主要体现在编制的范围、启动和协同；深圳的覆盖替代方式中，城市更新的单元规划作为城市更新专项规划的微观层级，可以替代法定图则作为城市更新地区的规划依据；北京的融合发展方式中，控制性详细规划和实施方案是更新项目实施的重要依据，可逐步细化编制，亦可同步编制。这些一线城市根据各自城市更新的对象、内容、阶段等特异性需求制定出了不同的衔接方式，在一定程度上也与我国控制性详细规划改革的进度相呼应，有待在未来发展中继续接受实践的检验与优化。

4. 实施运行体系

实施运行体系主要包括建设运营和支撑管理两个环节。前者需要明确更新对象、方式、资金、运营等模式，特别是建立全生命周期管理系统；后者需要政府部门优化旧有审批流程，搭建信息化平台与基础数据库，并建立长效的考核评估机制。其中有三个重点：

一是需求为王的运营前置机制。其设置是为了方便多方主体全程参与，更有效地回

应人本需求和改善民生，更精准地匹配客群需求，激发地区商业活力和社会主体的投资意愿。

二是统筹实施机制。伴随城市更新实践的深入，各地纷纷突破旧有单体项目建设的局限，在片区尺度深化推进城市更新行动，将片区统筹作为更新实施落地的抓手。

三是存量空间的资金平衡机制尚需多方探索。目前以增量的资产性收入补偿运营性支出的旧有路径已经难以使用，政府出资撬动城市内各项公共或半公共设施与空间的难度逐渐加大，需要积极调动银行、企业、居民及其他社会主体对其相关空间的更新付出资金或人力，并通过精准的成本控制提高各项运营收益，才能以微利可持续的形式将城市微更新的利益模式运转下去。

三、城市更新之"同衡实践"

1. 城市更新政策设计

建立城市更新政策研究体系，强化专项机制和模式研究。清华同衡参与了国家和部分省市的城市更新部分政策设计，同时也经由内参和智库的课题来辅助城市领导决策，并聚焦更新的热点对象和问题，开展持续研究。

2. 城市体检和规划计划

清华同衡已经构建了"问题、目标、规划、行动、管理、监测"的全链条城市更新工作路径，并根据每个城市因地制宜地制定差异化工作体系。我们认为城市更新的规划不仅是空间的规划，后续必须要有支撑保障，包括实施落地和平台监测的内容，更新前期也应该进行充分的问题查询与评估。在更新前期方面，清华同衡已经积累了特别成

熟的城市自体检的技术经验，同时也深入开展了省级第三方的体检探索，包括省级相关政策标准及体系、多维校核的融合机制、省市体检技术分析方法、省级城市体检成果体系和推动机制，以及省级城市体检的智能化工作平台等。

3. 服务地方和企业

为全流程的实施运维搭建起始框架。近年来，清华同衡的遗产中心在历史文化名城保护方面取得了非常大的进展，目前也结合城市更新业务进行拓展。清华同衡还为一些开发集团研发城市更新业务全周期信息平台，全面追踪企业的城市更新项目运维情况。

4. 责任规划师

回到以人为本，清华同衡的责任规划师也在助力基层的治理创新，全过程陪伴，深入了解民众诉求。在街区更新方面，回应"城市活力焕新"以及"人本主义"的需求本源问题，提供系统化、专业性、全系列的规划咨询服务。在老旧小区改造方面，充分调研，明确发展目标，通过城市更新规划设计形成社区改造的整体构架和具体实施办法。

四、小结

在城市更新工作中，规划师需要从优先"见物"到优先"见人"进行转变，充分考虑人的需求。这是因为推进城市更新的核心是吸引新的受众人群，塑造新的社会关系。在社区层面，更是要基于民生改善，推进搭建"问题共评、愿景共谋、多方共建、责任共担、成果共享"的多元共治格局。

在城市更新中没有调查就没有发言权。这是因为存量地区的环境确实太复杂了，需

要规划设计师拓展调查评估的广度和深度，尤其是加强对"人、房、地、策"等全要素的评估与分析，为识别真需求、发现真问题、助力真发展提供扎实的基础。

规划师要勇于"自我更新"。存量规划的治理核心是保障产权关系重构的效率与公平，并且提供评估、规划、施策、运营等全周期的统筹与技术保障。这意味着，规划师既需要拓展产权制度及交易规则等知识边界，也需要基于传统的空间技术逻辑，进行向上的"公共政策逻辑"和向下的"城市运营逻辑"延展学习。

城市更新是一种发展范式变革，建设让人民满意的城市，城市更新永远在路上！

作者简介：

潘芳，清华同衡规划设计研究院党总支书记、副院长，城市更新与治理分院院长，兼任清华大学城市治理与可持续研究院副院长，中国城市科学研究会城市更新专业委员会副主任委员，北京工程勘察设计协会副会长。长期致力于城市发展战略规划及国土空间规划、城市更新及规划实施、存量规划等相关项目实践及规划研究。获得2019年度中国城市规划学会"优秀党员科技工作者"称号。

同衡云 —— 规划支持平台的智能化探索

/ 林文棋　谢　盼

关键词： 同衡云；智能规划；专题图；模型

一、平台背景

AI 时代已开启，ChatGPT 是 1980 年以来最具革命性的技术进步。当前世界已经发展到了真正的信息化、智能化的阶段。大数据分析与挖掘技术可使城市问题诊断更精密，评估模拟更精准，并可以不断地重塑规划决策过程。同时，规划设计也为新技术使用、新产品研发提供了新方向、新需求、新场景，成为新技术应用方向的指路者。规划新技术的研发与应用，正从辅助性工具，转向成为提高规划方案科学性、优化实施效果等深层次应用的主要手段。当前，规划业务的发展趋势和对于新技术的需求体现在以下三点：

1. 数据支撑规划更常态化

对于便捷的数据分析工具需求更为迫切。目前，手机信令数据、互联网定位数据、企业大数据等已经广泛应用于到城市规划关于空间、人口、产业、设施、交通等领域的分析，城市体检工作也已经成为年度常态化业务。规划师在使用数据支撑规划和体检等工作时，一般要经过 python、ArcGIS 等多种工具环节，操作繁复，需要具备一定技术基础。标准化、便捷化的一站式数据分析工具能显著提高数据分析、成果出图等效率，把规划师从技术细节中解放出来。

2. 数据支撑规划更精细化

对于智能的算法模型工具需求更为迫切。城市规划从增量时代转入存量时代，城市规划和治理目前呈现出要素多维、尺度精细、流程闭环、主体多元等特征。数据和新技术的支撑需要融入领域知识和模型工具，实现针对性、动态化、智能化的业务支撑。

3. 强调持续性规划服务

规划管理对持续性服务需求更加迫切。"咨询＋信息化工具"打造智库服务新模式。针对自然资源、住建、发改等部门越来越强调年度的、全周期的服务，静态的咨询报告只能解决一次的咨询问题，知识型信息化工具却能带来持续的规划服务。基于信息化工作提供的基础数据和知识搭建框架，内部知识由规划和咨询师定期定制更新，可实现更快速、高效和持续的服务模式。

二、"同衡云"的目标及思路

"同衡云"以信息化平台建设为抓手，降低业务应用的技术门槛，不断推进数据资源与技术资产的积淀，促进业务数智化与科学化，提高生产研究与管理效率。

具体做法是汇聚数据、算法、应用，建设专业化、智能化和开放的业务知识平台。这个知识平台建构在清华同衡已有的技术实践基础上，包括"数据治理平台""一张图系统""二三维一体化平台"等系统已有的项目实践经验，在数据治理、数据分析、空间制图和表达等核心功能上构建易用、好用的规划支持平台。

要建成易用、好用的规划支持平台，"同衡云"抽取了总体规划、详细规划、旅游、园林、遗产、治理等业务中的共同特点，形成可共享的技术逻辑，包括数据资源体系、多维指标体系、算法模型体系、应用场景体系，对这几大体系进行系统性的整合并展开工作。

针对规划业务的发展趋势和信息化工具需求，"同衡云"以"数据、制图、模型"为核心模块，打造"专业、智能、开放"的规划业务支撑平台。

"专业"："同衡云"是一个专业的规划辅助平台，以规划核心业务和领域知识为牵引，打造"数据、制图、模型"核心模块。

"智能"："同衡云"是一个智能的规划分析工具平台，以数据资产和智能算法为内核，搭建可拓展的业务模型。

"开放"："同衡云"是一个开放的行业交流平台，基于分布式架构，实现数据、算法、模型、方案的共享与众筹，赋能规划业务创新。

三、"同衡云"平台介绍

"同衡云"的核心能力是"一台五馆"的架构。"一台"即一个平台是指数据治理平台，是整个系统的基础，也是规划编制业界在信息化过程中最大的拦路虎。"同衡云"以"数据、模型、制图"等能力为核心，基于空间、信令、企业、互联网、POI、统计等多源数据，结合业务算法模型，支撑规划领域业务应用场景。在平台的基础上建设"五馆"（图1），即数据资源馆、业务规则馆、模型

图1 "同衡云""一台五馆"架构

算法馆、地图样式馆和方案自助馆。

数据治理平台形成了一套统一的数据底板、统一的数据标准、统一的数据管理、统一的数据服务，构建一整套数据治理体系，通过数据的清洗、转化和校验来实现多维数据的融合和挂接。

1. 数据资源馆

这是整个系统的数据池，数据治理平台的建设依赖于底层的数据构建，数据资源馆是业务的数据仓库。具体业务中，需要汇聚手机信令、企业数据、互联网 POI、遥感影像等多源时空数据。平台提供数据清洗、入库、校验、融合等全流程治理工具。

2. 模型算法馆、业务规则馆

可用的数据只有与业务需求相结合才有意义，需要将业务中可计算的技术逻辑抽取出来，形成可定制配置的智能模型。平台提供规划模型库，将数理统计、空间分析、影像解译、综合评价、归因分析、聚类分析、预测模拟等核心算子进行封装。提供模型自定义组装功能，通过业务规则的配置，基于核心算子智能组装规划业务模型。随着各类应用的不断拓展深入，模型数量将不断增多，质量将不断优化。

3. 地图样式馆

平台能够做出标准、专业的成果制图。提供多样化二维、三维地图表达能力，二维、三维数据筛选统计分析能力，多样化图表表达能力。二维专题制图包括空间地图、点线面地图、流图、热力图、聚合图、地区图、时序图等渲染和样式定制键技术研究和工具研发。三维专题制图包括地形三维、倾斜摄影、白膜、设计模型等渲染和样式定制关键

技术和工具研发。二维、三维专题图数据空间分析包括数据属性筛选、空间筛选、全文检索、三维空间分析等基于空间数据表达的应用分析。

4. 方案自助馆

方案自助馆与规划编制业务直接相关，是开放共享的方案"超市"。"同衡云"平台不仅将数据、方法、模型、项目收集起来建设成一个共享平台，而且是一个规划业务生产辅助平台，能够帮助规划师完成非常多的规划业务。用户可以在其中进行方案的创建，也可以将创新结果分享给其他规划师。"同衡云"还是一个智能推荐平台，通过对数据、方法、模型、项目甚至是规划师的行为分析，为规划师推荐匹配的数据、方法、模型、项目甚至是合作规划师。

四、"同衡云"平台使用示例

在"一台五馆"基础上，"同衡云"平台不断强化智能内核，以更精准支撑规划应用场景（图2），并进行了一些实践案例使用。

第一个案例是规划分析工具箱，可支撑业务的拓展、演化。利用规划分析工具箱，将数据、模型和制图的功能融合打通，从项目的直接需求入手，选择相应的数据和模型，开展标准化制图。"同衡云"平台上有非常多的规划业务相关的数据，包括社会经济统计数据、遥感影像数据、企业数据、信令处理数据、互联网数据等，都可直接为规划分析所用。

第二个案例是体检评估智能平台，通过抽取体检评估的内在技术逻辑，在模型配置

■ 可演化的"同衡云"业务智能支撑路径

规划分析工具箱	规划业务场景支撑	智能开放云平台
汇聚和管理数据资产 零代码数据分析工具 数据方案共享与复用 ······	体检评估智能平台 数字驾驶舱生成平台 数智产业大脑平台 ······	数据、模型、方案众筹 智能推荐 同衡云+ChatGPT ······

01	02	03	04
搭平台	强内核	拓应用	汇知识
数据仓库 工具箱、方案超市	数据应用方法 分析决策方法	应用场景 支撑方案	用户数据 用户方案

图 2 "同衡云"业务支撑

方面已做到指标计算的自动化、分析诊断的智能化和体检报告的自生成。平台能够应对自体检、第三方体检，也能够应对各种专项的体检，只要是评估类的工作，都可以在这个平台上定制并计算出结果。

第三个案例是平台系统的成图体系。平台有一套标准的制图体系，用户能够通过拖拽形成最终成果，并直接对接数字驾驶舱，包括数据、图表、地图、页面的管理等内容（图 3），未来还可为甲方提供的非常多样化的规划成果展示形式。

第四个案例是数智产业大脑平台，包括产业、投资、创新的大数据，支持产业发展策划规划、产业发展政策、产城融合与产业

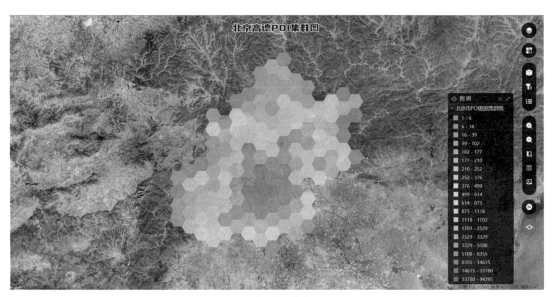

图 3 "同衡云"专题图

园区规划等工作，满足精准招商的业务诉求，具体包括城市和区域的产业画像、产业图谱以及产业链分析等。

五、"同衡云"平台未来建设展望

"同衡云"是一个面向规划业务的全局性产品，与规划师全面合作。"同衡云"平台作为集数据管理、模型分析、制图出图工具、智能推荐于一体的综合服务平台，将显著提升规划师的项目分析工作效率和水平，标准化的工具服务也将提升成果质量，降低质量管控成本。

经过一定时间的实践后，未来"同衡云"平台将成为智能开放的云平台，包括规划文本的自动生成、规划方案的自动生成、规划指标的自动推荐等，期待规划师将更多的成果在"同衡云"上进行制作和表达，为AI训练模型提供扎实的基础。

参考文献

[1] 罗乾鹏，贾爱军．城市规划视野下智慧城市信息化建设 [J]．电子技术与软件工程，2019（16）：216-217.

[2] 金贤锋，张泽烈，王博祺，等．大数据时代规划信息化建设思考 [J]．规划师，2015，31（3）：135-139.

[3] 仇保兴．中国城市规划信息化发展进程 [J]．规划师，2007（9）：59-61.

[4] 柴彦威，申悦，陈梓烽．基于时空间行为的人本导向的智慧城市规划与管理 [J]．国际城市规划，2014，29（6）：31-37+50.

[5] 刘伦，刘合林，王谦，等．大数据时代的智慧城市规划：国际经验 [J]．国际城市规划，2014，29（6）：38-43，65.

[6] SON T H, WEEDON Z, YIGITCANLAR T, et al. Algorithmic urban planning for smart and sustainable development: systematic review of the literature[J]. Sustainable cities and society，2023，94: 104562.

作者简介：

林文棋，博士，清华大学副教授，清华同衡规划设计研究院总规划师兼技术创新中心主任，专注城市发展研究和规划体系构建相关实践。获得2018年度中国城市规划学会"全国优秀城市规划科技工作者"称号。

谢盼，清华同衡规划设计研究院技术创新中心数字城市研究所副所长，长期从事时空大数据、规划数字化、智慧城市等领域研究和实践。

面向高质量发展详细规划编制实施的技术思考

/ 恽 爽

关键词：高质量发展；详细规划；精细化；实施导向；编管一体

一、高质量发展推动详细规划变革

1. 实践高质量发展新要求

2017 年，党的第十九次全国代表大会首次提出"高质量发展"的表述，标志着我国经济由高速增长阶段转向高质量发展阶段。由此，践行高质量发展理念成为所有规划人必须要回答的新时代重要命题。

2018 年 12 月 18 日，习近平总书记在庆祝改革开放 40 周年大会上指出，必须围绕解决好人民日益增长的美好生活需要和不平衡不充分的发展之间的矛盾这个社会主要矛盾，坚决贯彻创新、协调、绿色、开放、共享的新发展理念，统筹推进"五位一体"总体布局、协调推进"四个全面"战略布局，推动高质量发展。由此，实践高质量发展，必须坚持以人民为中心，不断深化理解新发展理念，从追求高速增长转向注重质量效益。对于城市规划，则更加需要通过科学创新的手段和精准务实的举措，贯彻开放、绿色的发展理念，让广大人民共享发展成果。

2. 回应技术变革新挑战

一方面，规划正面临新技术变革带来的挑战。随着信息技术、人工智能的不断发展，规划师的地位似乎正在被计算机动摇。另一方面，在新的国土空间体系下，我们对空间的认知正在从二维转向三维。

随着数字科技的不断突破创新，虚拟维度将成为空间认知的重要构成部分，并深刻影响人们的工作、生活模式，也会重塑城市实体空间，由此也将深刻影响城市规划的编制、管理与实施。就像无人驾驶技术对于城市空间的解构和重塑，信息技术正在创造更加紧凑的虚拟工作空间。与此同时，我们也更加需求带有流动性的、高品质的实体公共交流空间，未来的城市空间一定是实体和虚拟结合的模式。

3. 坚持"一张蓝图"绘到底

但无论是高质量发展的新要求，还是技术变革的新挑战，都必须落实到规划的"一张蓝图"之中，并最终通过空间建设得以实现。由此，如何坚持将"一张蓝图"绘到底，是所有规划必须回答的问题，而详细规划由于直面实施，更是实现"一张蓝图"的关键。面向"多规合一"，详细规划需要对实际建设作出具体安排，缓冲、调整的余地相对较小，而所有宏观目标在详细规划层面都必须有明确的解答和可行的步骤，才能够真正落地。

4. 助力空间治理现代化

理念、技术和路径的全面变革对规划行业提出了严峻的挑战，也倒逼规划从业者积极应对、主动探索。无论是差异化管控方法，还是提高编制管理的灵活性、推动"多规合一"深化，规划工作的对象仍然是空间资源，规划的最终目标始终是为我们的人民提供更加美好、更加高品质的生活。面对复杂多变的时代需求，详细规划需要坚守空间治理的技术原点，在变与不变之间坚守规划公共政策的本质属性，回归空间规划"追求美好生活、维护空间正义"的初心，最终助力实现国家空间治理的现代化（图1）。

二、详细规划的再认知与技术思考

基于清华同衡近年来在详细规划领域进行的一系列实践探索，结合上述对于规划理念、技术和路径变革的理解，我们认为需要聚焦以下三个层面，对于高质量发展背景下的国土空间详细规划进行系统再认知和深层技术思考。

1. 层级差异：空间资源精细化

首先是层级差异。高质量发展要求规划不仅局限在实体空间层面，更关键的是需要响应人的生活需求，而基于对不同人群需求精准响应的要求，产生了不同的空间治理层级。详细规划所面临的治理层级主要划分为城市尺度、片区尺度和地块尺度。通过对不同人群需求特征的精细判读，我们发现各类主体在不同层级对于空间资源的综合影响力是有所区别的。

在城市尺度，地方政府对于空间资源的投放无疑占有主导地位，由此决定了城市层面详细规划的核心是关注整个区域的整体发展和民生底线保障，详细规划工作更多地聚焦于二维用地层面，关注国土空间全域全要素的整体覆盖。以北京市海淀区街区指引中的空间单元划分工作为例，作为覆盖430平方公里的分区尺度详细规划，其需要关注的问题客观上是非常复杂的。按照传统的单元划定方法，往往主要考虑自然边界和规划路网。但为了保证这个层面详细规划管控要求的刚性落实，海淀区街区指引中空间单元边界划分的底层逻辑和价值排序已经发生了变化。首先考虑的是各级政府的事权范围和管理边界，因为只有在相应的事权范围内，宏观层面保民生、保底线的发展要求才能得到有效分解和落实。所以海淀区单元划分的基准边界因子是行政边界，在此基础上不断优化调整，形成最终方案。

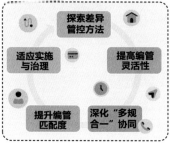

图1　时代背景与规划变革的关系

在片区尺度，由于空间资源的内容更加丰富，详细规划工作重点也从二维开始转向三维。作为规划实施中承上启下的关键层级，片区尺度详细规划除了实现片区整体平衡、落实宏观发展任务、满足实施建设要求等管控内容外，针对人们生产生活的空间载体，详细规划需要进一步叠加人的社会特征，包括产权属性、功能品质、空间负荷等要素。以北京城市副中心绿心三大公共建筑片区详细规划为例，博物馆、大剧院和图书馆三大公共建筑按照现有事权划分分别属于北京市文化和旅游局和文物局管理，而片区建设投资方又是北投集团。另外，为了提升整个片区公共空间的品质和使用便利程度，响应高质量发展的要求，三大公共建筑采用了围绕核心公共绿地布局的模式，地下是共享的商业空间和服务空间，最下层是轨道交通站点，进一步通过轨道交通地上地下一体化、基础设施集约复合、商业设施共享利用、停车空间共享以及服务设施边界布局等一系列策略，提升了整个片区的人性化品质。但由此也对法定控制性详细规划的编制提出了挑战，以共享为核心的空间布局模式和现行的分部门管理事权范围产生了矛盾。对此，三大公共建筑片区控制性详细规划突破传统控制性详细规划在二维平面进行边界划分的方式，首次在三维空间上采用分层出让土地的空间管控方式，实现了空间共享和管控分区的深度融合。地面层仍按照事权边界进行划分，采用无偿出让的方式供给土地。地下层改变了原有地上地下贯通的粗放管理方式，按照具体的建设、使用主体，进行精细出让和管理，清晰划分不同管控边界。在三大公共建筑片区的地下一层，大剧院、图书馆的管理范围就到各自门厅，而外部所有商业设施由北投集团一次性投资建设、统一经营，集中管理，从而保证了公共服务设施实现最大限度的共享利用。由此，通过法定控制性详细规划编制方法的突破，响应了管理逻辑变革的需求。

最后是地块尺度，这是直面开发建设主体的层级，规模往往只有单个或几个地块，详细规划却需要统筹空间范围内涉及的所有要素，工作内容也从简单三维上升到复合三维、交错三维、更加精细化的三维，同时还需要加入时间维度和资金维度，以此确保项目能够真正纳入实施计划。以北京城市副中心八里桥综合实施方案为例，八里桥地区区位复杂，规划范围内存在高压线、高速公路、河道等诸多硬性限制性条件，同时还存在居民、企业的生产生活需求，最终需要在一个地块里综合解决五大价值观12项综合指标。新的信息技术也许能够根据限制条件，给出一系列精准的比选方案，但如何通过合理的价值观和限制条件排序，给出最合理的解答，仍然需要详细规划来回答。在八里庄控制性详细规划中，需要确定地铁站出入口的位置，虽然在规划层面，需要给出的只是一个可能的开口范围，给未来的土地出让预留条件，但在实际操作层面，仍然需要将研究深度推进到建筑层面。在八里庄控制性详细规划中，工作精度甚至已经延伸到建筑三维柱网布局的深度，也只有这样充分考虑各种规范和建设条件下的限制情况，预留的规划条件才具有实际管控意义。地块层面要素达的准确性实际上是对于三维空间设计精准度的更高要求，也只有在这个层面，对详细规划精细度的讨论才具有现实意义。

2."多规合一"：实施协同有序化

第二点思考是关于"多规合一"。因为直面实施，详规层面的"多规合一"更加复杂，也面临更多的挑战和困难。高质量发展背景下的"多规合一"不仅是技术上的多个规划融合，更是多个部门工作组织的有序协同。传统详细规划工作往往只是规划和自然资源系统内部编制、审批、监督、执法的小闭环，但在实施层面，除了规划编制、审批之外还需要考虑政府、市场投资涉及的众多环节。以协同思维推进"多规合一"首先就需要统筹各个专业的底线、规范，实现基本的规范合一、空间合一；在此基础上，推动各个部门、主体之间达成共识，保障规划落实（图2）。其中，既要考虑相关部门的工作推进逻辑，还要考虑工作协同的时间安排，从而在整个规划的编制实施过程中实现充分的利益博弈和工作协同。

传统控制性详细规划中简单的一条街道面临实施的时候，它的事权范围涉及的政府管理部门就有六七个，而从相关规划中提取的影响因素又有十几条，如何有效统筹这些复杂的规划限定要素？以北京城市副中心老城双修规划为例，通过精细化调研，规划将涉及的2000多个地块、1500多个路段以及890多个设施等所有空间要素打散，按照"安全、韧性""海绵城市""公交先行"等高质量发展的总体目标进行系统重组。从而切实建立起宏观发展目标和具体空间要素间的系统对应关系，为后续详细规划的实施奠

定扎实的操作基础。建立与目标对应的项目库后，还需要安排具体的实施计划。这就需要融入时间维度，充分理解各个部门实施项目的事权运行逻辑，依据城市建设年度总体目标，强化实施项目的时间、空间的耦合关系。通过对项目库中的各类项目进行空间落位，评估其公共属性，并结合紧迫程度和政府操作能力进行时序优化，最终结合部门的既有工作计划进行分类整合，形成以"腾空间""补功能""促提升"为核心的近—中—远期实施计划，以及结合资金需求动态调整的储备项目。进一步，结合部门投资计划形成年度重点建设项目任务表，从而将规划的空间安排转化为可执行的部门任务。同时，为了保证后续实施有据可依，紧扣"一张蓝图"的目标，以实施任务为导向，细分空间要素，按不同类别重新组合，压实责任，形成以项目实施为基准的3年行动计划街区图则。将分散在各专项规划、专题研究中的相关管控要求按空间范围落实到这张街区行动计划图则中。明确空间范围内不同任务的事权主体，实现在街区层面对属地责任进行监管，在整体层面对职能部门系统完成度进行监管。由此才能真正实现实施层面的"多规合一"，这不仅是空间规划的技术统筹，更是不同主体的认识统筹、任务统筹，在时间、空间、任务、资源等各个方面实现是详细规划层面的"多规合一"。

3. 路径选择：编管匹配精准化

最后是路径选择的问题，其本质是实现编制和管理的精准匹配。对于法定的控制详细规划，目前业界和学界并没有公认的最优编制方法，无论是北京的分层编制，还是上海的全面覆盖，并没有绝对的优劣之分，但必须选择一条最适合地方基础、现实条件以

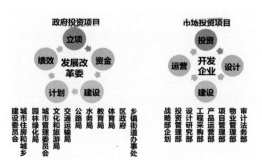

图2 "多规合一"模式对比图

及管理能力的编制实施路径。同时，随着高质量发展要求的提出，规划的实施监督越来越严格，依法行政成为各级管理部门需要严守的红线。规划不仅需要编制办法，更重要的是与之相适应的管理办法，真正做到编制与管理结合。

清华同衡在配合自然资源部进行全国调研时发现，在这个方面，各地进行了一系列探索，路径也并不唯一，如分层分级编制方法在上海、深圳、武汉、重庆都有实践。但更重要的其实是其背后配套的差异化、分类分区管理办法，以及动态维护机制和市区两级权责划分模式。例如，上海是区级政府主导详细规划编制管理，市级政府进行整体把控；而北京则一直是北京市规划和自然资源委员会主导，但新一轮的国土空间详细规划改革也逐步向区级放权，这是北京和上海采用不同编制方式的根本原因。另外，有些城市由于技术力量限制，也只能采用集中在市级层面进行管控的方式。无论采用什么样的编制和管理方式，只有两者精准匹配，才能推动详细规划顺利实施。北京和成都的控制性详细规划在编制层面采用了不同的法定层级和编制深度，其背后是两地在管理层面采用了不同的项目实施方式和规划调整程序。与北京控制性详细规划将街区作为法定层级相匹配的是北京在街区层面对控制性详细规划如何编、如何管、如何批、如何监督、审查的详细管理规定。无论采用何种编制方法，关键是有没有与之匹配的管理办法，只有在建立完善的规划管理办法的前提下，讨论详细规划编制办法的合理性、科学性才具有实际意义。

在这个前提下，经过多轮动态调整，北京街区控制性详细规划采用了深编、精批、细管的"一图两导"方式，通过在街区控制性详细规划层面配合综合实施方案，让街区控制性详细规划释放更多的弹性。其实际是通过街区控制性详细规划和综合实施方案的互相匹配，保证刚性的规模、设施，以及弹性的风貌、品质都能够得到有效落实。而成都虽然规划编制深入地块层面，但通过与之匹配的管理办法，在编制阶段、管理阶段都预留了弹性空间，以应对城市建设的不确定性。因此，以依法行政为前提，围绕编制与管理结合，同时面向实施，详细规划的编制实施必须实现与地方管理模式和治理能力的精准匹配。

三、小结

在高质量发展背景下，详细规划正面临从编制、管理到实施的全面变革，我们需要精准匹配不同空间尺度下多元参与主体对空间资源的差异化影响能力；深刻理解"多规合一"的技术逻辑与运行逻辑，以规则为底线，通过达成共识推动规划实施；在依法行政的框架下，因地制宜、积极开展以实施为导向，编制与管理融合的多路径主动探索。只有这样才能实现高质量发展目标，坚持"一张蓝图"绘到底，助力国家实现治理现代化的进程。

作者简介：

恽爽，清华同衡规划设计研究院副院长、党总支副书记，正高级工程师、一级注册建筑师、注册城乡规划师。中国城市规划学会理事、青年工作委员会副主任委员。长期从事城市规划研究和设计实践工作，研究领域涵盖城乡规划、详细规划、城市更新、城市设计、智慧城市等方向。获得第三届中国城市规划学会"中国城市规划青年科技奖"。

从"场所塑造到复合共生"的历史地段保护利用设计方法
—— 以福州历史地段保护利用实践的演进与探索为例

/张 飓 姜 滢

关键词：历史地段；保护利用；复合共生；拓展

一、我国从"历史文化街区"到"历史地段"的改变

1. 国家政策层面的变化

1986 年国务院在公布第二批历史文化名城的文件中首次出现"历史文化街区"的概念。2002 年修订的《中华人民共和国文物保护法》明确提出"历史文化街区"的法定保护身份，其认定的工作具有非常严格的标准和要求。

而对于不满足要求但又具有一定规模的历史风貌片区，仅在 2005 年从技术角度提出了"历史地段"的概念。直到 2018 年，在《历史文化名城保护规划标准》中对"历史地段"的定义进行了修订，并明确"历史文化街区"是保存较好的历史地段。至此，"历史地段"的定义和范畴从技术层面明确下来。而"历史地段"法定保护身份的确认是在 2021 年中共中央办公厅、国务院办公厅印发的《关于在城乡建设中加强历史文化保护传承的意见》中，首次在中央文件层面提出了"历史地段"的概念并明确提出"历史地段"是我国历史文化保护传承体系中重要的组成部分，需要加强保护。

2. 现实需求的变化

截至 2019 年 6 月，全国共划定 875 片历史文化街区，2021 年发布的《住房和城乡建设部办公厅关于进一步加强历史文化街区和历史建筑保护工作的通知》中提出"及时将符合标准的老厂区、老港区、老校区、老居住区等划定为历史文化街区"，丰富了历史文化街区的内涵和类型。截至 2021 年年底，全国划定历史文化街区增加到 1200 余片。

随着历史文化街区的保护视野的拓展，对于各类其他历史地段的保护也相应进一步拓展，不仅是数量上的大幅增加，在类型上也不断扩展和丰富。但是由于其他历史地段的统计和保护管理目前主要依靠地方政府，造成了历史地段的总量和名录很难做到全面掌握。同时相关法律法规及技术标准也并不完备，对于历史地段没有统一的标准，各地对于这些历史地段的叫法、划定标准、保护要求等都存在较大差异。

因此，简单地通过参考历史文化街区的做法对历史地段进行保护已经不能满足现在多样且复杂的要求，需要对原有的工作方法进行改进。

二、我国历史地段的特征

通过多年的保护实践经验积累，笔者发现我国历史地段具有多样性和复杂性两个突出的特征。

1. 历史地段的多样性

（1）保护要求不同

历史地段是包含了历史文化街区和其他能够真实地反映一定历史时期传统风貌和民族、地方特色的地区，目前有历史风貌区、历史建筑群、传统风貌区等多种名称。其中历史文化街区和历史风貌区是具有法定身份的历史地段。

历史文化街区具有严格的风貌标准，且历史文化街区是经省级人民政府公布，或由批准的历史文化名城保护规划确定。历史文化街区受到《中华人民共和国文物保护法》《历史文化名城名镇名村保护条例》等多项法律法规的严格保护，保护要求十分严格；历史风貌区的面积规模及历史遗存的比例不设限，一般情况下标准低于历史文化街区。一般由各市历史文化名城保护条例或批准后的历史文化名城保护规划确定，具有明确的法律效力和保护要求。而各类其他名称的历史地段目前尚未形成明确的法定地位与法定保护要求，虽然已经纳入保护范围，但其保护标准尚在建立中。

（2）保存情况不同

从保存情况上来看，一般历史文化街区的规模较大，保存较为完整，历史遗存众多，且保护要素的级别一般较高。例如福州的三坊七巷、朱紫坊、上下杭、连江县温麻魁龙坊等历史文化街区（图1、表1）。

其他历史地段普遍存在规模一般、历史

图1 福州三坊七巷历史文化街区鸟瞰①

表1 福州四个代表性历史文化街区情况一览表②

名称	面积	传统风貌以上的建筑占比	重要的保护要素（建筑类）
三坊七巷	49.67公顷	54%	14处文物保护单位，其中有1处全国重点文物保护单位、8处省级文物保护单位、134处尚未核定公布为文物保护单位的不可移动文物
朱紫坊	16.86公顷	42.9%	12处文物保护单位，其中有2处全国重点文物保护单位、1处省级文物保护单位、42处尚未核定公布为文物保护单位的不可移动文物
上下杭	31.75公顷	56.38%	11处文物保护单位，其中有4处省级文物保护单位、83处尚未核定公布为文物保护单位的不可移动文物
连江县温麻魁龙坊（新增）	2.58公顷	54%	1处尚未核定为文物保护单位的不可移动文物、21处建议历史建筑

---

① 图片来源：贾玥，福州三坊七巷历史文化街区保护整治系列设计项目资料

② 资料来源：根据《福州历史文化名城保护规划（2021—2035年）》、已批各街区保护规划成果等整理

遗存的数量及保存情况尚可、保护要素的级别一般等特点。例如福州烟台山历史风貌区、杭州西湖历史文化风貌区、福州梁厝村历史建筑群、福清利桥历史建筑群等。这些历史地段的整体格局和风貌保存尚可，但部分传统肌理由于以往的城市建设活动遭到了不同程度的侵蚀和破坏（图 2）。

（3）区位条件不同

以往历史地段主要分布在城市中心城区的历史城区内，随着历史地段内涵和类型的拓展，在城市中心城区外的历史地段也被纳入保护范围中。

以福州历史文化名城为例，福州历史文化名城共有 29 处历史地段，其中一半以上分布在中心城区内，其他历史地段则分布在中心城区边缘及村落内，和上版名城保护规划相比，新增 10 处历史地段。这些新增的历史地段均位于中心城区以外，包括 3 处历史文化街区和 7 处历史风貌区及历史建筑群等其他历史地段（图 3）。

（4）破坏及面临问题类型不同

以福州历史文化名城为例，福州历史文化名城的 29 处历史地段中，历史文化街区有 6 处，历史风貌区有 10 处，历史建筑群有 13 处。这 29 处历史地段的类型、区位条件、破坏情况和面临的问题上都有不同。

以三坊七巷历史文化街区为代表的保存好、遗存多且位于中心城区内的历史地段，在保护之前受到周边城市更新建设活动的影响较为严重，局部破坏矛盾突出，存在旧城改造压力大、私搭乱建严重、风貌难以控制、公共服务设施与特定场景利用需求大的情况，而在保护整治之后又面临活化利用如何把控、如何避免保护在整治过程中和过度商业化带来二次破坏等问题。

以洪塘历史文化风貌区为代表的历史地段，一般位于中心城区边缘，周边正在进行大量的城市开发建设活动，历史地段的价值容易被忽视，极易受到城市扩张建设活动的影响，沦为旧改或棚改的对象进而遭到破坏而灭失。

以梁厝村、海屿村为代表的历史地段，一般位于中心城区边缘或村镇内，大多空心化严重，保存状况一般，受村民自建房的影响，风貌较为混乱。部分村镇内的历史地段土地权

图 2　梁厝村历史建筑群（拆迁后）航拍图 ①

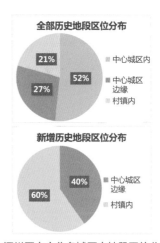

图 3　福州历史文化名城历史地段区位分布分析

① 图片来源：天地图航拍截图

属为集体所有，与生态生产空间紧密相连，因此在保护整治要求以及后期活化利用的方式方法上都与其他的历史地段有所不同。

2. 历史地段的复杂性

历史地段的多样性导致历史地段在保护利用上呈现出复杂性的特征。总体而言，历史地段存在普遍性问题和特定性问题两大类问题。

其中，第一个普遍性问题是对于历史地段价值认识不到位，即便是已经达成保护共识的历史地段，对于其核心价值和保护的底线也存在认知差异。第二是历史地段内空间拥挤、建筑破败。第三是由于传统生活方式的改变，历史地段内缺少适应现代生活的公共服务设施和基础设施。第四是保护与发展之间存在矛盾。

而特定性问题是由于每一个历史地段不同的自身特点、不同的保护利用工作阶段而产生的问题，同时也受到保护利用工作开展时国家宏观政策、城市发展方向等众多因素的影响。例如，三坊七巷历史文化街区目前的主要问题是在保持街区活力的同时如何避免同质化、过度商业化的问题；梁厝村历史地段的问题是整体搬迁后面临的在周边条件不成熟、自身吸引力不大的情况下如何盘活的问题；而连江县历史地段面临的是如何平衡民生与保护的矛盾的问题。

三、福州历史地段保护利用的演进与探索

福州是比较早开展文化遗产保护工作的历史文化名城。面对历史地段的多样性和复杂性，福州开展了一系列历史地段的保护利用工作。清华同衡团队在近二十年的保护利用实践工作中，基于对福州历史地段保护利

用的不断演进与探索，形成了从"场所塑造到复合共生"的历史地段保护利用设计方法，涵盖价值认知、保护视野、规划方法、空间塑造、功能提升、设计手法等多方面的扩展。

1. 历史地段价值研究方法的扩展

价值认知与体系构建是历史文化遗产保护利用工作的首要基础。一般的历史地段保护利用的工作方法是通过对地段内单项要素进行调研并对其价值进行评估，从而确定保护框架与保护要素（图4）。因此价值评估是否准确和全面，会直接影响整体的保护利用工作。

清华同衡在福州的实践中，通过借鉴其他相关领域评估方法进行扩展，对于历史地段价值进行综合的认识。例如，借鉴世界文化遗产的突出普遍价值的评估方法，从普世性、区域性、国家和民族层面以及本地性多个方面进行评估；借鉴《中国文物古迹保护准则》中从历史价值、艺术价值、科学价值和社会价值、文化价值多方面的评价方法；同时还借鉴"城市历史景观"的方法，提出基于历史、记忆的社会、文化价值认识，采用街区价值"考古"的方法，扩展历史地段的价值研究。

以福州苍霞历史地段为例，在苍霞历史地段价值研究中发现其与北部的上下杭历史文化街区和太平汀州地区具有密不可分的联系。通过上下杭及苍霞历史地段整体历史产业功能分布、社会组织结构、社会阶层演化

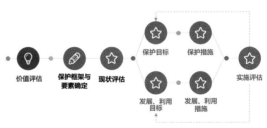

图4　保护利用规划设计的一般方法架构图

与聚集等多个视角的分析，发现苍霞多元混合的街区肌理特征与上下杭商贾大院和商铺的街区肌理特征共同体现了以闽商为代表的福州商业金融业发展与传承，也体现出福州近代商人阶层在城市建设与城市发展中的重要作用与意义，是福州近代多元文化和多元阶层融合发展重要的社会和物质反映，从而明确了历史地段的核心价值。

2. 全要素视野的拓展

基于对历史地段价值研究的全面认知，对应的保护要素也在时间和类型两个维度进行拓展。

在时间维度的拓展上，以福州苍霞历史地段为例，基于对其价值的全面认知，将保护视野的时间维度进一步拓展，从古代的传统大厝到近代的洋楼教堂，以及近现代构成街区肌理的柴栏厝建筑均纳入历史地段的保护要素中，并在规划设计中对历史地段所反映的社会进程、整体格局脉络加以保护与展示，从而实现全面的保护。

在类型的拓展上，基于对不同类型历史地段价值的全面认知，对保护要素进行拓展。以梁厝村历史建筑群的保护利用为例，基于梁厝村是体现"择屿而居"传统选址理念的福州典型浅山聚落重要代表这一核心价值，重点保护"江—田—村—山—寺"一体的聚落格局，将梁厝村村落内部及周边的地形地貌、周边水系、农业生产要素等　并纳入保护范畴（图5）。

3. 规划方法的综合应用

在全面的价值认知和全要素的保护基础上，如何解决保护与发展的矛盾与冲突也是十分重要的工作。在福州的实践中，通过保护规划、城市设计、详细设计等规划方法的综合应用，构建指导历史地段保护利用实践落地的系统性解决方案。

以福州连江县历史地段为例，连江老城内尚存四片历史地段，随着城市的发展，历史遗留的古城街区和城市再开发之间的矛盾日渐突出。其中魁龙坊尤为典型，其位于老城核心十字轴上，是原知府厝的所在地，片区内有大量的明清大厝隐没在现代住宅楼中。在开展保护工作之前，因魁龙坊片区不具备保护身份，整个地段被纳入棚改范围，在地段拆除过程中发现大批明清大厝，引起社会的广泛关注，原有棚改计划也被当地政府及时叫停。

清华同衡团队在连江县的工作中，通过全面深入地认知历史文化价值，转变思路，构建从规划到实施的系统性解决方案。通过保护规划明确保护底线和分类保护整治措施；通过城市设计从城市层面解决历史地段保护利用的难点，明确历史地段保护利用的目标与方向；通过详细设计和建筑设计保障历史地段保护利用的实施落地。

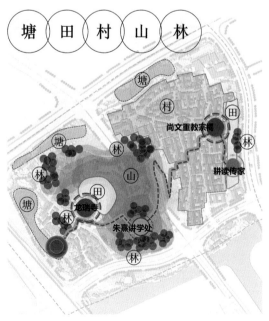

图5　梁厝村"江—田—村—山—寺"一体格局分析图

4. 保护利用中的高品质空间塑造延展

以往的历史地段保护利用方式较为注重街区内理想化的场景塑造，延展为注重街区与周边互动、功能与场景融合后，更加适合更为广泛的历史地段实践。

在福州早期的历史地段保护利用中，以三坊七巷和上下杭历史文化街区为代表，重点塑造街区内理想化的空间环境，打造城市名片，形成具有吸引力的特色片区。而后以魁龙坊为代表的历史地段保护利用不仅注重塑造街区内的高品质空间，同时将工作重点延展至加强历史地段与城市、周边环境的联系（图6）。以魁龙坊的保护利用为例，片区内虽然有众多明清大厝，但被多层简易楼割断了原本与古城轴线和水系的联系。因此在保护利用方案中通过疏通历史地段及周边的公共空间系统，形成"三带六口"的城市公共功能景观界面，使魁龙坊成为一个开放街区，利用开放空间的塑造和水系的恢复形成连江主客共享的城市客厅。

5. 融入城市的多元功能

福州的历史地段保护利用工作注重探索保用结合的方法，使得历史地段形成与城市发展融合的多元功能，改变以往历史地段以面向文化展示与旅游为主的功能，注重区域联动和历史地段自身的产业带动。

以梁厝村历史地段为例，原本梁厝村定位为福州三江口新区核心区的重要休闲节点，福州海峡文化艺术中心距离梁厝村仅200米，地铁1号线延长线和6号线以梁厝为换乘枢纽，周边地块规划以居住功能为主。从远期看周边条件十分有利，但近期由于新城尚在建设中，人口短期内很难达到一定规模，外部可依托的资源有限。而村内虽然遗存众多，但自身价值又不足以达到全国或区域级影响力的标准，加之村落内人口全部迁出，如何盘活成为梁厝村十分棘手的问题。

对于价值一般且近期尚在建设中的城市新区内的历史地段，只有通过自身"造血"才能形成激发新城资源要素聚集的核心。因此在保护利用实践中，站在更高的层面明确地段定位，使梁厝村与海峡文化艺术中心共同形成辐射海峡两岸的文化艺术核心。近期利用梁厝自身文化和环境优势，依托海峡文化艺术中心产生的强有力的辐射外溢效应带动，策划历史地段的核心产业及衍生业态，

图6　魁龙坊街区开放的城市客厅①

---

① 图片来源：是然建筑摄影，连江县老城保护与复兴系列规划项目资料

以文化为源、商业为魂、辐射产业为本，使地段拥有持续"造血"的能力，并配套生活功能，增强消费的可持续性。合理安排地段内的功能配比，围绕板块延展功能业态，形成与空间氛围相契合的产业功能序列，围绕服务人群，设计不同类型的空间产品，策划文化活动，孕育出新的文化活力。

6. 新旧结合的设计手法

在历史地段保护利用的落地实施阶段，通过严格保护、综合保护与利用、新旧织补和有机更新等手法，使历史地段与城市复合共生，也以此探索更为广泛的历史地段保护

图 7　魁龙坊新建与保留建筑肌理分析图

利用的方法。以魁龙坊为例，在全面的价值研究基础上，对地段内现有遗存进行原址保护修缮，对有价值的构筑物或构件进行综合保护与利用，通过迁建织补传统风貌建筑和融入历史场景的新建筑织补，形成多元统一的整体风貌。在地段的建设控制地带内开展适度、必要的有机更新和创新的住宅模式探索，设计采用多层、高密度、开放性的设计手法，在与新城的过渡地带塑造与历史地段协调的肌理风貌。以此探索形成县城老城区内风貌协调、生活舒适的多层高密度开放街区典范，更为全面、完整地保护了历史地段的价值，提升了居住环境品质，也形成了更为协调、具有本地特色的城市风貌（图 7）。

四、结语

通过上述福州历史地段保护利用工作中六个方面的拓展，可以更为全面地认知历史地段的价值，更为全面地保护承载价值的要素。通过构建保护利用实践落地的系统性解决方案，可满足更为多样的保护利用实践需求，更好地与城乡建设融合，更好地使历史地段与城市复合共生。通过复合共生的历史地段保护利用实践，将遗产保护融入生活与城市发展，可为城市特色的塑造注入极大的动力，提升社区与城市的文化自豪感，促进城市的文化自信与复兴。

作者简介：

张飏，清华同衡规划设计研究院副总规划师，高级工程师、一级注册建筑师、文物保护工程责任设计师，中国城市规划学会历史文化名城规划分会委员、国际古迹遗址理事会历史村镇科学委员会（ICOMOS/CIVVIH）专家委员。长期负责文化遗产保护与利用发展实践相关的规划设计与研究工作。

姜滢，清华同衡规划设计研究院遗产保护与城乡发展分院综合办公室主任。

文旅融合赋能乡村振兴

/ 杨　明

关键词： 文旅融合；乡村振兴

一、文旅融合赋能乡村振兴的背景

党的十九大报告首次提出实施乡村振兴战略，明确推动乡村产业、人才、文化、生态、组织全面振兴。党的二十大报告提出全面推进乡村振兴，加快建设农业强国，扎实推动乡村产业、人才、文化、生态、组织振兴。2023 年中央一号文件提出要扎实推进乡村发展、乡村建设、乡村治理等重点工作，建设宜居宜业和美乡村，为全面建设社会主义现代化国家开好局、起好步打下坚实基础。当前，乡村文化旅游产业已经成为乡村振兴的重要着力点。现有研究一是多聚焦单一乡村旅游或者文化产业赋能乡村振兴，对文旅融合赋能乡村振兴的整体性、体系性研究较少；二是多涉及宏观领域的研究，对于具体实施层面的探索和指导不足。因此有必要在文化和旅游语境下围绕乡村振兴战略的需求和具体的规划实践，有针对性地提出赋能路径。

二、文旅融合赋能乡村振兴的路径

通过政策梳理和案例研究，构建产业、人才、文化、生态和组织振兴的规划逻辑和方法论，以指导规划实践（图 1）。

1. 文旅融合赋能产业振兴

传统上，产业振兴的基本逻辑包含夯实农业基础、培育特色产业、推动一二三产融合、强化农业赋能等。文旅融合赋能产业振兴的路径主要有两条：一是发挥文旅在三次产业链条中的作用，二是以文旅产业为先导构建产业格局（图 2）。

第一条路径是发挥文旅在三次产业链条中的作用，即以文旅为引领，推动一二三

图 1　文旅融合赋能乡村振兴的路径

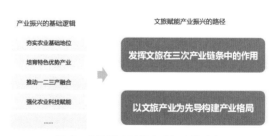

图 2　文旅融合赋能产业振兴的路径

产业的延伸和融合，鼓励拓展农业多种功能、挖掘乡村多元价值，重点发展农产品加工、乡村休闲旅游、农村电商等产业。以《河南省光山县乡村振兴先行区规划》为例，此项目是清华同衡风景旅游研究中心与河南分院两个部门联合清华大学文化创意发展研究院一起完成的项目。2023 年 10 月，首批 63 个全国文化产业赋能乡村振兴试点名单公布，光山县成为河南省上榜的三个县之一。光山县位于大别山革命老区，习近平总书记现场考察期间作出了"路子找到了，就要大胆去做"重要指示。光山也是中国共产党中央委员会办公厅全国定点帮扶县，以油茶产业为主导，构建了"1+2"十亿级优势产业链，重点发展 6 类特色产业。对于油茶产业，明确四大策略，即建立国家地理标志认证、强化文化品牌赋能、突出大健康消费引领和推动科研技术创新，在此基础上提出"油茶之乡·多彩田园"文旅品牌 IP。以司马光油茶园项目为核心，彰显油茶主导产业地位，打造农文旅融合的油茶特色产业园区。针对现状游客直达油茶展示中心的需求，构建步行经典游线，形成"起始—酝酿—高潮—延展"的游览序列。首先是提炼和彰显油茶标志元素，进行油茶文化展厅的外立面改造，打造震撼的吸引地标；其次是文化赋能，建设"读史通鉴"环线，串联展厅、油茶王、观景台等节点，融入司马光编纂的《资治通鉴》内容，打造文化传承和研学之路；再次是科技增效，打造油茶综合研发中心，作为司马光故里，光山县借助司马光文化知名度，做足"SMART"品牌 IP，进一步提升油茶园文旅品牌影响力；最后是区域联动，构建"油茶＋山茶花"红色体验线、"油茶＋茶溪谷"体验线、"油茶＋古商路"文化体验线、"油茶＋中草药"休闲农庄体验线四大主题游览线路，将农业种植与休闲农业、田园观光和商贸文化等相结合，形成农文旅融合示范，带动村庄致富增收。

第二条路径是以文旅产业为先导构建产业格局。清华大学对口帮扶的《云南省大理州南涧县乡村振兴系列规划》，由清华大学时任副校长姜胜耀、清华同衡院长袁昕带队，清华同衡总体发展研究和规划分院的村镇所、风景园林研究中心的旅游所、遗产保护与城市更新分院的传统村落所、建筑分院一起完成。规划利用位于南涧南部的无量山是金庸小说《天龙八部》中段誉遇到"神仙姐姐"并学会绝世武功之地的知名度，明确提出"北有苍山洱海，南有无量仙境"的主题。这也是借鉴国内诸如"问道青城山，拜水都江堰""问道武当山，养生太极湖"等将山水资源统筹宣传的成熟做法，将无量山和苍山、洱海进行区域捆绑，提升整个无量山在区域中的文化旅游量级，以此带动周边和整个区域的乡村振兴。

2. 文旅融合赋能文化振兴

文化振兴的传统做法是通过文化振兴保护和弘扬优秀传统文化、加强新时代乡风精神文明建设和增加优秀公共文化服务供给等。文旅融合赋能文化振兴的路径有三条：一是差异化、特色化的地域文化挖掘，二是优秀文化的创造性转化和创新性发展，三是文化公共设施的主客共享和品质供给（图 3）。

在差异化、特色化的地域文化挖掘中，重点在于凸显优秀传统乡土文化价值和特色，充分发挥文化铸魂作用，推动文化产业资源要素融入乡村经济社会发展。在《环武夷山朱子文化线路规划》中，马伏村是朱子创建的第一所书院——"寒泉精舍"的所

图3　文旅融合赋能文化振兴的路径　　　　　　图4　文旅融合赋能人才振兴的路径

在地，也是朱子母亲祝夫人之墓的所在地。马伏村所在的莒口镇更是有14座书院，被称为"书院之乡"。借鉴传承于朱子文化的"韩国新儒学书院"已经成功申报世界文化遗产的案例，规划提出将马伏村的第一书院（寒泉精舍）、祝夫人墓等进行扩展申遗，纳入武夷山双遗产体系。同时打造"武夷山+朱子理学之路"的双主题品牌，将朱子旅游精品环线与武夷山国家公园捆绑，进行双主题营销。

优秀文化的创造性转化和创新性发展主要是在保护传承的基础上，不断赋予时代内涵、丰富表现形式，为增强文化自信提供优质载体。以《山西省祁县沙堡村规划》为例，规划充分挖掘山西老陈醋文化内涵，将醋文化品牌进行展示，形成系列旅游产品。沙堡村位于祁县东北部，隶属于祁县贾令镇，距乔家大院景区7公里。基于山西醋文化知名度很高但是没有知名景区的现状分析结果，规划发挥沙堡村陈醋产业特色，将陈醋产业与醋文化典故相结合，打造"醋主题·先锋文创旅游村"。一是塑造吃醋典故"房夫人"文创形象，以涂鸦彩绘先锋艺术展示，打造沙堡旅游核心新引力。二是利用沙堡村靠近乔家大院的优势，依托醋产业，通过开展传统酿醋技艺展示体验、现代工业制醋旅游观光、醋旅游商品售卖等，打造山西醋文化首站体验地。三是延长沙堡村现有醋产业链，

依托沙堡村保存情况较好的古院落，开展醋疗康养旅游活动。

第三条路径是文化公共设施的主客共享和品质供给。以《河南省光山县道路驿站》为例，规划结合公共活动和集散区域打造两级道路驿站，实现文化公共设施的主客共享。一级驿站与原司马光油茶园中"油茶驿"风格保持一致，统一设计沿路驿站，完善配套服务功能。二级驿站（休憩点）在原司马光油茶园停靠点方案的基础上改进，突出主题形象，增加休憩和交流区。此外结合驿站设置"光山之星"小品和景观凳，提升驿站文化氛围。

3. 文旅融合赋能人才振兴

人才振兴的一般逻辑是通过内培、外引和回流等措施，实现人才振兴。文旅融合赋能人才振兴的路径主要包括实施"文旅合伙人"计划和建立"文产特派员试点"制度等（图4）。"文旅合伙人"计划以浙江安吉余村为代表，吸引成长型文旅企业和优秀创业团队助力乡村振兴。"文产特派员试点"是指遴选掌握乡村创新发展要素的各类人才作为"文产特派员"。将其作为乡村驻村运营的首席运营官，开展"一村一员""一村多员""多村一员"的特派服务，与村支书形成双轮驱动，共建乡村高质量发展之路。

以河南省光山县为例，通过"文产特派

员"试点工作持续赋能乡村人才。2022 年，光山县通过"特派"思路，以"文产特派员"作为乡村经济发展的运营官，与选派村在地政府紧密合作，开发乡村闲置资产和沉睡资源，共同引领乡村唤醒文化底蕴、形成发展动能、焕发内生活力，打造光山乡村人才新高地。同时发布文化产业特派员招募令，吸引全国各地顶尖团队来考察。目前已开展多期特派员预选对象考察对接活动，到场项目团队包括中国东方文化研究会红色文旅委员会、洛阳卡卡、耕种剧场和煜播（北京）数字科技有限公司等。

4. 文旅融合赋能生态振兴

生态振兴的传统逻辑包括构建生态网络系统、从人居环境提升层面推进生态振兴发展、优化农村景观环境、完善基础设施配套，从而支撑"景美"目标。文旅融合赋能生态振兴的路径在保证生态格局的基础上，进一步提出了建筑风貌特色彰显、景观风貌优化塑造和人居环境微改精提（图 5）。

建筑风貌特色彰显注重对于文化特质的阐释和表达，形成具有地域风情和地方特色的建筑空间。以河南省光山县乡村振兴先行区风貌指引为例，针对光山县乡村存在的建筑风貌、环境风貌等瓶颈问题，汲取豫南山水格局与民居建筑精髓，塑造依山就水人家的农耕山水相间的豫南村落格局。提炼豫南

传统民居建筑"三字经"，突出豫南民居特色风格，形成"类徽派、精雕饰、坡屋顶、花格窗、高门楼、斜入口、门楼洞、小高窗"特色风貌，综合运用特色建筑文化符号和景观手法，诠释豫南水乡民居韵味，打造"北国江南人家"样板。

5. 文旅融合赋能组织振兴

传统上，组织振兴的基础逻辑在于发挥党建引领作用、创新基层自治模式和"领头雁"能人带动。文旅融合赋能组织振兴的路径一是构建文化或旅游合作社机制，二是多元组织形式激发文旅经营主体活力（图 6）。

构建文化或旅游合作社机制重点在于发挥文化合作社或旅游合作社作用，整合土地、人才、市场等资源，实现品牌共创。以河南省光山县东岳村为例，探索发展"联合社"模式，实行"联合社+项目（平台公司）+经营主体+基地+农户"的运行模式，实现共同出资、共创品牌、共享资源。依托环山萦水、花鼓非遗等特色资源禀赋，东岳村成立了 5 家合作社，其中"花鼓之源"东岳乡村文化合作社现有花鼓戏班、皮影戏班、狮舞、旱船舞等民间花会表演队 8 个；建成东岳村文化中心、花鼓戏传承中心、花鼓大道等；举办光山县首届文化艺术节、中国农民丰收节，文化合作社在市级农村体育文化活动展演中多次获奖。

图 5 文旅融合赋能生态振兴的路径

图 6 文旅融合赋能组织振兴的路径

三、小结

2023 年中央一号文件指出，全面建设社会主义现代化国家，最艰巨、最繁重的任务仍然在农村。在国家深入开展乡村振兴实践的过程中，将文旅产业纳入乡村振兴的宏大视野中，聚焦"文旅融合赋能乡村振兴"的理论和方法研究，通过探讨文旅融合赋能产业、文化、人才、生态和组织振兴的具体路径，以期为未来的乡村振兴的伟大实践提供研究支撑。

参考文献

[1] 文华，刘英，陈凯达．乡村文化旅游产业赋能乡村振兴路径研究 [J]．草业科学，2022，39（9）：1968-1978.

[2] 邹统钎．乡村旅游推动新农村建设的模式与政策取向 [J]．福建农林大学学报（哲学社会科学版），2008（3）：31-34.

[3] 杨乔，范周．文旅融合推动乡村文化振兴的作用机理和实施路径 [J]．出版广角，2021（19）：37-40.

[4] 麻学锋，刘玉林，谭佳欣．旅游驱动的乡村振兴实践及发展路径——以张家界市武陵源区为例 [J]．地理科学，2020，40（12）：2019-2026.

[5] 傅才武，程玉梅．文旅融合在乡村振兴中的作用机制与政策路径：一个宏观框架 [J]．华中师范大学学报（人文社会科学版），2021，60（6）：69-77.

[6] 龙井然，杜姗姗，张景秋．文旅融合导向下的乡村振兴发展机制与模式 [J]．经济地理，2021，41（7）：222-230.

[7] 李一格，吴上．乡村旅游引导乡村振兴的机理阐释与典型模式比较 [J]．西北农林科技大学学报（社会科学版），2022，22（5）：82-90.

[8] 周锦．数字文化产业赋能乡村振兴战略的机理和路径 [J]．农村经济，2021，469（11）：10-16.

[9] 刘宇青，徐虹．非物质文化遗产原真性保护和旅游开发助推乡村文化振兴 [J]．社会科学家，2022，306（10）：69-75.

[10] 郭俊华，卢京宇．乡村振兴：一个文献述评 [J]．西北大学学报（哲学社会科学版），2020，50（2）：130-138.

作者简介：

杨明，清华同衡规划设计研究院副总规划师，风景旅游研究中心风景旅游一所所长，正高级工程师。从事旅游规划研究与实践二十余年，负责和参与区域 / 全域旅游规划、文旅融合规划、风景区规划、A 级景区和度假区创建规划、旅游小镇和旅游地产规划等项目百余项。

以生态修复促进城乡发展：通向自然向好的未来之路

关键词：生物多样性；生态修复；生态体验设计；社会参与

一、生物多样性与气候变化背景

近几十年，海洋热浪已经造成了严重的全球珊瑚礁白化和死亡，以及许多海洋物种的灭绝和迁移。预计到 21 世纪末，全球珊瑚礁将会有 99% 消失。

生态破坏、气候变化带来的深远影响，是没有地理边界、没有国界的，这一点尤其值得我们保持警醒。由此反思我们要讨论的"生态修复"——从根本上说应该是一个什么概念？伴随着全球生态系统的深刻变化，生态修复更深层次的本质应该是修复人与自然的关系，是重塑人类发展和自然存在之间的和谐状态。

联合国《生物多样性公约》第十五次缔约方大会（简称 COP15）在昆明和蒙特利尔接续召开，会议提出了"2030 自然向好"的全球愿景，并提出到 2030 年要保护 30% 的陆地和海洋的全球目标。中国以 18% 的国土保护超额实现了 2010 年 10 月联合国《生物多样性公约》第十次缔约方大会通过的"爱知生物多样性保护目标"提出的 17% 的目标。根据有关评估，尽管各国已经非常努力地在增加保护地面积，但是全世界物种灭绝速度还是没有被根本遏制，每年仍然有 100 万种以上的物种在遭受人类活动的威胁而濒临灭绝。因此，如何逆转这样一个趋势，是大家都非常关心的问题。

COP15 提出的"自然向好"，即"nature positive"，就是希望能让我们真正跟物种灭绝问题告别，让自然真的好起来。有学者提出到 2050 年实现保护半个地球的目标。正如"碳中和"目标一样，我们也希望到 21 世纪中叶，可以真正实现我们保护半个地球的美好愿景，呈现出一个自然向好的地球。

其实生物多样性与气候变化在本质上是同一个问题的两个方面，必须要协同治理。这个协同治理的对象回到根本，就是我们自己，是我们的发展模式出了问题。所以，我们必须要把目光投向人类当前的发展引擎——城市。

二、城市生物多样性框架研究

2020 年 6 月，清华同衡和世界自然基金会联合发布了具有里程碑意义的《城市生物多样性框架研究》报告。

在这个框架研究报告中，我们提出了 6 个策略和 25 项行动计划，涉及一些重要的问题：一是要加强城市生物多样性调查记录和科学研究，建立共享信息平台；二是将生物多样性理念纳入各级国土空间规划的编制或专项规划等；三是要修复城市的受损空间，改善城市生态环境；四是要将生物多样性纳入城市的决策和管理；五是要探索绿色金融，逐步增加生物多样性投资；六是要提高城市生物多样性保护的市民意识和社会参与度等（图1）。

三、生物多样性相关实践与探索

十年来，我们完成了全国十几个围绕城市生物多样性的、涉及城乡生态修复的项目，以湿地和水禽栖息地的生态修复规划和景观设计为特色，开展了生态产品价值实现机制方面的研究，并围绕城乡社区绿色微更新主题，实现多种类型、多个尺度的项目落地。

结合累积的实践经验，总结出如下以生态修复促进城乡发展的策略。

1. 策略一：生物多样性热点提亮

在生态规划和设计工作中，提取地方生物多样性的关键信息至关重要，尤其是一些热点地区和标志性的物种，一定要在科学保护的基础上，进一步通过规划设计来提亮，从而放大影响力，增强传播力。这样才能让更多人通过这些生物多样性的热点和代表性物种的故事，共同认识到生态保护的价值。

我们通过十几个关注具体物种保护的项目，基本上串联起中国完整的海岸线（图2）。从湿地和水禽保护的角度看，它被称为东亚—澳大利西亚候鸟迁飞廊道。这条

图1　城市生物多样性策略与行动计划图①

① 图片来源：《城市生物多样性框架研究》

2016-2018 / 秦皇岛石河南岛
Shihe South Island, Qinghuangdao

2022 / 衡水湖
Hengshui Lake

2022 / 盐城射阳河口
Sheyang River Estuary, Yancheng

2020 / 南昌白鹤小镇
White Crane Town, Nanchang

2022 / 福州闽江河口
Minjiang River Estuary, Fuzhou

2021-2022 / 南沙红树林
Nansha Mangrove

2019 / 儋州雨林
Danzhou Rainforest

图2 生物多样性热点项目示意图

廊道上有非常多濒危、珍稀的候鸟，包括衡水湖项目中的青头潜鸭、盐城项目中的丹顶鹤、闽江河口项目中的中华凤头燕鸥以及广州南沙项目中的黑脸琵鹭等。这些鸟种在全球仅存几千只甚至只有一两百只，大多处在灭绝的边缘。还有江豚、布氏鲸等水生动物保护也为规划设计中增添了很多亮点和故事。

秦皇岛石河南岛保护与发展规划以及生态修复与景观设计实现了最后的实施落地。石河南岛岛体修复之后到现在，发挥了很好的湿地和水禽保护的效应，不到1平方公里的面积却能够观测到超过400种鸟，是渤海湾罕见的重要鸟类踏脚石。石河南岛曾被阿拉善SEE基金会评为全国最受关注的十大湿地之一，并被列入了世界自然遗产地——中国黄（渤）海候鸟栖息地（第二期）提名地。

南昌鄱阳湖白鹤小镇项目，是以"白鹤"热点作为品牌，去推动地方的可持续发展。在南昌鲤鱼洲方圆50公里范围内推动规划，编制完成了整体的概念性规划，并在后续跟进，在地方落实了"白鹤共生馆"展览

空间，在2021年的鄱阳湖国际观鸟节期间正式亮相，让更多的人了解和体验濒危物种白鹤与人类共生的故事，形成更广泛的传播力，助力地方形成文旅品牌。

闽江河口湿地周边区域规划和景观提升项目不仅关注对极危物种中华凤头燕鸥的保护，也希望让更多人了解这个物种，参与生态保护，并关注其文化和民族情感的意义，促进形成更好的两岸交流的氛围。

北京市密云区也是一个生物多样性热点很丰富的地区，规划希望通过责任规划师的工作，助推地方推进观鸟经济相关的工作，让生态涵养区最根本的价值得到进一步彰显。

2 策略二：土地资源的盘整

生物多样性热点提亮后，仍很难确定谁会愿意为此付费。我们在研究了各种可能的相关经济要素之后，认为土地资源在这当中占据极为关键的地位。所以首先要科学合理地编制和落实国土空间规划、生态修复专项规划。而这当中的重中之重，是建立土地利用管制和调节机制，要形成一种管用结合、保护与利用相协调的机制，真正实现保护与利用的平衡和相互的促进。

在闽江河口湿地周边区域规划和景观提升项目中，我们不仅做好保护的文章，也强调用地布局的协调，强调保护与利用的协同发展，在遗产地的核心区、缓冲区及其周边辐射范围都应该有相应的措施（图3）。我们也提出了"世遗湿地小镇"的规划概念，目标就是要承载世界自然遗产地的教育和传播功能，活化世界遗产地的价值，实现乡村振兴。

南昌的白鹤小镇项目中，规划充分考虑到地方发展诉求，在科学合理的需求范围内去探讨地方的可持续发展、存量更新和少量在必要

条件下的用地补充。在这样的一种土地资源盘整的条件下，更有利于吸引各方关注，包括社会资本的关注，然后在科学治理的前提下，形成可持续的利用模式，来反哺我们的生态保育、修复自然的根本目标（图4）。

在北京密云的责任规划师工作中，土地与闲置空间资源的盘整是下一步最关键的内容之一，我们希望能够进一步发挥责任规划师的优势，把密云区一些有条件的点位带动起来，去支撑地方发展生态型的文旅产业，助力生态富民的目标。

3. 策略三：生态体验设计

对于常规的公园绿地，大家可能很喜欢整洁的、绿意盎然的、很清新的设计，但是面向未来，我们更要去接受一种野化的、自然的，甚至是偏向于原始的美感。江苏盐城射阳河口湿地项目中，规划在很大面积非常

图3　闽江河口项目协调用地布局促进保护与利用协同发展

图4　南昌白鹤小镇概念性规划鸟瞰图

漂亮的红色盐地碱蓬中，通过美好的生态设计体验，为大家带来在湿地中沉醉的感觉。

体验生态不一定必须去远方，身边、脚下也有很多生活中的亮点值得我们去发现。面向"自然向好"，我们也应该特别重视城市内部的小微绿色空间的质量。在北京市清河街道"新清河实验"的基础上，我们构思了"社区花园网络"项目，并且已经实现了3处社区花园的落地，包括清河绿舟儿童乐园、加气厂幸福花园和清河生活馆屋顶花园（图5）。

4. 策略四：深度社会参与

公众参与的8个原则极为关键，包括包容、透明、尊重、可达、责任性、代表性、互助性和有效性。这些原则不论对于生态保护类的项目，还是社区共建类的项目，都非常重要。

在石河南岛的项目中，我们真正成为政府、民间组织和专家之间的桥梁。只有在建立了良好的、健康的、开放的互动关系的基础上，才可能形成一个更好的、长期的合作模式，才能够把自然保护和地方可持续发展真正推行下去。

在社区里更是如此。2019年，我们在北京市清河街道的加气厂小区，以完全的公众参与方式营造了一个社区花园。以此为契机，后续我们推动了清河街道美和园社区的社区更新规划，形成了更多提升和修复的点位（图6）。

儿童友好的清河绿舟儿童乐园的建设中，引入儿童参与，让小朋友参与植物标本

图5　清河社区花园网络导览图

墙营造,并在过程中融入了本土植物的自然科普活动(图7)。在清河生活馆屋顶花园,小朋友亲自畅想,共同给花园取名叫"世外桃花园",亲子家庭成员一起参与"一米菜园"种植,进行劳动体验和自然观察。屋顶花园虽然只有很简单的设施,但是大家因此

得以在周末、节假日有了一个在社区家门口就可以体验亲近自然活动的场地(图8)。

公众参与是城市外部空间环境改造和维护的重要手段,也是提升居民幸福感、获得感的一种方法,同时也为拆违腾退用地的生态修复工作找到一些可行的模式。

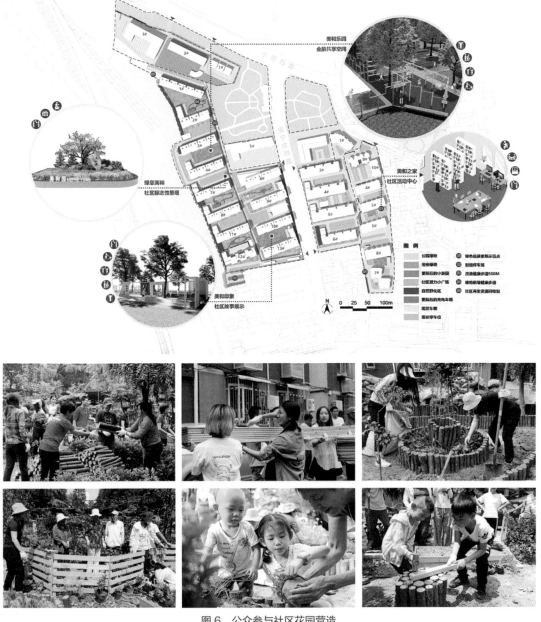

图6 公众参与社区花园营造

图7 儿童友好的清河绿舟儿童乐园建成效果

图8 清河生活馆屋顶花园建成效果

四、结语

最后，回到刚才提出的第一个策略，生物多样性热点只有去很远的地方才能体验吗？并非如此。良好的生态设计，能够为社区带来更多有益的自然体验，"自然向好"就在身边、脚下，就在眼前。生物多样性热点提亮、土地资源盘整、生态体验设计和深度社会参与的策略，恰恰对应的就是生态文明、经济、文化和社会这几个重要的方面。未来我们也将继续通过一些绿色更新、生物多样性热点的打造，来建成更多人与自然和谐相处的、实现了生态产品价值转化目标的项目。希望大家都能为"自然向好"共同努力，生态文明建设、美丽中国乃至美丽地球的美好愿景必将实现。

向清华同衡规划设计研究院生态城市研究所团队各相关项目组成员致谢。

作者简介：

邹涛，博士，清华同衡规划设计研究院生态城市研究所所长，中国湿地保护协会常务理事，中国建筑节能协会绿色城市研究中心副主任，中国城市科学研究会生态城市专业委员会委员，北京市工程勘察设计协会绿色低碳分会副会长，北京工程建设标准化协会城乡绿色低碳专业委员会副主任委员，北京城市规划学会街区治理与责任规划师工作专业委员会委员。主要研究方向为生态城市政策机制、城乡生态修复与生物多样性保护、低碳发展与绿色社区等。

智能汽车时代智慧街道的规划设计思考

／黄　伟

关键词： 智慧街道规划设计；自动驾驶；智能汽车

一、智能汽车发展态势及技术路径

1. 自动驾驶的技术路径

未来的智能汽车发展将呈现"五化"的态势，即共享化、智能化、电动化、车身小型化和底盘模块化。自动驾驶的技术路线大致可分为两类，一类是单车智能的技术路线，主要以美国的谷歌、特斯拉公司为代表，通过在车上增加感应、决策等各类设备，依靠车辆本身来解决所有自动驾驶的问题；另一类是车路协同的技术路线，是在单车智能自动驾驶的基础上，通过车联网将"人—车—路—云"有机地联系在一起，以提升自动驾驶车辆在环境感知、计算决策和控制执行等方面的能力，从而加快自动驾驶应用的落地。我国目前采用的自动驾驶技术路线是车路协同，主要依赖于三大技术优势：一是"5G+"车联网通信设施为自动驾驶车辆提供高速度、大容量、低时延的通信网络；二是北斗导航系统可以为自动驾驶汽车提供高精度的定位和高精度时空导航；三是我国拥有高度协同的智慧道路系统，可以通过对基础设施的统一提升改造来帮助解决自动驾驶路侧感知的问题。

2. 自动驾驶的发展态势

在全球新一轮科技革命和产业变革的浪潮中，由于大数据、5G通信、物联网、人工智能等技术与汽车产业的融合，自动驾驶汽车发展前景非常乐观。根据美国电气电子工程师学会（IEEE）的预测[1]，到2040年，自动驾驶汽车将占城市机动车总量的75%，到2060年，所有机动车将完成从传统驾驶模式到自动驾驶模式的转变，这将极大提高城市交通运行效率和市民的出行品质，并促进经济增长新动能的形成。同时，全球汽车大国纷纷加强战略谋划，加大政策扶持力度，并加强了传统车企与互联网企业及上下游供应商之间的合作，使得自动驾驶汽车的发展前景变得更加光明。

二、智能汽车对城市和交通的影响

自动驾驶对于城市空间和土地利用的影响都将是非常深刻的，城市将在空间和时间上呈现扁平化的发展趋势——通勤距离将不再是影响居住地选择的主要因素，城市中心区和郊区的边界将趋于"溶解"；而移动办公、虚拟会议的出现将使得大多数上班族不需要再按照朝九晚五的统一时间上下班，从而使得道路空间在使用时间上更加均衡，高峰小时系数将得到显著降低。另外，自动驾驶的技术真正落地商用之后，辅以目前已经基本成熟的共享出行模式，将能够完美解决交通设施的时空资源浪费问题。

在此影响下，未来整个城市的交通生态也随之发生变化，移动性成为城市交通关注的重点，多种方式的融合和衔接成为关键，人们不再关注单一的交通方式，多元化、个性化、可满足不同出行偏好的交通方式应需而生。此外，智能汽车对城市的动静态交通空间也将产生较大的影响。对于城市道路而言，自动驾驶将使得城市道路网的总体承载力大幅提升，但也可能随之诱发更多的出行需求，使得机动出行的总体负荷增加。而对于静态交通而言，停车空间的总体需求将会显著降低，停车场地的利用效率会大幅提高，但对于临时上落客区场地的需求会大量增加。另外，智能汽车将推动街道功能的重新定义，街道功能将更加复合，大部分街道除承载交通功能外，同时也是市民重要的"交往空间"。

三、智能汽车时代的智慧街道规划设计思考

1. 无人驾驶场景下的未来城市道路体系性变化

现阶段城市道路的服务对象分为机动车（私家车、公共交通）、非机动车、步行3大类，而依据2018年新发布的《城市综合交通体系规划标准》（GB/T 51328—2018），城市道路按所承担的城市活动特征分为3大类、4中类、8小类。

未来自动驾驶汽车的全面发展将对出行模式产生极大影响，随着未来交通工具的日益丰富，按机动车、非机动车、行人的简单分类已无法满足交通发展的需要，本文从交通工具和参与者的移动速度，将未来的交通工具和参与者分为6类族群，包括行人、慢行交通工具、轻型交通工具、小型智能汽车、大中型智能汽车、轨道及其他新型快速交通工具。

同样以速度作为主要控制因素，可以将街道上的空间划分为4类，分别是速度为30~100公里/小时的中速和中快速通行空间、速度为20~30公里/小时的中低速通行空间、速度为10~20公里/小时的慢速通行空间和速度不大于10公里/小时的步速通行空间。上述6类不同的交通参与者将分别对这4种不同的街道空间加以使用，而将不同的街道行驶空间再进行组合就形成未来城市道路的分类体系（表1）。

2. 新时期智慧街道的技术选择与调整

和智能汽车类似，智慧道路也可以划分为6个智能等级[2]，而智能汽车的分级和智慧道路的分级组合之后就将形成车路协同自动驾驶系统的分级[3]。要实现最高级别的自动驾驶系统，并不需要智能汽车和智慧道路同时达到最高级别，低等级的智能汽车只要与智慧道路进行协同配合也可以实现高等级的自动驾驶服务（图1）。

在智能汽车的影响下，未来城市道路的很多技术因素将发生变化，如车道宽度、转弯半径都将会缩小。另外，未来的城市街道将会诞生一种新的街道空间，即复合功能设施带，它将涵盖公共港湾车站、路内临时停靠区、上落客区、MaaS服务区、共享单车停放区、绿化隔离等多项职能，还将为路侧的智能交通设施提供空间。此外，自动驾驶时代的城市建设会更加坚持以人为中心，塑造人本交通，在机动车严格限速的街道上，增加行人过街的灵活性。路端的智慧交通设施，

表1　未来街道四级体系与街道空间组合表

四级道路体系	速度管控	街道空间组合	主导交通方式/工具	其他交通工具管控要求
慢行街道	限速20公里/小时	步速通行空间+慢速通行空间	步行交通、慢行交通工具	轻型交通工具和小型自动驾驶汽车可以"客人"身份驶入，但需在指定空间使用，按标志和标线指示行驶，避让自行车，不能抢行和超越自行车
轻行街道	限速30公里/小时	步速通行空间+慢速通行空间+中低速通行空间	慢行、轻型交通工具主导；有为行人划定的空间，比如路侧行人步道和横向过街通道等	小型自动驾驶汽车可以"客人"身份驶入，需避让慢行、轻型交通工具
混合街道	限速60公里/小时	步速通行空间+慢速通行空间+中低速通行空间+中速通行空间	步行交通、慢行交通工具、轻型交通工具、小型自动驾驶汽车、大型自动驾驶汽车、轨道及智能公交车	各种交通工具按照速度族群划分分别使用各自的通行空间
汽车专用路	限速60~100公里/小时	中快速通行空间	小型自动驾驶汽车、大型自动驾驶汽车、轨道及智能公交车	专门为机动车在城市里设置的行驶空间，不为轻型交通工具、慢行交通工具和步行提供通行空间

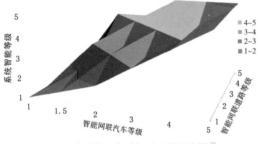

图1　车路协同自动驾驶系统组合图 [1]

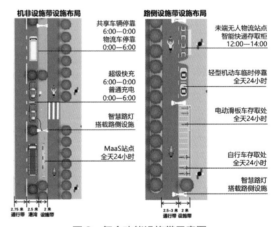

图2　复合功能设施带示意图

包括感知、通信和决策设施的设置，则可以通过对现有杆件、箱体的改建或设置在地下的预埋件等方式解决。目前已在北京雍和宫大街应用的智慧综合杆，挂载了多种车路协同设施，并且有效提升了道路空间利用及附属设施的规范化管理水平，是未来的发展方向之一。未来的信号灯控制也将出现较大的变化，会逐步从"被动式响应"转变为"主动式服务"，从实体信号转变为虚拟和数字信号，信号控制变得更加简单而高效，真正实现人、车、路、控制等交通要素全时空高效配置（图2）。

对于自动驾驶时代新的街道空间的组合

---

① 图片来源：《车路协同自动驾驶系统分级与智能分配定义与解读报告》

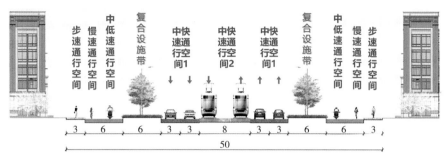

图 3　50 米红线混合街道典型断面图（单位：米）

方式，图 3 展示了未来 50 米红线宽度混合街道典型断面的设计。道路断面包括供行人通行的步速通行空间，供骑行、轻型电动交通工具通行的慢速和中低速通行空间，宽度为 6 米的复合设施带以及供机动车行驶的中快速通行空间。

3. 智慧街道的交通组织变化

未来城市的交通组织也会发生变化，道路空间的通行授权、分时授权均会按照"按需响应"模式进行高效的动态调度管理。另外，道路的标志、标线、标牌系统也将出现较大变化，目前人工驾驶员主要通过视觉获取道路标志信息，而自动驾驶系统则是主要通过车联网从云端和路侧设备无线获取相关信息，或通过车载设备直接感知、识别道路交通标志。因此，新型交通标志需要标准化和数字化，并提高对比度和可视性，确保可以应对特殊气候条件。

四、基于自动驾驶场景的城市街道仿真模型验证

对于上述提到的智慧街道技术参数，除理论研究外，还将通过调用 VISSIM 仿真平台的 COM 接口和运用 Python 语言的二次开发，搭建一个面向自动驾驶场景的城市道路仿真模型，以便开展对不同无人驾驶汽车混入率及道路相关技术参数的优化设置和验证评价，为深化研究提供定量分析的支撑。

参考文献

[1] 王传军. 无人驾驶汽车驶向何方 [N]. 光明日报，2016-04-24（8）.

[2] 中国公路协会自动驾驶工作委员会. 智能网联道路系统分级定义与解读报告 [R]. 2019.

[3] 中国公路学会自动驾驶工作委员会，中国公路学会自动驾驶标准化工作委员会. 车路协同自动驾驶系统分级与智能分配定义与解读报告 [R]. 2020.

作者简介：

黄伟，清华同衡规划设计研究院副总规划师、交通研究中心主任，正高级工程师。中国城市规划学会城市交通规划专业委员会委员，中国计算机学会（CCF）智能汽车分会执行委员，中国公共交通协会慢行分会专业委员会副主任委员，世界交通运输大会（WTC）学位委员会运输规划学部交通与空间优化学科联合主席。

区域 域
都市 市

同衡学术 2023 视界

超大特大城市的多尺度区域协同治理路径探析
—— 面向"市域、圈域、群域"的差异化协同视角

/ 欧阳鹏

关键词： 超大特大城市；区域协同治理；多尺度

一、超大特大城市走向区域协同治理的现实逻辑

1. 超大特大城市的重要地位和复杂特性

随着全球快速城市化发展与"城市时代"的来临，中国超大特大城市的作用举足轻重。我国是世界上超大城市数量最多的国家（19 个中占 7 个）。根据第七次全国人口普查统计数据，目前我国共有 105 个大城市，包括 7 个超大城市、14 个特大城市、14 个 I 型大城市以及 70 个 II 型大城市。

超大特大城市的重要地位主要体现在三个方面：一是作为核心引擎，超大特大城市以 7.5% 的市辖区面积，承载全国约 1/5 的人口和 1/3 的经济总量；二是作为网络中枢，超大特大城市在我国国内国际双循环发展格局和全国人口、经济、技术、信息等要素流动网络中发挥组织中枢作用；三是作为人口磁极，近十多年来人口持续向以超大特大城市为核心的都市圈和城市群集聚。2010—2020 年，全国人口增长最快的前十位城市均为超大特大城市，其中有 6 座分布在中西部地区；除了哈尔滨，其他 20 个超大特大城市近十年均实现了人口增长。

超大特大城市是超级动态复杂巨系统和有机生命体，具有极其复杂特性，具体体现在超大规模性、高密度性、高流动性、高异质性、高风险性、高不确定性等方面。因此，超大特大城市呈现出"一体两面"特征：既是发展增长极，也是风险集聚点；既享受着发展的"荣耀"，也承担着要素集聚带来的"烦恼"。

2. 超大特大城市发展普遍面临的瓶颈和问题

超大特大城市发展普遍面临的瓶颈和问题主要体现在两方面：

一是日趋严峻的"大城市病"挑战。超大特大城市普遍面临交通拥堵、房价高企、公共服务紧张、环境恶化、资源短缺、两极分化、重大灾害和公共安全风险等突出共性问题。同时，风险社会下要素高流动性与城市高效运转，对城市安全韧性建设能力建设与风险系统管理的挑战加大。

二是行政区经济下的区域壁垒。超大特大城市作为都市圈和城市群等周边区域的龙头，普遍存在中心城市一城独大，外围地区发展动力不足，辐射带动效应发挥不足，虹吸效应导致"灯下黑"问题，区域发展差距扩大。中心城市与周边区域一体化水平不高，互联互通网络体系不畅，"以邻为壑"现象时有发生。公共资源配置不均衡，以行政等级

配置公共资源，中心、外围级差巨大。同质化竞争问题突出，与周边城市缺乏有效分工合作，区域整体效应发挥不足等。

3. 超大特大城市走向区域协同发展的内在逻辑

超大特大城市发展的内在动力，源自城市（中心）与区域（腹地）之间"集聚作用"与"扩散作用"的综合影响。从国内外发展趋势来看，超大特大城市发展普遍存在从中心城市、都市区、都市圈，再到城市群的动态协同演化规律。超大特大城市与区域间的核心矛盾是中心过度集聚（马太效应，要素过度集聚）与区域腹地不协同（区域壁垒，要素流通受限）之间的结构性矛盾。从深层次的治理逻辑视角看，是行政区经济（行政治理场域）与网络流动要素（流动要素空间）之间的结构性错配矛盾。

超大特大城市作为复杂巨系统，其发展面临的最大挑战就是超大规模带来"熵增"问题，需要寻求一条既保障城市功能提升和高质量发展，又能在开放环境中实现有效"减熵"的路径，实现健康、高效、可持续发展。超大特大城市的重要出路在于走向区域协同发展，在更大空间尺度优化功能布局和要素配置，促进网络流动要素（流动要素空间）与行政治理场域的协同匹配，破解封闭系统的"熵增"效应。

二、超大特大城市区域协同治理的内涵解析

基于现代治理学相关理论，超大特大城市区域协同治理的内涵架构可解析为协同治理目标、尺度、内容、手段和模式五大维度（图1）。

1. 协同治理目标

区域协同治理目标可以概括为两大层面。一是城市层面的目标，即如何破解"大城市病"的瓶颈和积弊，提升城市品质和综合运行效率；提升城市发展能级和辐射带动作用；拓展城市发展的区域腹地空间和战略资源。二是区域层面的目标，即如何打破行政区的壁垒，优化区域空间资源配置，促进发展要素高效流动；强化区域优势互补与分工合作，缩小区域发展差距；提升区域公共利益和福祉，带动区域高质量一体化协同发展。

2. 协同治理尺度

根据国内外经验，超大特大城市及其外围区域呈现出显著的分圈层功能组织规律，具体可以分为四大治理尺度，即中心城市、都市圈、城市群和全国—全球层面，并呈现出从注重场所空间协同到注重要素流动空间协同的梯次递进趋势（图2）。

中心城市层面（市域协同）：空间范围大体在城市中心向外辐射30~50公里半径内，其功能特点是紧密通勤圈和生活圈地区，是中心城市战略职能的承载地、区域统一大市场的引擎区。其协同治理重点是注重以地域"场空间"营造为重点，促进城市"流空间"的高效配置。

都市圈层面（圈域协同）：空间范围大体在城市中心向外辐射50~150公里半径内，其功能特点是紧密产业圈和商务圈地区，是

图1　超大特大城市区域协同治理的内涵架构示意图

图2　超大特大城市区域协同的四大治理尺度及其重点示意图

中心城市战略职能的拓展地、区域统一大市场的先导区。其协同治理重点是注重地域"场空间"营造和区域"流空间"要素的全方位协同组织和立体化高效配置。

城市群层面（群域协同）：空间范围大体在城市中心向外辐射150~300公里半径内，其功能特点是外围产业链和供应链协同地区，是中心城市战略职能的辐射地和支撑地、区域统一大市场的主体区。其协同治理重点是以区域"流空间"特定要素的协同高效组织为牵引，带动城市网络枢纽或节点职能的在地建构。

全国—全球层面（广域协同）：空间范围大体在城市中心向外辐射300公里以外的广域地区，其功能特点是广域资源和要素的联动地区，是中心城市战略职能的广域联动圈、全国或全球统一大市场。其协同治理重点是更加注重"流空间"要素的协同组织，融入全球和区域网络，构建更广域的国内国际双循环发展格局，不受实体地域限制。

3. 协同治理内容

纵观不同超大特大城市治理实践经验，区域协同治理内容大体可分为：空间战略格局协同、产业和创新协同、交通和基础设施协同、生态环境和安全协同、公共服务保障协同、文化旅游发展协同、城乡融合发展协同、要素市场协同八个方面内容。

4. 协同治理手段

区域协同治理手段可细分为空间协同治理手段、要素协同治理手段和区域协同治理工具三个方面内容。

一是空间协同治理手段，侧重"场空间"的高质量营造。围绕城镇空间、产业空间、创新空间、生态空间、文化空间、交通空间、公共设施、基础设施等"场空间"要素，统筹推进空间战略格局调控、空间资源协调配置、空间用途协同管控、跨界协作区建设、重大功能平台建设、重大工程和项目建设等方面的协同治理。

二是要素协同治理手段，侧重"流空间"要素的高效率配置。围绕人口、货物、资金、技术、数据、信息、服务、能量、资源、生态等要素，统筹推进跨界合作机制、利益共享机制、利益补偿机制、产权交易机制、统一开放市场机制、互联互通机制、联防联控机制、对口协作机制、矛盾冲突协调机制、重大政策资源投放机制等方面的协同治理。

三是区域协同治理工具，是推动区域协同治理的工作平台和行动抓手，是落实空间和要素协同治理手段的重要载体。具体包括编制实施区域规划、制定区域协同政策法规、签订区域战略合作协议、推动区域重大共建项目实施、开展区域监测评估预警、实行区域协同绩效考核等方面的治理工具。

5. 协同治理模式

国外的区域治理模式主要包括集权化大都市政府模式、多中心治理模式和区域网络合作模式，这些模式难以完全适应中国政体背景和现实需求。适合我国特点的区域协同治理模式有以下三类：

一是垂直调控型的统一行政区管理模式。基于建立科层制实体机构运转，注重自上而下的分层、垂直管理和资源配置，各级、各部门职责分工明确，以统筹区域内资源调配、规范化和高效化提供公共服务为治理目标；采取领导小组、规章制度、规划和专项行动、绩效考核等治理形式，强调统一部署、职责分工、实施调度、部门协调、绩效考核等治理机制，具有强约束、强监督的特点。

二是有限协商型的区域联盟治理模式。基于组建协调型机构协调运转，注重各主体自由参与；以协调区域矛盾和优势互补合作为治理目标；采取区域发展论坛、市长峰会、党政联席会议、城市发展联盟等治理形式，强调有限协商、协议合作、分头行动等治理机制，具有弱约束、弱监督和柔性治理的特点。

三是契约协同型区域协同治理模式。基于组建区域协调实体性机构和立体式组织机构运转，注重上级统筹协调和各主体协商合作；以统筹推进区域高质量协同发展、促进区域整体繁荣为治理目标；采取领导小组及办公室、联席会议制度、共同章程、区域规划等治理形式，强调充分协商、共同纲领、共同行动、实施监督，有任务分工、考核监督，具有契约协同治理的特点。

三、超大特大城市区域协同治理的多尺度差异化路径

1. 市域层面协同治理：内外协同，优化结构，提升效能

超大特大城市在市域层面面临的主要问题是大城市空间结构与功能布局的点上过度聚集与区域整体不协同的结构性失衡。超大特大城市市域空间协同治理的重点是实行内外调控组合拳，构建多中心、分布式格局，缓解过度集聚造成的"大城市病"，实现更高质量、更有效率的发展。

市域层面五大协同重点路径包括：①内控外导，增强土地资源配置关系的平衡性；②内疏外聚，增强居住与就业关系的协调性；③内优外调，增强公共服务供需关系的均衡性；④内通外畅，增强交通与用地关系的匹配性；⑤内织外融，增强人与自然的和谐共生性。

2. 圈域空间协同治理：打破壁垒，畅通要素，立体同城

超大特大城市在都市圈层面协同治理的核心目标任务是发挥核心城市龙头作用，推进中心城市与周边紧密联系区域的高质量、同城化发展，形成优质生活圈、活力经济圈、绿色生态圈、融合文化圈、安全韧性圈和协同治理圈，构建合作协商、利益协调、政策协同、多元协作的体制机制，打造区域发展利益共同体。

圈域空间协同治理重点路径包括：①是圈域一体化的国土空间格局导控，例如生态格局、城镇功能格局、开放网络体系等；②重点跨界协作区建设和重大功能平台合作共建，例如产业园区、创新平台、文化平台共建等；③专项功能空间和设施协同布局建设，例如生态环境共保共治、交通网络互联、市政防灾设

施共建共享、公共服务共建共享、文化旅游空间协同共建等。

圈域要素协同治理重点路径包括：区域重大战略资源合作保护与开发机制、产业园区共建与利益共享机制、区域生态补偿和环境污染联防联控机制、区域交通和基础设施一体化运营管理机制、区域教育医疗资源联合共享机制、区域政务服务联通互认机制、城乡统一建设用地市场配置机制、区域要素市场一体化机制、跨界空间矛盾冲突协调机制等。

建立契约协同型的圈域协同治理模式，即健全省级统筹、中心城市牵头、周边城市协同的区域协同机制。设立"决策—协调—执行"三级协同的常设组织领导和协调执行机构。构建区域规划、法规政策、实施运行、监测评估、绩效考核等立体化治理体系。建立共同组织、共同编制、共同认定、共同实施的都市圈规划组织模式，以都市圈规划为平台凝聚共识，建立契约型规则。建立有效的规划协同实施机制，激励约束机制和评估监测机制。

3. 群域要素协同治理：重点突破，整合资源，战略联盟

超大特大城市在城市群层面协同治理的核心目标任务是发挥核心城市带动作用，引领城市群一体化协同发展，重点突破建设统一大市场，打造具有世界影响力的城市群。

群域要素协同治理重点路径包括：推进区域生态环境共保共治、区域交通网络互联互联、区域重大市政管廊设施共建共享、区域重大产业创新平台合作共建等。群域要素协同治理重点路径是因地制宜建立特定领域的战略合作机制，例如区域产业合作联盟、区域创新共同体、区域人力资源合作等。鼓励推动从区域联盟治理模式（有限协商型）向区域协同治理模式（契约协同型）的升级，建立健全区域协

调领导小组和办公室、联席会议制度、区域战略合作协议等治理手段和机制。

4. 多尺度、差异化区域协同治理模式及其适用场域

不同尺度区域协同治理重点的差异：超大特大城市从市域协同治理到圈域协同治理、群域协同治理，是从侧重"场空间"协同，到"场空间"与"流空间"要素协同并重，再到侧重"流空间"要素协同和体制机制协同的梯次递进趋势。

不同治理模式的差异化适用条件：垂直调控型的统一行政区管理模式适用于超大特大城市市域协同治理场域；契约协同型的区域协同治理模式适用于跨市域、高度一体化、紧密型的协同治理场域，例如发展型和成熟型城市群和都市圈的协同治理；有限协商型的区域联盟治理模式适用于跨市域、初级一体化、自发松散型的协同治理场域，例如培育型城市群和都市圈的协同治理（图3）。

不同发展阶段的梯度性协同治理路径：①培育型都市圈内的特大城市以市域协同为主，协同目标是发展壮大中心城市体量，提升城市规模和功能能级，打造区域核心增长极，协同策略重点是"强身健体"；②发展型都市圈内的超大特大城市应注重"市域协同＋圈域协同"并重，协同目标是提升城市综合发展能级和辐射带动作用，带动都市圈高质量同城化发展，打造国家战略增长极，协同策略重点是市域层面"调身健体"，并率先推进都市圈重点领域同城化发展；③成熟型都市圈内的超大特大城市应注重"市域协同＋圈域协同＋群域协同"三轮驱动，协同目标是提升高端功能能级、全球竞争力和区域辐射带动能力，引导带动所在城市群一体化协同发展，打造全球城市区域和世界级城市群，协同策略重点是在市

图3   治理模式的差异化适用用条件示意图

域层面"瘦身健体",先实现都市圈同城化发展和创新城市群一体化协同发展体制机制。

四、结语与思考

超大特大城市走向区域协同发展是大势所趋和必经之路,将为其他城市提供示范引领作用。超大特大城市的区域协同治理具有市域、圈域、群域等多尺度特性和某些共性规律。不同尺度下的区域协同治理路径的重点具有差异性,但并非泾渭分明,而是一个连续交织和动态演进的治理光谱。基于不同发展阶段、资源禀赋和问题导向,因地因时制宜、聚焦重点、量力而行、分类施策探索区域协同治理路径是关键。我国超大特大城市的区域协同治理模式,将可能走出一条中国特色城市治理道路,为全球其他地区解决同类问题提供中国智慧和方案。

参考文献

[1] 汪波 . 城市群流空间与区域一体化治理——京津冀城市群实证研究 [M]. 北京:北京师范大学出版社,2015.

[2] 席广亮 . 城市流动性与智慧城市空间组织 [M]. 北京:商务印书馆,2021.

[3] 陆大道,等 . 信息时代社会经济空间组织的变革 [M]. 北京:科学出版社,2019.

专家点评

武廷海
清华大学建筑学院城市规划系主任、教授

报告表明超大特大城市是复杂巨系统,同时具有生命体特征,值得深入思考研究。

董煜
清华大学中国发展规划研究院常务副院长

报告提供了一种分类看待问题、解决问题的思路。

郑筱津
清华同衡规划设计研究院副院长

报告很好地回应了区域协调发展的问题,提出在市域、圈域、群域等尺度上和各个阶段关注不同的重点,有差别化的抓手。

作者简介:

欧阳鹏,清华同衡规划设计研究院总体发展研究和规划分院总工程师,清华大学中国新型城镇化研究院特聘研究员,正高级工程师。主要从事城镇化和城市发展战略、国土空间规划和城市更新规划研究工作。入选自然资源部高层次科技创新人才工程(国土空间规划行业)青年科技人才。

都市圈指标监测体系研究及体检分析
—— 以成都都市圈为例

/扈 茗 王 强 吕晓荷 郑清菁 孙 森

关键词： 都市圈发展监测；体检评估；成都都市圈

一、背景与意义

1. 现代化都市圈建设对中国式现代化与高质量发展具有重要意义

都市圈已经成为高质量城镇化的主要空间载体，成为城镇化下半场推动区域高质量发展的强大引擎和引领区域一体化的发展示范。有序建设一批现代化都市圈，是"十四五"时期完善城镇化空间布局、提升城镇化发展质量和人民群众生活品质的重要抓手。国家发展和改革委员会2020—2021年新型城镇化建设和城乡融合发展重点任务提出推进都市圈建设工作，率先推动南京、成都、福州、西安等都市圈编制实施发展规划。2020—2023年，南京、成都、福州、长株潭、西安、重庆、武汉、沈阳、杭州、郑州都市圈发展规划相继批复。

2. 都市圈监测评估是完善"体检—诊断—应对"都市圈治理闭环的重要环节

都市圈发展监测与体检评估工作是对都市圈规划技术方法的延伸和创新，通过构建系统、综合、定制化的高质量发展综合评价指标体系，推动形成从发展规划顶层设计到体检评估，再到问题诊断和应对策略引导的都市圈治理闭环（图1）。

本研究以成都都市圈为评估对象，开展都市圈发展指数建设与年度评估，作为发展规划实施的重要工作抓手之一，合理评价都市圈当前整体发展水平和同城化进程，为成都都市圈高质量发展诊短板、指方向、控风险。

顶层设计
国家战略要求，最新规划部署

体检评估
常态化目标指标监测，规划实施情况，重点任务完成情况⋯⋯

应对策略
根据体检诊断结果，部署下一阶段工作重点

问题诊断
短板和风险识别，"病因"分析，系统诊断

图1 都市圈治理闭环示意图

二、都市圈发展监测与体检评估核心议题

都市圈发展监测与体检评估的主要目标服务于都市圈治理闭环，工作重点与核心议题聚焦于以下四个方面：一是监测都市圈在全国的发展地位，二是评估都市圈内部一体化水平，三是引导和推进都市圈重点工作，四是辅助和支撑都市圈顶层决策。

1. 监测都市圈在全国的发展地位

当前关于都市圈发展评价的研究日渐丰富，并且呈现三大转向。一是由都市圈划定标准讨论转向发展水平评价。早期研究更多集中在都市圈空间范围的界定方面，近期关注重点转向都市圈发育程度以及特定领域竞争力的比较。二是评价数据运用方面由传统统计数据评价转向多源数据融合评价。手机信令数据、交通刷卡数据、银行卡交易数据等新数据环境为都市圈发展评价提供了更多的信息视角和技术可能，让都市圈发展评价工作更加系统化、精细化。三是由关注静态总量规模的评价转向动态流数据主导下对协同性的侧重和评价。各种要素流的分析开始被纳入都市圈分析中，关注重点由规模等级的比较向协同化程度、网络联系强度的测度转变。

研究通过构建现代化都市圈高质量发展水平指数，选取在国内发展领先、地位突出的9个头部都市圈进行横向对比分析，跟踪比较成都都市圈与国内其他都市圈的发展差异，客观评价成都都市圈在若干核心领域的发展水平。着眼于区域协调发展新要求，立足都市圈作为城镇化的主要空间形态、高质量发展的核心引擎、区域一体化发展的先行示范，将城镇化基础、发展质量效益、同城化水平3个板块作为高质量发展指数的一级指标。二级指标的细化上，城镇化基础板块重点关注都市圈的城镇化程度和服务设施保障水平；发展质量效益板块重点围绕新发展理念和安全韧性的底线思维；同城化水平板块聚焦都市圈重点建设任务和建设领域。三级指标的选取重点突出权威性、科学性和实施性等原则，兼顾选取总量、增量、增速、差异度等不同维度指标，最终形成一个涵盖3个一级指标、17个二级指标、95个三级指标的横向比较评价体系（图2）。

评价结果显示，9个都市圈呈现三大发展梯队。上海大都市圈和深圳都市圈总得分显著高于其他7个都市圈，3个一级指标发展较为均衡，属于全能综合型都市圈；杭州、广州、成都、南京、长株潭5个都市圈得分较为接近，分差为0.5~1分，而且在部分板块具有特色发展优势，属于特色发展型都市圈；重庆都市圈和西安都市圈相对处于发展起势阶段，属于潜力发展型都市圈。成都都市圈在9个都市圈中排名第5位，处于中西部领先地位，并且在同城化水平板块的发展优势更为突出。

2. 评估都市圈内部一体化水平

为进一步聚焦都市圈重点任务，逐年监测都市圈整体建设进展和重点工作完成情况，动态评估都市圈发展规划的实施成效，研究构建了现代化都市圈高质量建设进程指数，重点衡量都市圈内各城市对同城化发展相关工作的推进和支撑情况，同时加入时间维度，对都市圈2019—2021年建设情况进行纵向比较分析。具体评价视角上，研究重点聚焦《成都都市圈发展规划》在空间、设施、创新、产业、开放、公共服务、生态、改革8个领域的关键任务，通过指数构建和应用，评估成都、德阳、眉山、资阳四市在都市圈建设中的作用与比较优势（图3）。

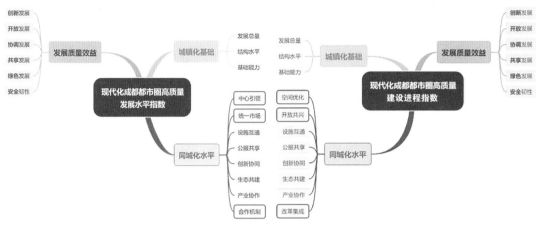

图 2 现代化都市圈高质量发展水平指数评价体系   图 3 现代化都市圈高质量发展进程指数评价体系

评价结果发现,成都都市圈整体建设进程不断加快,综合得分逐年提升。3 个一级指标方面,城镇化基础稳步提升,发展质量效益和同城化水平均在 2021 年得分明显提升,都市圈发展呈现出聚力起势的发展态势。都市圈四市各自得分上,成都综合得分遥遥领先,在都市圈中发挥着强引领作用,另外三市综合得分也逐年提升,其中德阳在三个非中心城市中表现最优。

3. 引导和推进都市圈重点工作

在评价体系构建过程中,研究一方面充分对接落实都市圈发展规划发展目标,将《成都都市圈发展规划》中提到的关于经济总量、城镇化率的目标纳入城镇化基础板块直接作为评价考察的指标;另一方面对接都市圈年度工作要点,将八大重点工作领域转化为同城化水平的 8 个二级指标,并将其中一些工作任务转化为可量化的评价指标,从而与规划实施监测、任务分解落实形成更有效衔接。同时在指标的选取和考量方面,充分衔接成都都市圈近期行动计划、生态环境保护和公共服务等重点领域专项规划,从中提

取一部分代表性的考核指标。

面向成都都市圈的一些特色化需求,进一步量身打造定制化的特色指标。例如,针对夜经济活力,结合美团夜间门店消费数据设计夜间门店消费指数;针对公园城市评价,设计公园绿地服务半径覆盖率等指标;针对轨道上的都市圈建设,依托 12306 铁路班次数据,设计轨道交通互联互通指数等指标,从而实现对都市圈重点工作进程的客观反映和策略引导。

4. 辅助和支撑都市圈顶层决策

研究综合运用多源、多尺度的区域时空数据,既包括部门的静态统计数据,也采集了手机信令数据、企业工商登记数据、兴趣点(POI)等新型城市数据,涉及省、市、县甚至点状数据等多个尺度,充分响应评价需求,展示地区特色,又体现出第三方体检评估的独立性和创新性。

新型数据的采集和应用方面,研究采用媒体舆情数据对都市圈在新媒体上的宣传热度、品牌声量、关注的热点领域差异等展开比较分析(图 4);采用成都都市圈四市的增

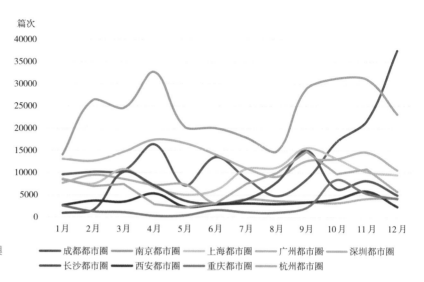

图4 各都市圈 2021 年舆情传播趋势[①]

值税发票开票受票数据，反映城市间业务采购需求和交易规模，从而更加精准地体现都市圈内部的经济交易联系强度（图5），实现对都市圈发展特征的精细评价和精准刻画。

最后在数据刻画基础上，将指标化的评估结果转译为对都市圈发展问题的诊断，并提出相应的对策建议。例如，针对创新驱动发展水平不高、创新资源集聚转化能力不强的问题，提出培育创新共同体，搭建科创资源服务开放共享信息系统和技术交易公共服务平台，建立成都都市圈技术成果池和企业技术需求池的对策建议；针对开放型经济发展水平不高、要素集聚运筹能力较薄弱的问题，提出提升开放合作水平，推动成都国际铁路港与德阳、眉山、资阳的场站联动发展；共享开放平台，推动成都海关、口岸、综保区等平台功能向德阳、眉山、资阳延伸服务的对策建议。此外，研究还将指标评估结果与都市圈工作、规划实施行动相关联，保障都市圈建设决策精准、高效落地。

三、成效与应用

1. 持续跟踪服务，支撑都市圈同城化顶层设计

研究深度参与和融入成都都市圈同城化工作，评估过程与都市圈各市充分交流对接，研究成果纳入四川省推进成德眉资同城化发展领导小组办公室（简称四川省同城办）知

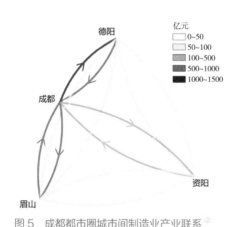

图5 成都都市圈城市间制造业产业联系[②]

---

① 数据来源：清博舆情数据

② 数据来源：增值税互开发票数据

识测试考察范围，评估结论、观点和对策建议直接服务于四川省同城办，与都市圈发展规划执行部门联动衔接、同频共振，确保体检评估有用、能用、好用。

2.搭建系统框架，打造国内都市圈发展评价样板

成都都市圈在全国层面率先开展都市圈高质量发展评价与监测，结合发展特色和具体问题探索构建面向特定都市圈的系统化高质量发展监测体系，对国家其他发展型都市圈完善高质量发展评估体系具有重要的参考和借鉴价值，塑造了都市圈高质量发展评价"成都模式"与"成都品牌"，也进一步扩大了成都都市圈的社会影响力和区域竞争力。

四、小结

清华同衡长期持续深耕都市圈研究与实践，连续监测全国都市圈发展，主持福州、成都、郑州等都市圈发展规划编制，携手四川省同城办开展全国首个都市圈高质量发展体检评估研究。通过的三年跟踪研究，发布成都都市圈高质量发展指数，召开都市圈建设研讨会，对全国都市圈开展体检评估工作起到推动和示范作用。在政府实际治理工作中，虽然新数据已经得到了比较广泛的应用，但其准确性尚待提升，都市圈评估监测的关键核心数据仍然是由传统统计数据支撑。未来应立足中国式现代化和高质量发展要求，围绕现代化都市圈建设使命及重点、难点，不断探索构建科学而适用的中国都市圈发展建设评估工具。都市圈发展监测与体检评估响应真实应用场景，实现横向比较和纵向监测的综合目标，既为都市圈发展找准痛点、识别特色建立坐标，也为都市圈建设监测的有序推进提供了重要支撑。

作者简介：

扈茗，清华同衡规划设计研究院总体发展研究和规划分院总体五所（战略所）所长，清华大学中国新型城镇化研究院特聘研究员，高级工程师，注册城乡规划师。长期从事区域规划、城市经济研究。负责和参与成都、福州、郑州等都市圈发展规划编制工作。

王强，清华大学中国新型城镇化研究院科技部主任，高级工程师，注册城市规划师，长期从事新型城镇化战略、区域协调发展、城市群与都市圈研究和城乡规划项目实践，参与福州、成都都市圈发展规划编制及都市圈发展水平监测评估工作。

吕晓荷，清华大学中国新型城镇化研究院县域经济研究部主任，高级工程师，注册城市规划师，长期从事新型城镇化战略、区域协调发展、城乡融合与县域经济研究，参与福州、成都都市圈发展规划编制及都市圈发展水平监测评估工作。

郑清菁，清华同衡规划设计研究院总体发展研究和规划分院总体五所（战略所）项目经理，注册城乡规划师，长期从事区域规划与城市发展战略研究。

孙淼，清华大学中国新型城镇化研究院研究专员。长期从事城镇化发展、城市群与都市圈、区域协调发展研究，参与多个都市圈发展规划编制工作及都市圈发展评价研究。

探索衔接港澳的中国式空间治理的广州南沙实践

/ 尚嫣然

关键词： 空间治理；港澳；广州南沙

一、研究背景

新城建设历经 70 多年，出现四代新城，人部分新城基本已经走完了从"卧城"到综合功能完善的独立城市的完整发展脉络，在疏解大城市、解决多中心空间格局、TOD 建设和践行新城市主义等方面作出了很多尝试并提供了有益经验。我国的新区建设仅有 30 多年历史，解决的问题、承担的角色、发展脉络都有较大不同。广州南沙以开发区为起点至今也有 20 多年的发展历史，其间人口增长了 10 倍，用地增加了 7 倍，GDP 增加了 20 倍。南沙从二十年前的地方港口成长为今天的粤港澳大湾区最大吞吐量的单体港，从珠三角地理中心成长为湾区流枢纽，从广州南部渔村成长为国家新区、省会副中心、粤港澳全面合作协作平台。

二、南沙作为国家新区的立体化评估

为了对广州南沙新区二十年发展进行全面回顾和评估，需要从以下几个方面：一是基于国家视野的时空轴，二是从以人为本的人本轴，三是高质量发展的建设轴，回答从什么视角，以什么标尺，与谁对标，来找寻答案。

1. 评估维度

在评估维度上，从南沙的三个身份来进行评估。一是作为国家新区的南沙；二是国家明确设立三个粤港澳大湾区平台，即南沙、前海、横琴；三是基于广州市域副中心的身份，和广州其他 10 个城区对比，南沙是广州较年轻的城区，也是唯一的市域副中心。

2. 评估标尺

评估标尺上（图 1），第一是国家新区的时代使命。纵观国家新区发展四个阶段，规模和作用等都在发生变化，不变的是新区的历史使命——国家门户、功能高端、区域核心、模式示范。第二是粤港澳大湾区的平台内涵，重点评估平台政策、平台环境和平台活力。第三是城市副中心的中心职能，重点评估中心集聚性、中心通达性、中心安全性、中心服务能力和中心环境。评估手段包括三种，即流的评估、大数据的评估以及政策的评估。

3. 评估结论

特点 1：产业结构优，以较短时间实现了政府规划目标和既定方针。

"十三五"时期,南沙新区第三产业增加值占地区生产总值比重达55.44%,高于目标值45%,三次产业结构从2015年的4.5 : 69.82 : 25.68调整为2020年的3.45 : 41.11 : 55.44。

南沙新区已成为广州市先进制造业和高技术产业布局的主要区域。2021年,南沙新区先进制造业工业总产值2597.3亿元,居广州市各区第二位,仅次于黄埔区;南沙新区

高技术产业总产值201.4亿元,居广州市各区第三位(图2)。

特点2:创新投入位居广州前列,创新成果呈现指数级增长态势。

南沙新区财政科技支出和每万名从业人员中研究与试验发展(R&D)人员数量得分均位居广州市各区第二位,投入科技经费从2008年的0.26亿元增长到2019年的22.5亿元,高新技术企业从5家增长到587家。

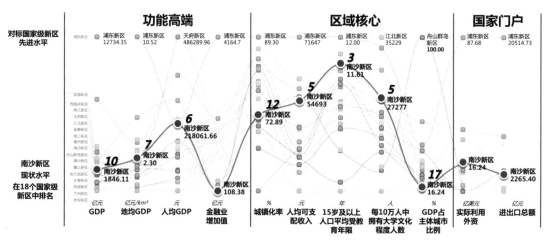

图1　国家级新区对比

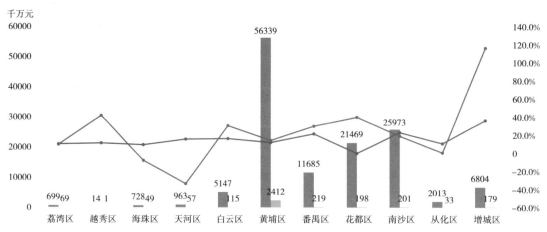

图2　广州市各区先进制造业和高技术制造产业产值①

①　数据来源:《广州统计年鉴2022》

特点3：航运基础好，港口集装箱吞吐量位居粤港澳大湾区第一。

粤港澳大湾区集装箱吞吐量在世界湾区中排名第一，南沙港是粤港澳大湾区集装箱吞吐量最大的单体港。2021年，南沙港区集装箱吞吐量占广州全市70%以上，货物吞吐量占全市54.5%。

特点4：南沙新区人口素质和收入水平高，人民生活富足达到小康水平。

南沙新区人口素质和收入水平相比其他国家新区排位靠前，城镇化由加速阶段步入成熟阶段，人才优势明显（图3）。

特点5：南沙新区常住人口增长较快，且人口集聚优于土地扩张。

2019—2023年南沙新区人口增速是浦东新区的10倍，南沙新区第七次全国人口普查人口占广州全市比重比第六次全国人口普查提高2.5个百分点。南沙新区土地扩张与人口增长协调性系数1.28，按照人地基本协调的标准（0.9<CPI≤1.3，CPI即居民消费价格指数），南沙新区人地增长总体协调。

问题1：现代服务业对南沙新区打造广州副中心支撑不足，高端服务业发展水平较低。

南沙新区传统服务业如交通运输、仓储和邮政业依托南沙港发展基础较好，而现代服务业增速较快但基础薄弱，金融业，信息传输、计算机服务和软件业三类行业区位商均低于0.5。

问题2：南沙新区区域辐射带动能力弱，实现区域带动目标耗费9年。

南沙新区成立9年后，实现GDP占粤港澳大湾区比重增加0.5个百分点，而浦东新区成立3年后，即实现GDP占长三角城市群比重增加0.5个百分点（图4）。

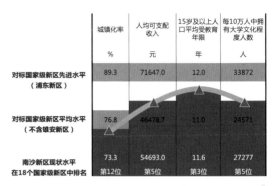

	城镇化率	人均可支配收入	15岁及以上人口平均受教育年限	每10万人中拥有大学文化程度人数
	%	元	年	人
对标国家级新区先进水平（浦东新区）	89.3	71647.0	12.0	33872
对标国家级新区平均水平（不含雄安新区）	76.8	46478.7	11.0	24571
南沙新区现状水平	73.3	54693.0	11.6	27277
在18个国家级新区中排名	第12位	第5位	第3位	第5位

图3 南沙新区人口发展相关指标在国家级新区中的排名[①]

问题3：对外开放水平提升较慢，与先进水平存在一定差距。

南沙新区2020年进出口总额为2137.8亿元，与浦东新区、滨海新区差距较大，且近年来增速放缓，2020年增长率为3.4%，低于同期获批的国家新区（图5）。

问题4：人口联系局限于西岸陆域邻近城市，相比前海、横琴水平偏低。

南沙区的人口联系强度为广州市内＞广州市外（西岸）＞广州市外（东岸），其中番禺区最多，其次是佛山市、中山市达到10000量级，而后东莞市、深圳市达到5000量级。南山区人口联系强度是南沙区的4.6倍，香洲区是南沙1.5倍。

问题5：对广州市域人口吸引能力不足，人口联系强度明显受空间距离影响。

南沙区对广州市内人口吸引能力居全市第10位，且南北向人口联系带明显，南沙－番禺联系最为紧密，天河区次之，与其余各区联系强度在平均值以下（图6）。

通过立体化评估，二十年间，南沙新区实现人民生活富裕富足，开放型经济新体制建立，人口聚集优于土地扩张，同时面临开放水平提升较慢、空间拓展分散开发、区域辐射带动能力不强、区域网络联系边缘等问题。

① 数据来源：《国家级新区发展报告2020》

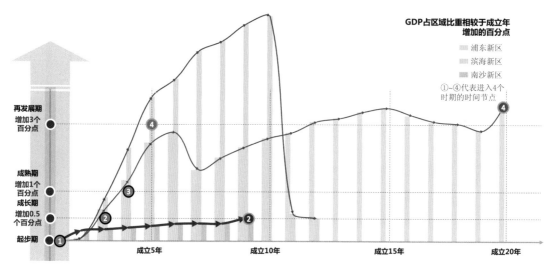

图 4　南沙新区与浦东新区、滨海新区 GDP 占区域比重对比 ①

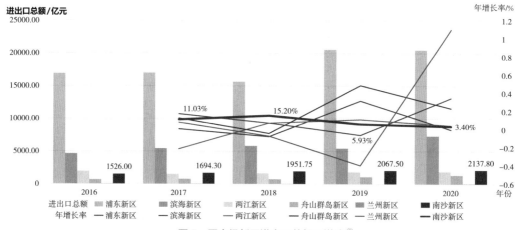

图 5　国家级新区进出口总额及增速 ②

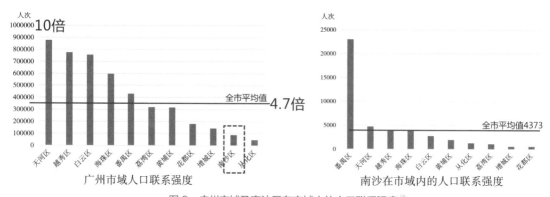

图 6　广州市域及南沙区在市域内的人口联系强度 ③

① 　数据来源：南沙区、浦东新区、滨海新区统计年鉴
② 　数据来源：上海、重庆、兰州、广州、舟山统计年鉴 2021
③ 　数据来源：《广州统计年鉴 2022》

三、世界级湾区新趋势及南沙新使命

2022 年 6 月，国务院印发《广州南沙深化面向世界的粤港澳全面合作总体方案》，明确南沙建设成为立足湾区、协同港澳、面向世界的重大战略性平台。该方案主要体现两大特点。一是更加聚焦大湾区。要求南沙区在粤港澳大湾区参与国际合作竞争中发挥引领作用，充分发挥大湾区规模体量、技术创新、开放枢纽，特别是"一国两制三关贸区"的比较优势和特色。二是更加聚焦港澳。对港、对澳关系正在发生变化，香港与内地真正进入双向阶段。南沙区对港关系从上下游协作变化为可以主动参与"高价值链条环节"。

基于全球四大湾区竞合趋势看南沙，粤港澳大湾区规模体量大，技术创新和开放枢纽具有突出优势，湾区内形成的若干国际化功能区对大湾区成长起到决定作用。南沙之于粤港澳大湾区价值在于"中国市场 + 国际规则"的双链接。一方面利用港澳的国际规则优势，嵌入全球网络，实现将国际企业和人才引进来，避免脱钩。另一方面利用规模最大的中国市场优势，连接湾区与内地，实现中国企业走出去。

南沙区融入粤港澳大湾区融合发展是中国式现代化的鲜活样本。第一，从人和城市的共同价值视角，实现港澳人民共同家园，促进港澳和内地人才流动。第二，从大湾区共同价值空间视角，促进形成大湾区嵌入式的价值高地。第三，从制度缝合视角进行制度设计，促进"一国两制三关贸区"的体制缝合。

1. 基于共同家园的精准需求匹配，找准空间治理的主体

首先就是要吸引国际、港澳人才的加速流入。从经验来看，湾区是国际人才尤其是

科创人才的重要吸纳地，纽约湾区和旧金山湾区外籍人才比例是全美平均水平的 3 倍左右。从粤港澳大湾区人口趋势来看，湾区人口继续在不断集聚中到 2035 年达峰，超大特大城市人口集聚速度会更快。分析广州市近二十年人口总量增长动（阻）力因素，人随产业走、人往高处走，未来通过"高价值就业平台 + 高效通勤"，可促进作为远郊区的南沙就业规模提升四分之一。从源头来看，香港人口近年来持续流出，在粤港人数近十年缓步增长。伴随着香港的青年就业人数持续下降，港澳青年在粤就业流入逐渐增多，吸引他们的是工作前景和居住环境。南沙新区宜在交通便捷的口岸 2 公里范围内集聚形成港澳和国际人才社区，以直通港澳的便捷轨道交通和密度适中、公共空间优质、功能高度混合，高质量且高性价比的生活社区，形成更本真、更便民、更融合的宜居和宜乐空间。匹配港澳和国际人才的就业诉求，搭建青年基地、重点实验室等空间载体。切实回应港澳同胞教育、医疗、养老诉求，构建与港澳体系相衔接的公共服务设施体系。设计新时代多维融合和文化认同的空间模块。岭南文化是粤港澳大湾区文化认同的根本底色，构建"时代化 + 岭南式"的空间场景。

2. 基于全球合作网络的嵌入型价值高地，夯实空间治理的抓手

南沙需要从全球到区域、到城市嵌入，具有贯穿性的功能网络。在粤港澳大湾区尺度这个功能网络重点表现为"三链"：创新链、产业链、供应链，对应的价值空间呈现扁平化、指向性、轴带化等多种空间协作模式。因此应着眼大湾区、广州"三链"的发展趋势，优化南沙自身的"三链"空间布局。以创新链为例，大湾区层面关注创新要素流动，主要

是高等级的大学等原始创新要素的流动，如引入南沙的香港科技大学。同时新型科研机构成为弥合大学原始创新和企业创新转化的关键环节，也是未来南沙科创发力的关键。广州市层面关注创新环节链接，南沙重点需要融入创新环节的垂直整合，在新能源汽车、战略性新兴产业、生物医药三方面通过科技创新转化的均衡网络链接企业转化聚落。南沙内部重点落实创新单元嵌套，弥补科创链条不完善的问题。围绕高校、大科学装置、科创企业等区域高等级核心科创要素，周边布局新型科研机构等科创链条关键环节，构建创新链条完整的三类科创空间单元。

3. 基于体制缝合视角的制度设计，提升空间治理的工具

建管道。一是完善粤港澳地方政府之间的"第一管道"。成立广东省广州南沙建设发展工作委员会，在南沙区共同下设办公室，形成省—市—区三级协同面向港澳事务的高位协调机构。二是要建立面向粤港澳非政府或者半官方机构之间的"第二管道"。创设新型合作机制，以广州南沙粤港合作咨询委员会为牵引，在南沙和香港分别设立服务中心，实现政务服务对接、法律体系合作、人才职称评价和商会交流沟通。

通堵点。梳理政策机制各方面堵点，研究确定用地审批互认和备案、政策区叠加整合、人才资质互认、可携带医疗、科研资金、

科研数据"通关自由"、合同相关和新兴产业领域法制创新、金融衔接、港航合作交流等疏通堵点的优化建议。

补差距。对标前海和横琴合作区，重点弥补南沙在金融开放试验示范、国际法律服务、税收政策上的差距。形成南沙"缝合"港澳的政策包工具。

四、小结

回望过去，南沙人敢为人先，二十年间谱写了激荡人心的时代华章。展望未来，南沙新区阔步前行，续写时代荣光。要充分认识南沙价值，即中国市场与国际规则的双链接。从人和城市的共同价值视角，实现港澳人民共同家园。从粤港澳大湾区共同价值空间视角，促进形成大湾区嵌入式的价值高地。从制度缝合视角进行制度设计，促进"一国两制三关贸区"的体制缝合，实现中国式空间治理模式，推动南沙不断向前。

专家点评

叶裕民
中国人民大学公共管理学院教授

南沙项目建构了的时空轴、人本轴和高质量发展建设轴的分析框架，提出价值—方案—制度的南沙治理新范式，都具有较强的时代性，建议更强化理念和技术的融合。

作者简介：

尚嫣然，清华同衡规划设计研究院总体发展研究和规划分院副院长，正高级工程师，注册城乡规划师。中国城市规划协会女规划师工作委员会副秘书长，中国城市科学研究会城市转型与创新研究专业委员会副主任。主要从事总体规划、战略规划和创新、低碳等相关规划工作。

从全国城市更新试点工作看城市价值实现

/ 盛况 高祥 胡亮

关键词：城市更新；试点；价值实现

一、全国城市更新试点工作跟踪

2021 年 11 月，住房和城乡建设部启动了全国城市更新试点工作，并公布了北京等21 个试点城市名单。此前，住房和城乡建设部自 2017 年起还曾分三批公布了 58 个进行生态修复、城市修补工作的试点城市名单，该试点工作旨在探索应对"城市病"方面的经验，在技术和工程做法上都有一定的经验总结，并得到了市民群众的积极响应。这一轮的城市更新试点工作要求，是在既往工作经验的基础上，注重模式、机制、制度、政策、方法方面的总结和创新。我们团队对这些试点城市进行了跟踪调查，同时也搜集、整理了其他省部级机构、城市政府在城市更新工作方面的做法、经验和相关资料。

通过对各级政府有关更新的文件的分类汇总分析（表1），我们发现以下两个特点。第一个特点是制定计划推动工程项目实施，是地方政府的首选更新举措。全国 337 个地级市中，超过一半的城市在"行动"，出台行动意见、行动计划和实施方案等。相对来说，从行动和实践转化为政策、机制的步骤是相对滞后的。实际调研中也能够发现，虽然现实更新的需求已经相当明确了，但是有的地方政府还是想等省部两级给足了政策和资金

之后，再开始谋划更新行动，而不是去梳理、探索城市自己的资源潜力和政策机制的改善。

第二个特点是更新项目类型上，各地纷纷聚焦于老旧小区改造。统计发现有关老旧小区改造的配套文件是数量最多的，其他更新类型的配套文件则较少（限于篇幅文中没有展开其他类型的比例）。我们专门对这个现象进行了研究分析和访谈，发现老旧小区改造的工作边界、各种资金来源、各级政策最全面、最成熟，这也得益于全国启动老旧小区改造的行动时间开始得最早，各部委对老

表1 各城市政策文件统计表

类别	分布城市（含直辖市）	在337个地级以上城市中的占比
更新条例	3	0.89%
更新办法	69	20.47%
行动意见	62	18.40%
行动计划/实施方案	143	42.43%
更新专项规划	66	19.58%
规划土地政策	75	22.26%
审批管理	17	5.04%
财政金融政策	55	16.32%
历史文化保护政策	14	4.15%
导则、指南等技术文件	59	17.51%
老旧小区改造政策	69	20.47%

旧小区的工作界定、资金补贴渠道也很稳定通畅。同时，各地的干部、群众在多轮改造实践之后，工作机制、技术队伍、工作预期都相对成熟，甚至有些城市的更新工作领导小组就是以原来老旧小区改造的工作领导小组为基础形成的。

对于一些试点城市我们还做了实地调研和访谈，发现各城市对更新工作的理解和认知、对各类更新需求回应的轻重缓急排序还需要统筹和梳理。未来城市更新在城市整体层面的机制建设和方法创新还需要在实践中凝聚共识，确立政府和市场的共同目标。

除了上述对政策文件的分类统计，我们也通过调研和交流，希望总结试点工作中的经验和做法。比如：

价值理念方面更加注重人居环境质量提升和以人为本。从空间环境、设施修补向更系统性的城市存量优化，同时注重居民利益、社会文化等综合提升。聚焦人们日常活动实现活力复兴，成为城市更新发展的核心价值取向。

制度机制方面强调政府引导下的多方协调和监管。政府的治理模式从管制型向服务型转变，进一步激发权利主体、市场、市民的积极性，吸引多方参与社区治理和空间营造。同时，政府还需要加强更新过程中的精细化管理。

技术方法方面要求因地制宜结合城市特色开展更新。因城施策，有针对性地从多个维度、多种层次探索，合理地开展工作。采取的技术路线要符合城市发展内在逻辑，结合城市功能重塑、存量资产盘活，激活旧有城市空间，带动区域产业升级，提升城市竞争力，实现生态、社会、经济效益的全面提升（图1）。

相对而言，国外的城市更新工作缓慢且漫长，分阶段解决各类问题；而我国试点城市在开展城市更新工作的时候，面临时间浓缩、多种问题和更新需求并存的困难。以英国的城市更新为例，在长达八十年的时间里，英国的城市从单项更新到复合更新、从政府主导到多方协同、从物质空间到多价值维度的综合更新，政策和制度逐步进化，分步解决问题、响应城市更新需求。当前我国各级城市面临城镇化各阶段的问题和需求的叠加，目标难以聚焦、利益难以平衡、举措难以实施，城市更新工作的难度系数呈几何级数的增加。

以深圳作为更新制度建设的样本进行观察。众所周知，深圳有特殊的立法授权，是全国立法活动最充分的城市。深圳从最开始颁布城中村改造的规定，到现在出台了地方更新条例，建立相对完善的政策体系，用了接近二十年的时间。一开始先从城中村一个类型形成规定，然后再升级、扩展为全市的

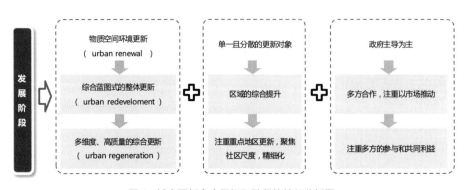

图1　城市更新多个目标和阶段的特征分析图

更新办法，逐步充实实施细则以及其他相关的各项规定；更新办法又经过十来年的实践总结，其间经历了修订，最后才颁布了现行的更新条例。我们跟踪研究时还发现，在深圳市级的办法和条例下面，各区还有一些操作程序和激励政策；同时，各委办局也有同步配套的政策和机制；而且在各区和各委办局的文件中，虽然很多并没有冠以城市更新的名义，但是确实对城市更新的流程和市场环境有推动作用（图2）。经粗略统计，深圳市委、市政府、市本级部门、区政府等颁布的更新文件有一百多份，基本建立起了一套更新政策体系。

从试点城市的发展需求来看，未来各地都会逐步建立适合自己的多层级、多类型的更新政策体系，定制化的政策和机制设计将成为阶段性的技术需求。

二、价值实现的趋势

通过试点工作的跟踪可以看出，在更新工作如何为城市和全社会带来价值回报方面，有四个方面的趋势：

第一个趋势，通过运营前置和业态策划，从以前以出让土地为主发展到"建设—运营"全流程分阶段实现收益。从一家更新投资机构的投资—回报模型中可以看到更新项目盈利的分布特征：土地价值只占了全流程实现价值的20%左右，融资杠杆、退出等环节分别占了10%~20%、20%~30%，最大比例的溢价来自于运营提升，占全流程实现价值的40%。从具体的项目案例分析，城市运营商能够通过"社群＋""文化＋""创意＋""互联网＋"等路径，增加项目的收益和客户黏性，然后反映到项目运营带来的溢价上来。同时，城市更新也改变了传统的城市建设业务流程：以前是策划、规划、设计、建设、运营梯次推进的串联关系，各城市尤其重视规划环节对土地一级和二级市场的影响和收益；在更新的项目中，运营才是最大宗的价值实现环节，因此运营的需求提前到从项目一开始就要充分考虑，前面的梯次推进变成了各专业与规划同步并联推进的关系。

第二个趋势，是各城市、各项目充分创新感知和量化工具，寻找更多可量化的决策点，提高更新工作的针对性和性价比。不少城市在组建更新专班或者工作小组以后，横向打通了各部门的数据资源壁垒。比如我们

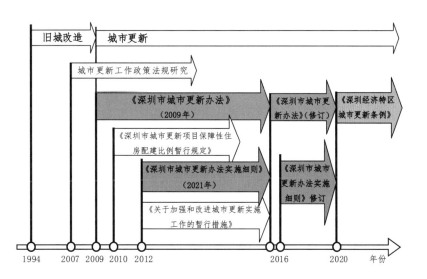

图2 深圳市城市更新核心政策发展历程图

在某个地级市看到的城市级数据系统，归集了 192 个单位的空间化数据；在某个南方城市，结合新冠疫情防控，建立起社区级的数据大屏，社区用这个精细化数据平台，把辖区内的年龄、收入水平、家庭结构等人口特征细分和量化，然后把这个数据跟养老、家政等生活居住服务项目对接，实现了市场服务资源和需求的精准匹配；在某个北方大城市，为了提高道路绿化水平和实际效益，构建了 12 种常见断面下的 600 多种场景，最终提出乔灌组合、优先设施绿化带、垂直绿化等策略，精准、高效地控制城市绿化投资的效益靶点。

第三个趋势，是可以从更多维度来综合体现更新的外部效益。大部分更新项目在立项时就已经确认靠土地市场交易单一环节无法回补前期投资，往往要靠后期的运营利润才能实现可行性研究报告中的盈亏平衡。因此，为了提高项目立项的成功率，越来越多的更新项目考虑增加外部效益，从生态、社会等其他间接维度来包装项目或者通过测算对其他方面的支出减免来平账。

第四个趋势，是城市更新的目标更加具有战略高度和复合价值。例如用绿化景观类项目的发展阶段来观察（表 2），刚开始是为了补短板、还欠账，或者创城创优、大干快上，多数叫某某绿化景观工程；然后中间阶段开始讲体系结构，讲布局优化，讲服务均好性、可达性、多样性，侧重于绿地系统和布局；到了高水平治理阶段就开始讲生态综合提升，考虑生态系统的服务能力、对社会经济文化的影响，变成了综合治理、流域治理等。

三、城市更新工作展望

从国际经验和国内实践来看，未来城市更新工作有三个研究重点。

首先，要建立长期可持续的战略共识来引领城市更新工作。党的二十大提出，城市要以人为核心，以提升质量为主，转变城市发展方式。全国的城市从大、中、小全面扩

表2　绿化景观类项目发展阶段及目标

阶段	目标	关键词	措施
工程项目阶段	绿地增量达标	城市绿地	拆迁建绿、破硬复绿； 开放城市封闭绿地； 新建城市公园
		郊野绿地	修复郊野绿地、林地等； 保护风景名胜区、森林公园等
空间体系阶段	绿地体系完善	绿地系统结构	统筹市域绿地空间； 完善城市绿廊、绿道
		城市公园布局	完善城市公园均衡分布； 增加各级、各类型公园
高水平治理阶段	自然生态综合提升	生态系统	保护生态系统的多样性，提升绿地生态功能； 加强城市绿地与生态空间的衔接； 营造绿色屋顶、立体绿化、绿色街道
		社会经济效益	提升城市文化、商业等多领域发展； 结合周边功能，推动区域综合发展

张到开始分化发展，借用级差地租的城市剖面曲线示意图（图3）来观察这个现象：左图是以前的城市发展方式，中心区地价高，郊区地价低，然后伴随着中心区和郊区地价的提高，城市边界同时在往郊区蔓延、扩大；右图表现的是在现在的市场环境下，曲线会分化为三种，即存量提质的红色曲线、增存并举的橙色曲线以及收缩城市的黄色曲线。三种曲线对应三种城市接下来的地价变化剖面。红色曲线式的城市较少，这类城市还有一些城市中心区密度、效益提升的机会，高端的产业仍然有进一步集聚升级的空间，但是地价只有中心区会有明显提升，郊区不再有明显溢价的动力。增存并举的城市也就是橙色曲线所示的是眼下大多数城市遇到的状况，在做增量的同时也有一些存量的改造，但是中心区的地价没有明显提升，也就是说城市的地价"天花板"已经锁定了，地价和房价没有继续快速增长的预期，同时还要防止衰退成收缩城市。这就是为什么很多城市不愿意看到中心区房价、地价降低，期望通过更新保持中心区的吸引力和活力，维持地租的水平不下降。黄色曲线是近年来学界开始讨论的收缩城市，比如鹤岗已经成为收缩城市的一个代表性符号。所以城市发展预期从原来单一追求不同速度的增长，到出现价值曲线的分化，原来所有基于单一增长的数学模型不能延续使用，需要建立新的城市发展战略共识，才能在地产循环之外，建立新的城市发展循环。

这个战略共识是从经济持续性、生态持续性、社会持续性的角度出发，从评判工程效果向城市能力建设升级。以前项目评判的是效果，比如空间环境是否改善，生活方式是否改善；将来要关注城市治理模式是不是有优化提升，是不是能够有更新对应的机制和社区基层治理体系；同时还要关注城市发展方式有没有转变，城市转型升级和竞争力的提升有没有建立新的路径。传统城市层面的规划设计蓝图，还需要升级创新，以便为城市治理和发展的能力建设服务。

其次，我们需要重新识别资源流动的去向和空间需求热点，建立新的空间特征和价值链接。互联网的普及和城镇化曲线的变化，打破了固有的经典空间价值链条和时间价值链条，需要重新从城市运营模式、场景空间范式、时空行为方式、要素更新形式四个方面来细化跟踪研究。比如，近几年传统城市商贸中心持续衰退或转型，从行业数据上分析：国家统计局发布的电商行业从业人数已经接近7000万人，同期建筑业有4000多万人，教师有1700多万人……电商行业的从业人数已经远远超过了作为国民经济多年支柱的建筑行业，同时还在以明显高于GDP增速的速度在增长（图4）。但是这个庞大的就业人群并没有跟以前的城镇化过程一样，吸引农村剩余劳动力向城市集中，而是在移动互联网的支撑下，部分向成本更低的郊区、村镇集聚。

近几年，不少以实物交易为主的城市传

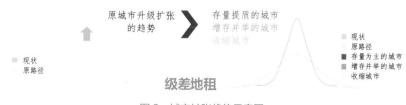

图3　城市扩张趋势示意图

图4 我国 GDP 增长率和网上零售额增长率图①

统零售商圈没有以前的人气了，纷纷开启"儿童+""文化+""餐饮+""社区+"等线下强体验模式，其他受移动互联网冲击的行业也都在应对市场需求的结构化变化，进行升级、迭代甚至革命性的创新：物流园区、数据中心、长租公寓和专业产业园区等都在变化。这些都是未来城市发展动力的来源，需要我们去跟踪和研究城市新的产业聚集点和人口聚集的热点，从发展的内在逻辑去挖掘城市更新的价值。

最后，是需要建立一个利益相关方充分参与的区域平衡的更新模式。我们把利益相关方组织起来参与更新，实际上是追求社会、经济、生态等多维度的平衡和可持续，而不是单一的增长和利润最大化。这时更新政策要引导成本和收益间的平衡，让所有的参与方去认同平衡。在这个过程中，规划、设计专业还需要充分与前端和后端进行合作，比如与公共财政、社会工作、法务等领域合作，一起去建构本区域的更新模式。

参考文献

[1] 盛况，高祥.从治病到治理——城市更新工作效果分析及展望 [J]. 城乡建设，2021（10）：32-37.

[2] 高祥，朱冀宇，盛况.从理论到实践：城市更新的政策工具解析 [J]. 城乡建设，2021（14）：46-51.

[3] 胡亮，何文欣，杨旭东.场景遍历与模拟：街道绿视率的测度方法研究——以首都功能核心区为例 [J]. 城市环境设计，2023（4）：290-295.

[4] 高学成，盛况，高祥，等.从市场主导走向多方合作：城市更新中多元主体参与模式分析 [J]. 未来城市设计与运营，2022（6）：7-12.

[5] 盛况、胡亮、高祥.城市更新试点全过程跟踪指导 [R]. 住房和城乡建设部，2022.

作者简介：

盛况，清华同衡规划设计研究院城市更新与治理分院总规划师。长期从事城市、片区（街区）、项目多层次城市更新工作，主持和承担部委、省市专业部门等各层级更新政策研究。

高祥，清华同衡规划设计研究院城市更新与治理分院规划设计师。

胡亮，清华同衡规划设计研究院城市更新与治理分院主任工程师。

① 数据来源：国家统计局，《中国电子商务报告（2021）》

以城市更新为抓手落实城市发展战略
—— 郑州市城市更新实践与思考

/ 许忠秋　欧阳鹏

关键词： 城市更新；城市发展战略

一、城市更新的背景与要求

2022 年年末我国常住人口城镇化率为 65.22%，已步入城镇化中后期。我国城市整体已从粗放式扩张的"增量拓展"主导时代，进入功能完善、结构优化、品质提升的"存量提质"时代，面向存量空间的更新提质已成为城市转型发展大势所趋。

郑州作为国家中心城市、郑州都市圈核心城市，在全国和区域发展中具有举足轻重的战略地位。自改革开放以来，经济社会发展取得了历史性成就，城市开发建设快速推进，城市人居环境质量显著提升。同时，郑州已进入"增存并重"的发展阶段，也面临老城经济脱实向虚、空间品质不高、民生短板和安全韧性问题突出，新区土地开发利用粗放、产城关系失调等现实问题。自 20 世纪 80 年代以来，郑州陆续推进更新工作，从前期的退二进三、城中村改造，到近期的老旧小区改造、文化遗产保护，总体来看，更新工作仍以项目式推进为主。面对新时期国家、省、市关于城市高质量发展的战略要求，郑州城市更新亟待从项目驱动 1.0 版，向战略牵引 2.0 版升级。

二、郑州城市更新的问题与策略

1. 面临问题

郑州近年来快速推进城市更新工作，已取得显著成效，但仍面临四大核心问题。一是城市体检成果转化不足，缺乏对空间病灶和痛点问题的统筹回应；二是更新工作战略导向不足，缺乏对强化战略功能，提升活力、竞争力和魅力等重大问题的精准回应；三是更新实施体系不完善，规划分级传导、条块统筹和配套政策机制不健全；四是社会主体参与度不高，更多依靠自上而下的政府主导模式。

2. 规划策略

为解决上述四大问题，以"体检先行、战略引领、实施导向、协调治理"为重点，系统谋划郑州市城市更新工作。

（1）注重体检先行，打通"体检发现问题、更新解决问题"的工作闭环

针对体检成果转化不足的问题，规划坚持"无体检不更新"，以城市 95 项体检指标为基础，结合郑州发展特点，研究识别郑州现阶段亟待解决的主要矛盾和问题，主要包括两个维度、六个方面、17 项关键问题。一方面，主城区脱实向虚、国家中心城市功能

不完善、国家和区域职能不足等问题较为突出，城市竞争力、活力和魅力有待提升，主要体现在产业活力不足、中心能级不强、文化特色不彰。另一方面，主城区民生短板、韧性风险等问题仍然存在，主要体现在空间品质不优、安全韧性不足、民生服务不均。

在此基础上，制定针对性的更新策略。围绕"抓亮点，强动力"，提出产业提质、消费升级、文化彰显三大动力策略，实现城市空间价值重构，提升城市发展的持久性，走出一条高质量的城市更新之路，提升城市竞争力、活力和魅力；围绕"抓痛点，惠民生"，提出韧性提升、人居改善、环境优化三大民生策略，践行人民城市理念，以城市更新推动城市更宜居、更韧性、更智慧，成为人民群众高品质生活的空间，提升人民群众获得感、幸福感和安全感（图1）。

一是盘活低效产业用地，推动产业转型升级。对标国家创新高地、国家制造业高地和中部地区现代服务中心目标，盘活城区低效工业、空置楼宇、老旧厂房和仓库、低端市场等存量资源，重点保障战略性、支撑性

的实体产业和新产业、新业态的空间需求。

二是重塑中原商都魅力，打造国际消费城市。立足国际消费中心城市建设目标，推动传统商圈升级改造，发展新业态、新经济、新场景，着力打造国际消费地标。

三是再展千年商城风采，文化引领传承创新。聚焦华夏历史文明传承创新全国重地建设目标，通过推进商城遗址整体活化，加强历史文化街区和风貌区有机更新，促进文物保护单位和历史建筑活化利用，遴选并建设一批体现郑州特色的市井生活风情区，激发老城文化复兴新活力。

四是加强安全风险防范，建设韧性智慧城市。持续提升城市综合防灾减灾能力，加强城区防洪、排涝、抗震、消防、人防等综合防灾体系建设，加强应急避难场所空间保障，推进新型基础设施建设，增强城市应对自然灾害的韧性。

五是加强人居环境建设，打造美好宜居家园。通过稳步推动老旧小区和城中村改造，完善政策性住房、公共服务设施、市政基础设施、综合交通设施，推动轨道交通周边土

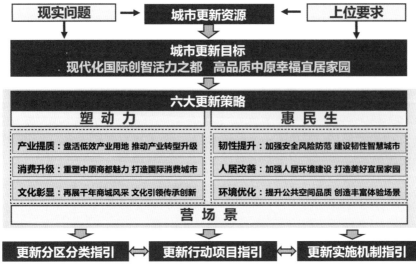

图1　郑州城市更新策略示意图

地综合开发等措施，全面提升公共服务能力和人居环境品质。

六是提升公共空间品质，创造丰富体验场景。重塑郑州绿城形象，以城市轴线、滨水廊道、城市绿道、铁路绿带为抓手，优化城市绿地骨架，串联美好生活新场景。完善城市绿地体系，见缝插针提升小微空间品质，为市民提供家门口的休闲绿地。

（2）注重战略引领，强化"战略目标—战略功能—战略空间"逐层落实

国土空间资源紧约束强管控条件下，推进主城区城市更新是提升城市功能能级、拓展发展空间、提升人居环境品质的重大战略举措。根据国土空间总体规划，未来郑州中心城区增量规模主要投放于外围新区，七城区未来应以优化空间结构、盘活存量空间、提升发展品质为主。新阶段城市更新应充分服务城市发展战略意图，注重战略牵引、系统推动，注重强动力、提品质、塑特色，需紧抓老城区特色优势，利用存量资源培育城市发展的新动力源，重构主城区的空间格局，系统推进更新高质量发展。

一方面，落实省、市关于郑州城市发展的战略要求，以城市更新为战略抓手，提振创新、消费、产业、开放、文化等战略功能。

另一方面，开展更新资源潜力评估，加强空间挖潜和价值挖掘，为长远发展预留下足够的储备空间。规划对象选择既注重存量老旧空间，也关注新区低效空间。构建"更新紧迫度＋更新动力性"的城市更新潜力评估模型。更新紧迫度关注经济振兴、功能提升、环境改善和隐患消除；更新动力性关注功能发育度、设施完善度、交通便捷度、环境舒适度、政策支持度和外部负效应。经耦合分析，综合识别更新潜力重点区域，作为识别城市更新战略地区的参考依据。

在上述分析的基础上，划定"三区十片、两轴多带"的更新战略空间："三区十片"打造承载核心职能，推动郑州经济转型、产业升级、形象提升、结构优化的核心区域和动能引擎；引导高端要素向东西金轴、南北银轴集聚，优化城市空间秩序；以蓝绿骨架优化城市形态，打造城市公共客厅和魅力空间。

（3）注重实施导向，强化空间传导、行动路径和实施机制指引

伴随着郑州近四十年的城市快速扩张，城市更新始终伴随着城市发展的全过程，但仍存在规划实施分级传导、"条块统筹"和政策保障机制不健全的问题。规划对空间传导、行动部署、政策机制保障"三位一体"的实施工作体系提出了具体指引。

一是更新空间指引。考虑郑州作为超大城市规模体量，规划建立"更新重点区域－更新单元－更新项目"的空间体系（图2）：立足战略聚焦，规划对"三区十片"更新重点区域提出了更新目标、更新模式、主导功能、重点项目、政策创新、统筹主体等方面的要求；立足单元统筹，规划明确了单元划定原则和管理要求，更新单元是更新实施统筹单元；立足分类实策，规划针对不同更新对象提出分类指引要求。

二是更新行动指引。结合规划制定的策略任务，对接各区谋划项目，本着有利于提升国家中心城市的核心功能，有利于回应市民急难愁盼核心诉求，有利于分类探索并快速形成示范效应，有利于推动集成更新、形成亮点片区等原则，以及"六项负面清单"的要求，制定"十四五"期间六大重点行动、24项重点工程。强化分期部署，形成动态管理的更新项目库，压实更新任务（图3）。

三是政策机制指引。针对郑州城市更新工作短板，规划强化顶层设计，探索解决城

市更新政策机制和实施保障的重点问题。一是完善"1+2+N"的城市更新政策体系，提出郑州近期需重点增补"四旧一村"更新改造管理专项规定，以及土地、项目管理等规范指引；二是优化工作组织体系，构建"以城市体检为基础、以专项规划为引领、以更新计划为统筹、以实施方案为核心"的更新工作模式，形成"上下联动、部门协同"的工作格局；三是探索自上而下、自下而上、上下结合和基层自发等多元化可持续实施模式；四是依托政府投资，探索多元资金筹措渠道，撬动市场化融资，创新多元化资金保障机制。

（4）注重协调治理，搭建动态开放、协商、合作的协同平台

目前，郑州城市更新主要还是依靠自上而下的政府主导模式，自下而上的社会主体参与不足，可持续城市更新实施路径探索不足。城市更新作为面向空间治理的重要公共政策，应注重建立健全政府引领、多元主体参与、协同治理的体制机制。

一方面，坚持"开门编规划"，在编制前期积极开展公众参与，通过"市民议事堂""线下路演"，共发放问卷20000多份；对接29个市局委专班、8个区政府专班。中后期广泛听取各级政府、专家学者、社会公

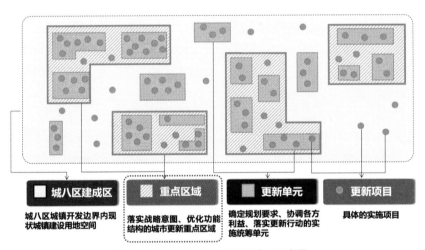

图2　郑州城市更新三级空间体系示意图

图3　郑州城市更新行动指引（项目组自绘）

众的意见建议。全过程发挥规划在社会治理中的协调作用。

另一方面，规划提出建立跨部门常态化协调平台与多元主体协商共治平台（图4）。搭建郑州城市更新联盟，推动更新设计竞赛和更新试点示范工作，探索责任规划师制度，健全规划编制、审批、实施管理和监督反馈机制，形成工作合力。

三、小结

我国城镇化正在由速度型向质量型转变，城市更新作为存量时期主要的城市发展方式，应聚焦城市发展战略问题，挖掘存量价值空间，为城市长远的发展做好战略储备。

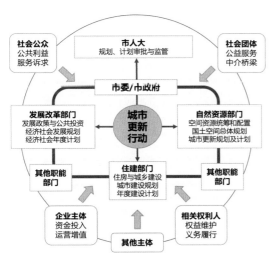

图4　郑州城市更新跨部门跨主体协同平台示意图

本文聚焦在郑州市城市更新的工作实践，立足郑州城市发展阶段、资源禀赋特征和发展条件，探索适合"新一线"超大特大城市、中部地区省会城市和中原地区历史文化名城特点的城市更新方式，为同类超大特大城市提供借鉴。

专家点评

张菁

中国城市规划设计研究院总规划师，教授级高级城市规划师，中国城市规划协会女规划师委员会主任委员，中国城市规划学会城市总体规划专业委员会主任委员，中国城市规划学会学术工作委员会委员

报告关注"存量"的时代特征，对存量资源的系统梳理和高效利用进行了研究；同时也关注高质量发展，突出对存量资源的价值识别与价值转化。

田莉

清华大学建筑学院城市规划系教授、博士生导师、土地利用与住房政策研究中心主任，自然资源部智慧人居环境与空间规划治理技术创新中心主任

本轮国土空间规划发生了从增量到存量，从扩张到收缩，从蓝图到治理等重要转向；空间规划正从蓝图式编制逐步向实施治理规划，这是国家建立现代化空间治理体系的一个重要组成部分，要强化以人为本的国土空间规划编制和治理体系的转型。

作者简介：

许忠秋，清华同衡规划设计研究院河南分院原副总规划师，高级工程师，注册城乡规划师。主要从事城市战略规划、城乡总体规划、城市更新规划等相关项目及研究。

欧阳鹏，清华同衡规划设计研究院总体发展研究和规划分院总工程师，清华大学中国新型城镇化研究院特聘研究员，正高级工程师。主要从事城镇化和城市发展战略、国土空间规划和城市更新规划研究工作。入选自然资源部高层次科技创新人才工程（国土空间规划行业）青年科技人才。

精细配置、活力提升
—— 存量思维下的国土空间规划技术和治理要点探索

/ 陈珊珊

关键词： 存量思维；空间资源配置；国土空间规划技术；国土空间治理

一、"存量"相关的政策背景与新要求

1. "存量"的相关定义和类型

"存量"这个概念，最早是在 20 世纪 90 年代初被引入土地管理领域，从土地的类型来说，主要指闲置、空闲的、低效的用地，也有学者把这个概念扩展到整个建成区。从规划的类型来说，包括我们很熟悉的城市更新规划，以及土地整治中的土地整理规划等。

从土地提质增效的角度看，过去对于存量规划和治理主要关注的是已建区内的土地使用，重点是低效用地和闲置用地，通过各种方式促进土地使用效率和效益的"双效"提升。从城市空间形态和功能提升的角度看，过去存量规划和治理经历了从改善基本生活环境到提升城市整体品质，从大规模拆除改造向渐进式更新，从注重城市物质环境的改造向关注城市经济、文化、社会效益的综合提升转变，越来越强调以"人"的需求为核心。

2. 新时期存量相关的政策背景和新内涵

随着我国城镇化进入后半程，城市发展由大规模增量建设转为存量提质改造和增量结构调整并重。党的二十大报告和最新的国家政策指出，应转变国土空间规划开发保护方式，有效推动存量资源资产的盘活利用，提升资源利用效率，构建高质量发展的国土空间开发保护新格局。

在高质量发展背景下，在当前耕地严格保护和资源紧约束条件下，"存量"不仅意味着存量空间的改造工作，更代表着城乡发展模式和土地利用方式的转变，带动规划思维和治理模式的整体变革，应注重"面向人的真实需求"，实现现状建成区的综合活力提升。

二、存量思维导向下的国土空间规划体系

从"增量"思维到"存量"导向，国土空间规划体系也会发生重大变革。一是在新的发展背景下，应在国土空间规划和治理体系全面嵌入存量思维，以节约集约、高质发展为基本原则，在"五级三类四体系"中加强存量空间相关基本法规条例、标准规范、管理和实施监督体系建设等顶层设计（图 1）。

二是在规划编制这个环节，存量专项规划的研究非常重要，城市更新、土地综合整治等专项规划将成为法定规划的重要支撑。但我们更要重视的是"存量 +"的思维，即在国土空间总体规划和详细规划的各项内容中，如何以存量的视角切入进行规划，如存量空间资源的评估与优化利用、存量导向下的空间管制和空间资源配置方法、存量导向

下的城乡功能和空间格局优化、土地资源节约集约利用策略等。

三是做好存量专项规划与国土空间法定规划的衔接，为适应新时期存量规划在经济平衡、落地实施等方面的要求，多地已形成以片区（单元）统筹为核心的城市更新规划体系。为更好地与法定规划相衔接，可重点基于专项规划精度从存量资源的分布、土地功能和容量变更引导、更新单元划定等方面对法定规划进行反馈和细化修正（图2）。

三、存量思维下的国土空间规划技术探索

存量思维下的空间规划是一种逆思维，在框定总量确定空间底盘的基础上，考虑有限的空间资源如何精准配置、用途管制、优化利用和质量提升，做好总量精细化盘点、增量精准化投放、存量差异化利用、流量有效化激活、质量精致化提升，研究这些手段如何与人们的需求相耦合、相匹配，来促进城乡综合活力的提升。

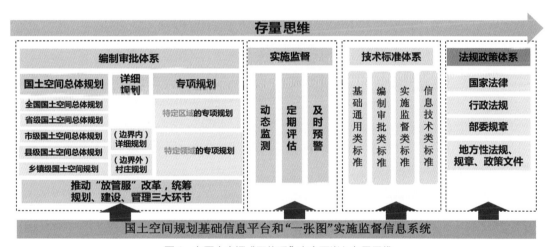

图1　在国土空间"四体系"中全面嵌入存量思维

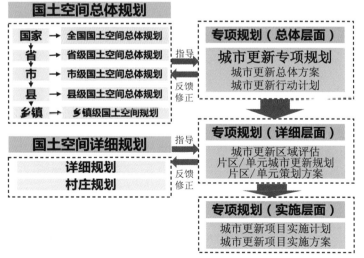

图2　城市更新规划体系与国土空间规划体系的关系

1. 存量思维下的市级国土空间总体规划关注重点

一是精细盘点和评估空间底盘。从底线思维出发，精细化盘点空间资源总量，摸清上限、分类、分布、潜力等，做好匹配性评估，为科学配置国土空间资源、实现增量的精准投放和空间布局优化提供有力支撑。如在浅丘地区的双评价中，建构限制–动力因素模型，对城农双宜区进行再判定，细分为限制发展区、弹性区域、城镇农业协调区、城镇发展潜力区等，为后续国土空间规划方案奠定坚实基础（图3）。

二是做好有限总量下的资源分配。遵循"供需协调、优用优先"的原则，统筹全域增量、流量、存量空间资源的精准化配置，做好减增引导、供应方向引导、分区引导。比如产业用地配置就是在科学测算产业用地需求的基础上，判定有限增量空间的重点保障方向；在区、县资源配置上，强调优用优先，综合考虑历史土地使用情况、重大战略、存量和流量资源情况，确定空间资源在各个区、县的分配。

三是探索存量思维下的空间管制方法。应注重底线约束与引导激励相结合，在全域分区分类管控中，要关注减量和增量区域之间的利益平衡，以及土地变更规则的设定。另外就是做好区域协同管控，实现更有效的资源整合。比如四川就做了一个探索，打破行政区划界线，以几个建制镇划定一个乡镇片区，以片区为单元范围编制乡镇片区国土空间规划，协同进行"三线"、流域、功能分区管控。开发边界外管控要注重土地整治重点区域的空间识别和划示；开发边界内管控要注重强化对增量、存量、流量空间资源布局的控制和引导，如流量引导主要用于居住和商业项目；同时应强化对土地用途变更的引导，如工业用地用途的变更要结合工业企业生命周期规律来考虑。

四是聚焦激活土地和空间潜力的质量提升。应契合土地资源承载力和环境容量，通过优化土地利用方式（功能混合和地上地下复合利用、增容、"一地一策"等）、细化设施布局和空间设计等多种方式，实现城市整体活力提升（图4）。如在内江市国土空间规划中，就聚焦土地利用"批征供用改"全环节，对存量用地设定"一地一策"分类处置策略。

2. 存量思维下的乡镇级国土空间总体规划关注重点

一是要充分关注人的需求。如在内江市资中县城片区国土空间规划中，采用下沉式工作法，真正做到住下来、融进去，跟村组多次讨论确定居民点减量整合迁地选址的方案。

二是打破行政区划，通过农用地"三改三增"建设用地"五减三优"，盘活片区土地资源。在内江市资中县城片区国土空间规划中，精细盘点了四类闲置用地，并通过三类

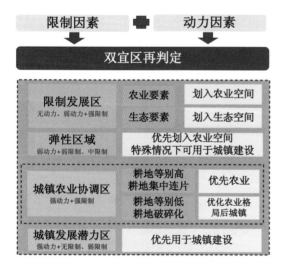

图3 内江市国土空间总体规划：
对城农双宜区的细化判定

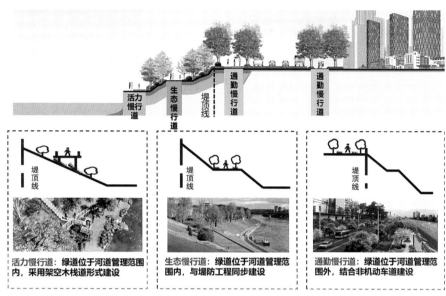

图 4 内江市国土空间规划：岸线品质提升

图斑对比和调研，识别出村－田边界、村内公共空间和屋间三类低效宅间空间。综合这些低效闲置空间及村庄条件、农民意愿等，分析土地整治潜力，划定 11 个土地整治单元，指导后续建设用地整治工作的开展。

三是以"地随人走，三量调控"作为总原则，统筹布局人地关系匹配的分配思路。新增建设用地指标保障中心城区、镇区重大项目，流量指标重点保障村庄建设及乡村振兴项目。

四是基于地方自然地理条件、现状农业特色和村庄特点，因地制宜进行乡土特色场景营造和风貌提升。如在资中明欣园都市农庄集中范围内，规划形成特色浅丘冲田场景。依托冲田系统建立兼顾生产与景观的丘区湿地体系，建立宅前湿地—梯级水塘—调蓄湿地三级湿地体系。

3. 新语境下存量专项规划的关注重点

一是应该从更细的颗粒度了解居民真实诉求。如在铁岭城市更新专项规划中，通过问卷调查、现场调研、征询会、公众互动地图、电视台等多种方式充分了解各方面对于现状需要重点进行更新的位置、内容的意见，打通共建、共享、共治、共赢的公众参与路径。采用云端互动式公众参与形式，居民可以实时上传对某个空间点的意见和点位，形成一张需求空间图谱。

二是做好与国土空间总体规划的有效衔接。包括精准识别点未来可利用的存量资源，至少应包括闲置、低效、老旧这三类城市建筑和环境品质亟待提升的各类型地区，形成存量空间"一张图"；细化再利用功能、措施和政策的研究，划定重点更新单元，在国土空间总体规划中落实相关内容，并指导国土空间规划中的单元划定与向下传导；对片区存量空间资源再利用进行深化研究，指导国土空间规划中的土地变更用途管制、存量设施改造的相关内容。

三是做好与国土空间详细规划的有效衔接。对于城市更新重点地段，在专项研究中应重点深化保护要素与形态管控、一定要保障的公共利益、土地变更的用途和增值管控，如容积率的调整与转移，土地兼容性设定、城市设计与场景营造等内容。

四、存量思维下的国土空间制度建设

应将存量思维嵌入国土空间治理全流程，重点加强调查监测、确权登记、空间规划、开发利用、生态修复、监督检查六大环节与存量空间相关的政策和制度设计。

一是应将"三闲四低"区域存量建设用地现状和规划情况纳入国土空间规划基础信息平台和"一张图"实施监督信息系统中，以城市更新等专项规划为核心，建立申报—编制—审批—实施—监督全流程。

二是应在国土空间规划技术标准体系框架中，完善存量空间资源相关编制审批、实施监督和信息技术标准。如存量空间资源分类标准、评估技术规程、监测评估预警技术标准，土地整治规划编制规范，存量空间规划数据库标准和大数据应用指南等。

三是应加强从中央到地方政府的相关考核、激励机制和政策设计。如在总体层面设定增量、存量、流量"三量"指标联动考核和激励机制；在满足地方规划导向、基础功能和各项保护要求的前提下，在详细规划层面出台用地用途兼容转换、土地续期与弹性年期、区域平衡和容积率奖励等灵活多样的政策。

四是应针对存量空间权属和利益复杂的特点，注重完善存量空间相关的土地确权、利益协调和公众参与机制等，建立清晰的土地确权办法，协调好政府、实施方、相关权益人等各方利益，实现共同开发、利益共享。

专家点评

张菁

中国城市规划设计研究院总规划师，教授级高级城市规划师，中国城市规划协会女规划师委员会主任委员，中国城市规划学会城市总体规划专业委员会主任委员，中国城市规划学会学术工作委员会委员

要注重这一轮发展的时代特征——关注存量，注重对人的研究。规划虽然是研究空间，但对其背后使用空间的人的研究更加重要。这是对规划需求方的研究，强化了规划对空间需求与供给关系的研究，这也是非常有益的探索。

田莉

清华大学建筑学院城市规划系教授、博士生导师、土地利用与住房政策研究中心主任，自然资源部智慧人居环境与空间规划治理技术创新中心主任

本轮国土空间规划发生了三个重要的转向——从增量到存量，从扩张到收缩，从蓝图到治理。空间规划正从蓝图式编制逐步向实施治理规划转变，这是国家建立现代化空间治理体系的一个重要组成部分。我们的知识结构和视野需要进一步拓展，强化以人为本的国土空间规划编制和治理体系的转型。

作者简介：

陈珊珊，清华同衡规划设计研究院总体发展研究和规划分院总体二所副所长。京津冀城市更新智库专家，四川省自然资源专家库专家，中国知网评审专家库专家。长期从事城市更新和存量规划、国土空间规划项目。

信息化支撑国土空间规划实施监测方法探索

关键词： 信息化；国土空间规划；实施监测

一、国土空间规划实施监测工作背景和需求

1. 国土空间规划实施监测政策背景

自然资源部发文要求国土空间规划"一张图"实施监督信息系统和国土空间总体规划一起批复、一起实施。国家"十四五"规划要求自然资源管理要推动技术融合、业务融合、数据融合。2023 年全国自然资源工作会议提出要加快构建基于国土空间规划"一张图"的数字化空间治理体系，未来五年推动全国国土空间规划实施监测网络（CSPON）建设，这个工作正在进行研究；到 2035 年全面提升国土空间治理体系和治理能力现代化水平。

2. 国土空间规划实施监测技术发展情况

现在人工智能技术发展越来越快，我们正在走向人机共生的新时代，在空间内如数据感知、存储管理、挖掘分析、可视化的表达能力得以大幅提升，为我们开展国土空间规划实施监测创建了条件，现在提的比较多的 ChatGPT 被很多人用来探索在国土空间规划方面的一些应用。

3. 国土空间治理面临的新要求

面向国土空间治理的新要求，利用数字、创新、网络、质量、流量和用户驱动方式，开展空间治理。依据自然资源部庄少勤副部长提出的关于新时代的规划逻辑，我理解我们的重点包括：在数字驱动方面，即发展要素从自然资源、社会资本等扩展至数字生态；在创新驱动方面，即城市更新、社区营造、历史传承、场景再生、空间运营等让空间伴随时间流动并升值；同时关注质量驱动、网络驱动、流量驱动和用户驱动几个方面。

4. 国土空间总体规划面临的现实问题

区别于以往规划，本轮国土空间总体规划编制要求在数字化技术支撑下，编制规划和实施规划同步完成。现在总体规划已经接近尾声，进入实施监测阶段，正在加快国土空间详细规划的编制和审批。自然资源部正在推进研究国土空间规划实施监测网络建设，支撑可感知、能学习、善治理的智慧规划。

综上所述，在政策和技术发展背景下，我们面临国土空间治理要求和国土空间规划现实特征问题，需要构建国土空间规划实施监测体系，实现对总体规划实施状况的实时

监测、动态预警、定期评估和综合研判，为国土空间规划实施落地和优化调整提供支撑。

二、国土空间规划实施监测设计思路和平台建设

1. 实施监测设计思路

在设计思路上，从总体上来说是监测什么？怎么监测？怎么应用？通过业务需求的梳理、数据资产的盘点、指标体系的梳理、算法模型的构建，挖掘分析出最终结果，然后我们怎么应用（图1）？

在设计方法上，国土空间规划实施监测主要针对规划全周期提供技术支持，建立评估内容，主要是从问题和底线、治理和系统及目标和管控导向，结合实际业务需求，构建业务指标体系，对约束性指标、空间要素、城市体检等提供监测评估、动态优化、模拟推演等能力（图2）。

2. 实施监测技术路线

第一是监测准备是业务和数据现状的梳理。以问题为导向，盘点自然资源和规划领域数据资产。

第二是指标体系构建，实施监测要让计算机能够识别、自动计算，需要以业务逻辑为牵引，构建分类分级的监测评价指标体系，

以智能模型为驱动，动态构建模型，注入智慧知识。

第三是应用搭建，有了计算出来的指标，以监测分析场景为载体，搭建应用服务，深化智慧应用。

第四是结果呈现，以多元服务产品报告为成果，提供给用户进行使用。整体是围绕规划编制、审查、实施、监测、管理工作进行的协同联动设计。

应用升级主要是以国土空间规划实施体系的重塑、国土空间规划全程智治技术来升级国土空间规划应用，满足空间管控要求、动态反馈支撑和规划优化调整，实现国土空间规划的可传导、可分工、可监管、可反馈，从而构建一套网络联通和系统整合的国土空间智治解决方案（图3）。

3. 应用支撑能力升级

第一，开展数据治理及底座升级。在真实业务场景驱动下，开展自然资源和规划数据治理及扩展应用建设工作，升级国土空间信息平台，扩展和深化国土空间规划"一张图"实施监督信息系统指标、模型、规则管理及国土空间治理工具构建能力。强化数据管理，关联数据流和业务流，从而实现自然资源和规划数据资产价值最大化。

第二，建立标准体系及标准库。通过业

图1 国土空间规划实施监测总体思路

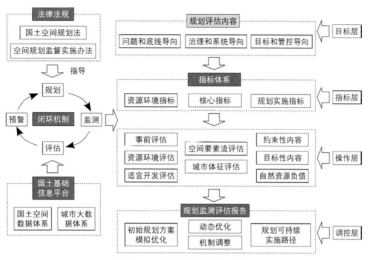

图2 国土空间实施监测方法

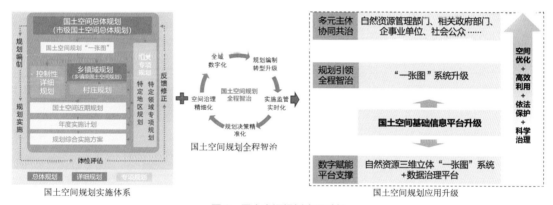

图3 国土空间规划应用升级

务梳理，结合自然资源和规划领域标准，建立标准库，同步构建管理的体系化框架，通过管理制度、管理流程、管理工具实现数据的高效利用。

第三，指标体系构建。基于"统一管理、分级建设"的总体思路，按照"全覆盖、可落实、可定制"的原则，建立从宏观、中观到微观，从定性到定量，空间、时间和业务维度的指标体系。指标可以动态构建、动态调整以及动态管理和更新（图4）。

第四，建立规则库。针对空间规划上下位关系及业务管控的要求构建规则库，将规则进行数字化转译，使其变成计算机能读懂的表达，然后再进行量化计算。

第五，扩展模型体系。围绕规划编制实施监督优化反馈业务，提供全流程业务分析计算单元及扩展能力，提供业务模型的构建、接入和服务的能力，形成规划全周期的模型资产库。

4. 应用场景设计开发

在应用场景上，可以构建"三区三线"的监测体系，研究提取出指标体系，制定监测规则，明确数据清单，提供动态监测服务

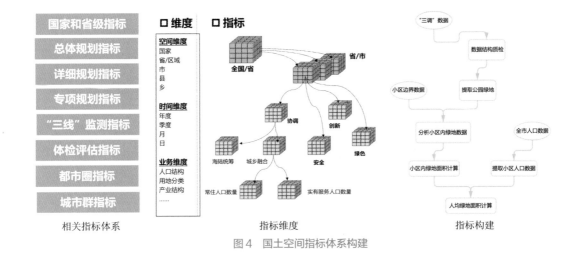

图4　国土空间指标体系构建

和成果的应用。

规划实施管理场景。国土空间总体规划之后，各地正在编制详细规划和专项规划，研究实现规划要素、名录、指标等的传导及反馈机制和规则，保证宏观规划目标的可落实与微观层面规划的可操作。

在规划实施阶段，跟踪建设项目全周期。即通过信息化手段跟踪项目在策划生成、立项批复、工程建设、工程竣工等阶段的实施效果，从而评估规划实施成效，辅助规划动态更新决策。

三、国土空间规划实施监测工作总结与展望

清华同衡作为国内顶级规划咨询设计单位之一，在最近几年，根据院技术创新中心大数据和新技术研究积累，结合地方一线规划咨询和信息化一体化落地项目的实践工作，积累了丰富的经验，下面进行总结和展望。

1. 自然资源和规划顶层设计

自然资源和规划相关部门和团队需要利

用整体思维开展顶层设计，将自然资源和规划系统进行整合贯通，开展应用升级和智能化服务的建设。

2. 开展自然资源和规划数据治理工作

围绕规划全周期或土地全周期等真实业务应用场景，开展数据治理工作，构建业务场景驱动的数字底座，为自然资源和规划业务的开展提供基础性数据支撑，为空间规划实施监测、决策辅助提供专业数据服务和专业数据分析服务。

3. 开展数字化应用场景建设工作

根据数字化场景分析方法，围绕国土空间安全底线管控、空间格局优化、绿色低碳发展、重大战略保障等国土空间治理需求，结合实际，继续深入分析研究国土空间规划实施监测内容，包括监测什么、怎么监测以及监测成果的应用。

4. 构建国土空间规划大模型

深入研究模型算法、人工智能技术的有效应用，构建国土空间规划时空知识图谱，

为模型训练提供充足素材。探索建设国土空间规划专业模型体系，建设一套"能学习、善治理"的规划智能化模型知识库，辅助提升国土空间治理能力。

5. 推进技术创新和制度创新

利用大数据、物联网、人工智能技术，以生成式人工智能等先进技术在国土空间规划领域的应用研发为突破口，推进相关算法重构、模型重构、标准重构和感知系统重构，着力提升国土空间规划实施监测网络"智慧"能力，系统推进理论创新、技术创新和制度创新，以制度创新破解管理难题、提升创新能力。

专家点评

田莉

清华大学建筑学院城市规划系教授、博士生导师、土地利用与住房政策研究中心主任，自然资源部智慧人居环境与空间规划治理技术创新中心主任

这是一个完整的信息化支撑国土空间规划实施监测技术方案展示报告。城市作为一个复杂系统，在全程智治过程中，发挥大数据和技术优势，明确了哪些可以通过技术手段辅助决策，如数据收集，数据挖掘分析，特定场景模拟。创新中心可以继续在这方面进行探索和实践，建立一个智治的体系，从而在国土空间规划中发挥很好的作用。

作者简介：

杨梅，清华同衡规划设计研究院技术创新中心副总工程师。主要从事规划信息化、智慧住建、智慧城市相关信息平台产品研发，负责智慧城市时空信息云平台、全域空间数字化平台、城市体检评估信息平台产品、智慧用地管理平台研发等工作。

品质 生活

同 衡 学 术 2023 视 界

纵向传导
—— 国土空间总体规划与详细规划的传导内容和机制

/ 黄嫦玲

关键词：规划传导；传导内容与机制

一、规划传导的研究背景

1. 国土空间规划体系下规划传导所面临的新挑战

建立国土空间规划体系并监督实施是党中央、国务院作出的重大决策部署。为落实总体规划层面提出的各项底线管控内容，加强对下位规划和专项规划的指引，尤其是强化总体规划向详细规划的传导（简称总详传导）已经成为保障国土空间总体规划有效实施的重要环节。《中共中央 国务院关于建立国土空间规划体系并监督实施的若干意见》中明确指出，详细规划是对具体地块用途和开发建设强度等作出的实施性安排，是开展国土空间开发保护活动、实施国土空间用途管制、核发城乡建设项目规划许可、进行各项建设等的法定依据。因此，详细规划对国土空间总体规划的充分落实，具有承上启下的重要意义。

在这样的背景下，规划传导将面临两个新的挑战。一个是传导内容的覆盖面从局部要素管控向全域全要素转变。新时代背景下，应更综合、更全面地将过去各类规划的传导内容及其传导方式延续下去。规划能否落实总体规划管控要素，实现传导无遗漏，是未来需应对的挑战。另外，规划不再是短期行为，而是从规划到实施管理的完整闭环过程，把规划制定与规划实施管理有机结合，使得传导内容从静态蓝图向全周期、全流程动态管理转变，详细规划能否实现"一张蓝图干到底"，保障规划传导准确落实，是另一个亟须应对的新挑战。

2. 核心议题

在国土空间规划体系变革的背景下，落实国土空间总体规划的底线管控要求、细化分解核心指标与传导内容、实现总体规划向详细规划的有效传导进而推动规划落地实施，已成为一项重要而紧迫的任务。本文结合各地城市探索和创新的实践经验，重点研究如何发挥详细规划在五级三类国土空间规划体系中承上启下的关键作用，将总体规划确定的各项目标、指标和要求向下传导落实到详细规划。

二、规划传导现状痛点问题

就目前的编制实践来看，由于实施的不确定性、现实的复杂性等多种原因，规划在传导过程中往往出现一系列问题，主要表现在以下三个方面：

传导层级"硬着陆"。由于总体规划是

站在全市角度谋划，详细规划是服务地块发展，二者的工作层面、工作深度差异较大，导致二者垂直传导形成"落差"。过去，总体规划编制完成后，详细规划一次性、全覆盖地将地块控制性详细规划编制完成，但这些地块在组织实施时，无法应对各种变化，缺乏灵活性，造成反复进行规划修编，使得规划与实施相互割裂。

传导规则"不完善"。现行总体规划与详细规划之间的传导规则不清晰。一方面，只关注强制性内容的传导，忽视目标管理的内容传导，导致部分传导内容被架空，例如功能定位、规划结构；另一方面，对于指标管理的内容，在量化过程中容易"一刀切"，导致"一收就死，一放就乱"，比如道路密度、人均公服设施标准这类绩效型指标往往与实际脱节。

传导过程"轻监管"。城市本身是一个动态发展的超复杂系统，若详细规划传导过程的监管维护跟不上，便很难应对层出不穷的新需求，例如不同地块之间的统筹联动不足，缺乏全局观；此外大量琐碎的控制性详细规划调整使得量变产生质变，随着时间的拉长，总体层面的战略目标、总体结构等内容发生改变，出现传导不一致的现象。

三、探索实现新时期规划有效传导的策略

近年来，北京、上海立足落实城市总体规划要求，建立了新的国土空间详细规划体系，深圳、广州、南京、武汉、重庆等城市也积极探索详细规划在编制、管理和实施方面的改革创新，取得很多有益的经验，为新时期总体规划与详细规划的有效传导提供了可借鉴的经验。

1. 增加单元规划层级，衔接总详传导

从各地的实践来看，上海、北京、厦门等大规模城市，均在总体规划与详细规划之间增加了单元规划的层级，来统筹落实总体规划的传导。上海在总体规划和详细规划两个层次之外，新增"单元规划"层次；北京将其命名为"街区指引"，实则起到类似单元规划的作用；而厦门则明确提出，在详细规划层次增加"单元详细规划"。

新增一个层级的规划统筹落实总体规划传导，起到了缓冲的作用。以北京的"街区指引"为例，用单元规划全覆盖，替代详细规划全覆盖，空间上保障总体规划的任务无遗漏地传导、分解至单元，并且从较大的空间范畴统筹传导，有利于缓冲并保障刚性内容的落实。此外，规划的传导过程也是事权逐级下放的过程，北京在编制"街区指引"时，强调单元划分与管理事权的对应，压实了"街乡镇"的主体权责，既能调动属地积极性，又便于加强对规划实施的监管。通过增加单元规划层级，还将一次性编制改为分层级、按需求进阶编制，强调规划与实施进程同步，更加适应市场需求。

因此，通过增加单元规划层级，既能全覆盖、刚性地承接总体规划要求（图1），又能压实事权主体权责，还能适应市场需求进阶编制。在空间维度上，通过划分全域覆盖、边界闭合、上下贯穿并衔接事权主体的规划单元，将总体规划的传导任务无遗漏地分解到规划单元，实现中观层面的分区、分类引导。在时间维度上，改一次性编制为分层级、按需求进阶编制。

2. 厘清传导技术过程，强化刚弹结合

本研究将所有总体规划向下传导的技术

过程逐一进行梳理，将传导技术过程划分为"直接传导到单元规划""标准及框架深化落实""中观层面统筹并细化"三类（图2）。

"直接传导到单元规划"一般是指传导技术过程中有明确的边界、规模的内容，如总量指标、边界、名录、重大廊道及设施等内容。在总详传导过程中，这些规划内容落实到单元层面相对刚性、直接。传导机制主要为刚性落实，如"历史文化保护"通过边界

进行直接落实，可直接、清晰地传导到地块边界；"重要交通廊道及设施"在传导过程中原则上不能调整选址，规模不能减少，边界可优化；"建设用地规模"通过规模的总分传导，可直接将总建设用地规模分解到各单元。

"标准及框架深化落实"一般是指以下一级事权为主的规划内容，如空间形态的管控、城市更新等内容。总详传导过程中，这些总体规划提出的标准原则、纲领性要求，

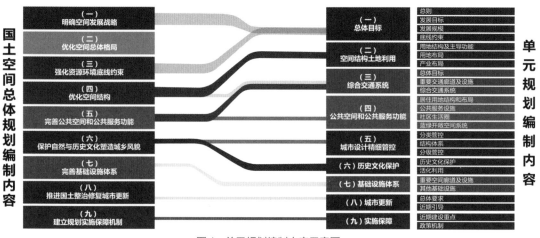

图1 单元规划编制内容示意图

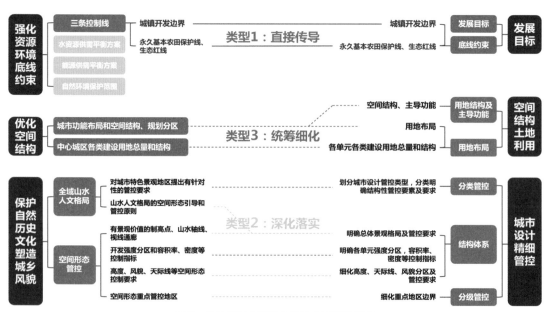

图2 总体规划向下传导的技术过程示意图

需要在单元规划中结合地块的具体问题进行深入研究。如城市更新中，在国土空间总体规划的要求之上，单元规划应深化更新策略，盘点存量用地，优化单元边界，明确近期改造计划，落实公益性、底线型设施。

"中观层面统筹并细化"主要包括定位、结构与规划分区、规模管控、设施标准、设施廊道及布局等内容。这些内容在传导过程中难以用明确的边界、指标来管控，传导过程中容易产生偏差。因此，传导过程中应差异化分解标准，结合地区实际、人群特征差异化分解指标，来应对"标准一刀切"的问题，实现单元间的指标动态平衡。以"人均公共服务设施"为例，我们的规划应适应未来品质提升、新增特色配套和时间换空间等差异化需求，建立一个标准差异化、统筹协调的机制，在刚性落实总体规划要求的同时，解决地区困难或满足特色需求。

3. 建立实施监督系统，加强过程管控

多个城市已经在实践中对规划过程管控进行了有益尝试。上海通过制定单元规划修编、更新和执行的适用范围，强化平台管控；深圳将标准单元贯穿各级规划，从空间、时间、信息等不同维度进行监管；北京则建立激励及核减机制，实行资源投放与任务联动机制。

由此可见，以平台搭建、过程管控及实施评估为抓手来加强传导过程管控是当前可操作性较强的方法。

搭建单元规划数据管理信息平台：完成国土空间详细规划"一张图"系统建设（图3），对管控指标在平台上进行台账管理，整合各类重点项目库并进行空间落位，形成近期规划项目储备库，夯实传导动态监管的信息化基础。

完善规划传导制度建设，加强"事前—事中—事后"全流程的管理（图4）：开展重大项目信息管理、项目方案比选、规划实施动态监测评估等工作，突出统筹实施和整体策划，完善项目从储备、生成到实施的全过程管控。

建立常态化的规划实施评估机制（图5）：搭建系统化的评估框架，全面了解单元实施情况，对规划实施进度、实施效果进行详细跟踪，评估规划编制对实际建设的引领作用；及时监督、预警、反馈，准确解决实施过程中出现的各种问题，保障规划传导的一致性、准确性。

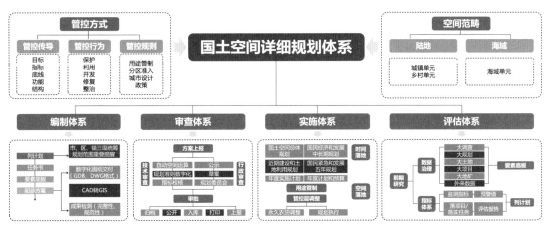

图3　国土空间详细规划"一张图"系统示意图

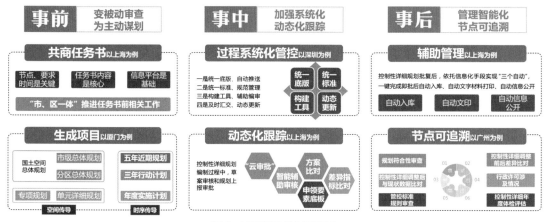

图 4　过程管控机制示意图

图 5　实施评估机制示意图

四、小结

规划通过衔接总详传导、强化刚弹结合、加强过程管控三方面的策略，进一步保障总体规划管控内容对详细规划的传导，从全域全要素、全生命周期管控的角度，针对性地解决当前传导层级、传导规则、传导过程方面的痛点，从而更好地满足城市精细化治理的多元管控需求。

作者简介：

黄嫦玲，清华同衡规划设计研究院详细规划与实施分院详细规划与实施一所所长助理，高级工程师，注册城乡规划师。长期从事详细规划、城市设计领域的规划编制与课题研究工作。

特色导向
——详细规划中片区分类引导和差异化管控详细规划关键技术创新

/ 张东谦　马晓菡

关键词： 详细规划；分类引导；差异化管控；多维度分类

一、新形势下高质量发展的内涵特征与趋势

党的十九大作出了"中国特色社会主义进入了新时代"的重大论断。

1. 内涵特征

新时代我国经济发展的基本特征是由高速增长阶段转向以人民为中心的高质量发展阶段，社会主要矛盾由人民日益增长的物质文化需要同落后的社会生产之间的矛盾转变为人民日益增长的美好生活需要和不平衡不充分的发展之间的矛盾，核心是面向美好生活的需求升级。城市规划的核心思路也由规模扩张向品质提升转变。

2. 形势审视

《自然资源部关于加强国土空间详细规划工作的通知》中提出，鼓励各地探索分区分类推进详细规划编制，因地制宜划分不同单元类型；准确把握地区优势特点，明确功能完善和空间优化的方向，提高详细规划的针对性和可实施性。详细规划作为政府控制和引导城市土地开发的最直接的管理工具，在高质量发展目标导引下，其核心工作目标将在以均等化标准的底线管控基础上向差异化供给方向转变。

二、差异化管控问题与不足

原有控制性详细规划缺乏针对历史文化街区、特色风貌区、生态特色地区、城市更新地区、新城组团等"特色"或"特殊"片区的针对性规划标准与管控要求，缺少针对不同类主导功能片区的细化管控要求，在一定程度上造成城市特色缺乏、效率不高、管理缺失的问题，难以适应国土空间体系下面向实施导向的精细化管理需求。

1. 管控模式缺乏多维度分类方法的支撑

由于城市系统的复杂性和发展现状的多样性，单一维度的分类视角很难将城市各方面进行较有条理的归类和阐述。随着生态文明建设和国土空间规划体系的逐渐形成，城市的发展模式逐渐由大规模无序扩张向结构优化、生态友好等方向转变。因原有规划编制维度单一，欠缺适应精细化、差异化管理的分类方式，造成各分区、各层次的具体管控内容和上下传导要求模糊，为城市精细化管控和实施建设带来不利影响的矛盾更加突出。

2. 管控内容缺乏针对性控制要素的约束

现有规划体系中多采用"通则"的管控方式，对历史风貌区、生态重点区、城市更新区等特色区域的管控要素引导的差异性不足，难以满足单元"特色"要求，各个单元的现状差异性和发展重点被忽视，带来城市特色不突出、风貌不协调、设施配置不足或过剩等问题。不同的城市片区因在城市中所处的区位和功能定位不同，其发展目标、发展重点、空间形态及需求有所差别，需要有更加精细化的控制"要素"进行约束。

3. 管控手段缺乏差异化管理规则的协同

面向精细化治理的大背景，需全面统筹各项规划要素，确保管控内容能够落地。在单一维度分类方法基础上形成的规划管控要求，难以适应城市规划建设与管理的精细化需求。在多维度分类方法的基础上，制定并选取适合该片区发展的可执行、可落地的管控规则，同时制定差异化协同管控的具体要求，是实现高质量发展和精细化治理的关键。

三、分类引导与差异化管控

衔接国土空间规划体系，市级国土空间规划编制指南中将城镇开发边界内分为城镇集中建设区、城镇弹性发展区、特别用途区三类。本文在规划分区的基础上针对城镇开发边界内进行分类研究。

1. 构建多维度分类方法

尊重不同区域间问题、目标和特色的差异性，构建多维度、多要素分类叠加的管控模式。衔接国土空间规划全域全要素要求，采用不同维度分类、管控措施叠加的方法，明确其不同维度差异化管控指标和编制要求，谋划高质量发展。

以开发边界为基础，从时间、空间、功能、管理等维度出发，匹配区位、功能、重要性、实施度、特殊性等分类方向（图1）。在规划分区的基础上，将城镇集中建设区按圈层、主导功能、重要程度、实施程度等进行细化分类，将特别用途区按规划用途进行细化分类（图2）。

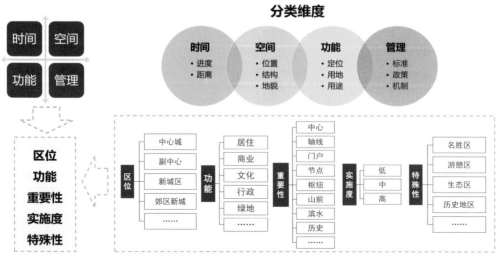

图1 构建多维度分类思路示意图

按圈层划分为中心城区、新城和生态涵养区内集中建设空间 3 类；按主导功能划分为居住生活、公共服务、基础设施、产业功能、绿地与水域、战略留白 6 类；按重要程度分为一般和重点片区 2 类；按实施程度划分为新增建设单元、优化完善单元、存量更新单元 3 类。另设有弹性发展区和特别用途区，其中特别用途区又划分为生态涵养、休闲游憩、防护隔离、自然与历史文化保护地等。

2. 拓展针对性控制要素，协同差异化管理规则

从有利于规划实施落地的角度出发，强调控制要素的针对性和全面性，回溯时间、空间、功能、管理等维度的管控需求，结合分类方法针对片区的功能定位、空间形态、底线控制、特色指标、城市设计、模式与路径、实施保障等制定七大类差异化管控要素（图 3）。

在管控要素基础上，进一步制定 26 小类具体引导措施与手段，落实多要素管控叠加模式。鼓励出台相关配套政策，探索特色化分类差异化控制要求。

（1）按圈层划分

将城镇集中建设区由内到外分为主城区（内圈层）、新城（中圈层）和生态涵养区内集中建设空间（外圈层）三种类型，强化城市间（各片区）专业化分工协作，促进城市功能互补、产业错位布局、基础设施和公共服务共建共享，在深化合作中实现互利共赢。

各圈层间重点关注差异化功能定位和空间形态的分圈层联动。各圈层高质量发展核心内容等方面的控制策略，可针对功能定位、空间形态要求、底线控制指标、特色指标等管控要素制定差异化引导措施与手段，如差异化功能准入、功能疏解与腾退要求等，差异化的风貌、高度、廊道、景观环境控制要求等，差异化的生态空间、基础设施配置标

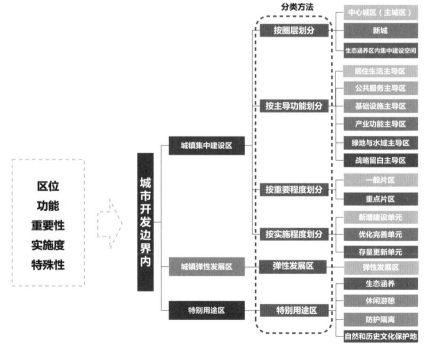

图 2　城镇开发边界内差异化分类结构示意图

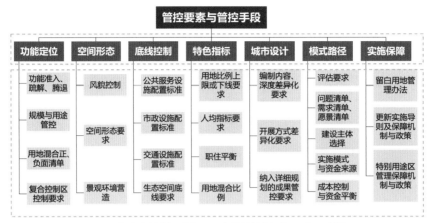

图3 七大类控制要素与26小类管控规则与手段示意图

准等以及特色指标控制要求等。

（2）按主导功能划分

将城镇集中建设区按功能分为居住生活主导区、公共服务主导区、基础设施主导区、产业功能主导区、绿地与水域主导区、战略留白主导区六种类型。可根据具体情况进一步细分，亦可根据具体情况形成叠加多种功能的复合控制区。

针对不同类型的功能片区制定差异化管控规则，可针对功能定位、特色指标和实施保障等管控要素，进一步制定差异化引导措施与手段，如细分主导功能分区和规模控制要求，制定用地混合正、负面清单，差异化的复合控制区要求和特色化指标控制要求，留白用地管理办法等。

（3）按重要程度划分

将集中建设区分为一般片区和重点片区两种类型区域，分区域提出差异化编制与管理要求。

加强城市功能与空间格局关键性地区的精细管控。重点片区关注特殊条件和核心问题，选取功能定位、空间形态、城市设计和成果要求作为管控重点，并针对性地制定差异化引导措施与手段，包括用地规模与用途

管控，差异化的风貌、空间形态、景观环境控制要求，差异化的管控内容和深度，城市设计的开展方式等。

（4）按实施程度划分

将城镇集中建设区按实施程度划分为新增建设单元、优化完善单元、存量更新单元三种类型。实施率低的新增建设单元促进城市功能优化和职住平衡，优化产业布局，适当留白；实施率中等的优化完善单元指标向重点功能区、经济社会发展重点等地区倾斜；实施率较高的存量更新单元推动功能疏解、存量更新、三大设施补充等。

针对功能定位、底线管控、特色指标、模式路径、实施保障等制定差异化的引导措施与手段，包括疏解与准入、差异化底线控制、差异化评估等。

（5）弹性发展区

弹性发展区侧重于启用条件、规模管控、土地整治、增减挂等方面的评估研究，建立"用途管制＋功能准入"管控模式。在不突破规划城镇建设用地规模的前提下，城镇建设用地布局可在城镇弹性发展范围内进行调整，同时相应核减城镇集中建设区用地规模；设立用途准入机制，明确各类用途准

入的程序要求和用途管制规则；设立用途退出机制，明确退出程序和时间要求。

（6）特别用途区

特别用途区按用途划分为生态涵养、休闲游憩、防护隔离、自然和历史文化保护地四种类型，提升生态空间价值。生态涵养区注重生态修复和土地整治；休闲游憩区可适度开展休闲、科研、教育等活动，适度配置必要的配套服务设施；防护隔离区制定严格准入与退出规则；自然和历史文化保护地应加强整体保护与活化利用。

设立用途准入机制，明确各类用途准入的程序要求和用途管制规则；设立用途退出机制，明确退出程序和时间要求；制定差异化的设施配置标准；制定特别用途区管理实施保障机制与政策。

四、小结

本文基于高质量发展的内涵特征，从目标和问题双重导向出发，构建多维度分类、多要素叠加、多措施引导的精细化管控模式，以期对详细规划中不同片区的特色需求进行分类引导并制定差异化的管控侧重。

特色导向下的详细规划分类引导和差异化管控是实现精细化管控的核心内容。城市发展有较大的不确定性，各城市间的地域差异，同一城市不同片区、不同人群的异质性，因此类型划分可能并不全面，管控要素和管控措施也并不详尽，具体分类方法及管控内容需要结合城市自身特点探索更具"特色"化的分类方式与差异化管控措施。

参考文献

[1] 周建非.精细化管理模式下城市设计和附加图则组织编制的工作方法初探 [J].上海城市规划，2013，110（3）：91-96.

[2] 任小蔚，吕明.城市设计视角下城市规划精细化管理思路与策略 [J].规划师，2017，33（10）：24-28.

[3] 戚冬瑾，周剑云，李贤，等.国土空间详细规划分区用途管制研究 [J].城市规划，2022，46（7）：87-95.

[4] 徐家明，雷诚，耿虹，等.国土空间规划体系下详细规划编制的新需求与应对 [J].规划师，2021，37（17）：5-11.

作者简介：

张东谦，清华同衡规划设计研究院详细规划与设计分院详细规划与设计一所主任工程师，正高级工程师，注册城乡规划师。主要从事详细规划、城市设计、城市保护、规划实施导向的设计及理论研究等。

马晓菡，清华同衡规划设计研究院详细规划与设计分院详细规划与设计一所主创设计师。主要从事详细规划、城市设计、规划实施导向及都市圈空间结构等理论研究。

品质提升 —— 城市设计纳入详细规划的方法与实践

/ 冯　刚

关键词： 城市设计；详细规划；管控；传导

一、城市设计纳入详细规划的意义与问题

1. 城市设计纳入详细规划的意义

从城市设计的复合内涵看，城市设计推动详细规划从土地用途管控走向集成的综合实施推动。城市设计的内涵日渐丰富，正从单一价值观的空间美学研究走向复合价值观的品质提升工具。复合型价值观的城市设计有效介入详细规划，可以让详细规划从以项目落地为目标的土地用途管控，扩展到以专项技术集成为依托的综合实施推动。

从城市设计的技术优势看，城市设计是详细规划的三维技术补充和计划政策完善。城市设计凭借塑造城市空间的优势，逐渐成为详细规划"三维"管控的技术手段，使规划的工作对象从二维平面走向更加立体化。有别于详细规划聚焦单元或地块为核心的规划管理单元，城市设计会在宏观或中观层面提出与政府事权更为匹配的行动计划与管理政策。

2. 城市设计纳入详细规划的问题

目前很多城市设计成果在规建管的各个环节中很难直接融入详细规划当中。其重要原因就是城市设计的非法定规划的作用，以感性的要素去定向、定序很难融入法定详细规划的刚性要素当中，这种定界、定量的方式并不太适合。

具体来说主要有三点：

第一，城市设计的法定定位不清晰，缺少一个将城市设计成果转化为法定规划的有效途径。在法定规划体系上是城市设计跟详细规划缺少一一对应的关系，住房和城乡建设部 35 号文把城市设计分为总体城市设计和重点地段的城市设计，但是现在国土空间规划体系的五级三类城市设计的整体体系没有更新匹配。

第二，城市设计的纳入内容不精确。因为城市设计的成果涉及方方面面，相对繁冗，把不同类型、不同规模、不同地段的管控内容都纳入法定规划里，会给整个规划管理带来很大的挑战。现在各地对城市设计的管控多过于机械，"极度刚性、一管就死，过于柔性、一管就放"，都对设计成果的应用形成了挑战。

第三，城市设计的落实途径不规范。城市设计匹配详细规划的各个流程节点不够清晰规范，到底有哪些内容、哪些环节去匹配不够清晰。同时，城市设计缺少自下而上的设计反馈和广泛共识，影响了从设计到规划的进一步推广和应用。

二、国内领先城市案例比较研究（北京、上海、南京）

1. 编制体系与匹配关系

从编制体系和匹配关系来看，北京、上海是以目标为导向进行设计分类。基本围绕管控实施和力度大小进行整个体系的建立。实施类和框架概念类相比管控内容更加面向实施，且管控要素更加精细。而从南京的编制体系可以看出它的层次更多，能够与法定规划——对应，但是层级过多也带来了纵向传导效率衰减的挑战。

2. 管控成果与纳入内容

在管控成果和纳入内容上，三个城市都有很好的探索。首先，三个城市都采用导则或者图则的表达形式，将城市设计纳入详细规划管控。其次，城市设计管控更多体现在地块层面，上海和南京在地块层面上有明确的要求，附加图则和地块城市设计的图则。而北京在地块层面没有硬性要求，主要是在单元层面提出规划设计导则，从单元层面直接落到地块。

在地块层面的城市设计管控上，上海附加图则纳入详细规划的过程中整体的效果是非常好的，其有三个特点。一是注重刚弹的结合，明确提出刚性的控制要素指标，引导性地采用通则式的表达。二是注重定量和定界，明确公共空间和重要建筑要素的最小面积、控制线和控制范围。三是注重管理实施，对一些实施运营的困难作出预判。

3. 政策标准与保障途径

在政策标准和保障途径方面，三个城市都有很好的探索。北京相对上海、南京来说体系更加健全，从法律规章、规范标准到技术导则形成了全政策的链条。南京在此之外还颁布了专门的城市风貌管理政策。在保障途径方面，三个城市都建立了两级的责任规划师体系，保证城市设计和法定规划的衔接以及城市治理的作用。

三、城市设计纳入详细规划的方法与关键点

结合优秀经验提升新时期城市设计纳入详细规划的途径。我们认为关键点有三个，是提升纳入的适用性、实用性、受用性。我们也提出了三个策略，建立分层匹配的设计纳入体系、分类适度的管控成果，以及分权协同的设计实施保障。

1. 建立"分层匹配"的设计纳入体系

无论是纵向传导、横向统筹还是特色彰显，其实现在详细规划都在进行分层分类编制。未来的城市设计详细规划层面也要开展单元、地块和实施层面的工作，按照重要程度的差别，进一步区分城市一般单元、重点控制单元和存量地段、实施度底的地段，进行差异化的工作途径思考。在单元层面，要匹配单元层面的详细规划进行全覆盖的城市设计，更加强调结合单元详细规划的传导，强调承接上位整体城市设计的要点，聚焦空间的结构性内容，以保障空间品质的底线。在重点控制单元等地区可以进行专项的城市设计和更加精细化的城市设计管控。而在地块层面，方式、途径跟单元层面的城市设计是完全不一样的，是结合实施地段进行按需编制的城市设计，更重要的是落实单元层面管控的要点，同时协调、统筹地块内的开发诉求和公共空间的品质保障矛盾。同时要给建筑设计创作留下一些空间。在分层匹配上，

应该建立两个层面、四种类型的编制体系，从设计目标、内容重点和纳入途径全方位跟详细规划的匹配和衔接。

2. 实现"分类适度"的设计管控成果

在分层匹配的基础上提出实现分类适度的设计管控成果。在单元层面提出系统管控图，在地块层面提出图则，进行各有侧重的管控成果的表达。首先是将设计纳入详细规划，管控要素要强调刚弹区分、匹配有序和简单明确。在单元层面系统管控图更加注重对于影响总体结构和重要意图区要素的控制，以强制性管控内容为主。而对于一些形态、风貌、主观性因素，以引导性内容为主。在地块层面，通过图则去控制，重点是强调对和周边区域联动或影响单元结构品质的要素进行强制性刚性管控，而地块内部设计要素以引导性内容为主。除了设计在以上两个层面纳入规划管控的要素和内容之外，设计自身从单元到地块层面也有上下管控传导的要求。对于结构性要素，从单元到地块要有直接的落实；对于主观性的要素，尤其是景观、风貌、色彩等，要进行分解化的指标承接；而对于一些关键性的要素，要有专类的传导。

3. 探索"分权协同"的设计实施保障

城市设计纳入详细规划，在设计保障层面首先要依靠图治去进行流程性的管理，把城市设计依附详细规划的作用发挥到最大。详细规划从研究到编制，再到实施阶段，城市设计都要进行全过程的匹配。在前端通过设计研究，多方案的研究、遴选、整合，把详细规划的空间格局、规模指标推演得更加科学。在成果编制阶段，要通过管控和转译提炼出系统管控图则和图则编制的要素标准，纳入出让方案和方案审查的方式，在落地实施阶段进行全流程的法定化保障。在图治层面，要在衔接详细规划的各个阶段明确城市设计的内容和流程。

在近些年的城市设计探索中，我们也在一些实际项目中面向城市的公共政策凝聚出了关键共识，给城市提出了空间秩序的一系列纲领。在图治的基础之上，希望未来的城市设计和详细规划要进一步激发人治的活力，在保证图治的基础上强调人治（图1）。美国的波士顿设计审查制度大家比较了解，其实它就是对《区划法》中一些无法控制的要素，如一些色彩、景观等主管要素进行设计审查，用自下而上的方式实现全民的共识和认知。

全面引领： 专家顾问机构	全时助力： 总师辅助平台	全民认知： 责师保障团队
建立专家设计或顾问团队，成立地方城市设计专业委员会，辅助城市层面的最高决策，开展重大项目专家评审制度	利用总规划师（总师）团队作为第三方组织，针对城市重点项目提供城市设计编审、施工建设等全流程的技术咨询保障，保障设计成果的高品质落实	建立街区/社区责任规划师（责师）协调团队，将城市设计充分协同详细规划，建立非官方的规划力量补充机制，协调项目进展，助力详细规划实施

图1　激发城市设计人治活力的三大策略

我们想未来的城市设计和详细规划的关系也是要在全方位进行自下而上的共识认知。在整个顶层设计引领层面实现专家顾问机构的全面引领。在重点项目方面实现全时助力的总师辅助平台，在全民认知层面用责师保障团队延展更好的公众认知，实现一个真正自下而上的全民的城市设计共识认知。

清华同衡详细规划项目组在保定市的项目经验就是通过陪伴式和第三方的全时总师辅助，明确自己的角色定位和服务项目流程，尤其是把握住了技术的关键出口节点，在立项阶段和管理委员会审查阶段对上、对下进行了很好的规划设计的衔接。此外，城市设计在实施保障层面应更加强调对于责任规划师制度的普识，通过一些论坛、宣讲活动，把城市设计成果的技术化语言变成没有说教、面向公众参与的更好的城市设计认知，真正让设计和规划、人民紧密地结合在一起。

四、小结

未来的城市设计和详细规划不可分割，贯穿于详细规划的编制—审批—管理—实施全过程，应通过分层匹配的设计体系、分类适度的管控成果和分权协同的实施保障，让城市设计更有效地纳入详细规划中，真正让详细规划具有城市设计思维！

专家点评

张晓光
清华同衡规划设计研究院副总规划师

从以上分享的内容里看到了城市设计怎么去宣传，怎么去沟通，怎么形成一个社会群体的共同意志。城市设计的实施靠社会的共识，只有有了共识，才有实施的推力，才有所有的人往一起使劲、把规划变成现实的能力。

作者简介：

冯刚，清华同衡规划设计研究院详细规划与设计分院详细规划与设计二所副所长，高级工程师，注册城乡规划师。主要从事各类型城市设计、控制性详细规划等。

以智慧赋能推动多元主体协同的城市更新
—— 北京市海淀区学院路街区体检平台的创新与探索

/ 刘 巍 兰昊玥 肖 岳 田昕丽

关键词：城市更新；多元主体协同；智慧赋能；城市数据平台；人工智能

一、我国城市更新发展历程

1. 我国城市更新发展阶段

城市更新是城市建设和社会经济发展过程中一直存在的一项工作，从我国城市建设的历程来看，我国的城市更新主要经历了 4 个阶段：

第一阶段是新中国成立初期（1949—1977 年）。城市建设刚刚起步，城市更新的核心任务以改善城市环境、整修基础设施、兴建工人住宅等基础性工作为主，优先解决城市环境和基础性民生问题。

第二阶段是改革开放初期（1978—1989 年）。城市建设逐渐聚焦于新区建设与城市品质提升。城市更新聚焦于旧城区更新改造，以老旧居住区改造为主，解决人居环境的问题。

第三阶段是市场经济高速发展期（1990—2010 年）。随着 1998 年住房分配货币化制度的实行，全国房地产开发规模高速增长，城镇化率迅速提高。市场主体开始参与旧城更新改造，以此激活城市核心区土地价值。

第四阶段是我国城镇化率突破 50% 后（2011 年后）。城市发展由增量发展逐步转向存量发展，从大拆大建的改造转变为渐进式的有机更新。在新型城镇化的战略要求下，城市更新以内涵式发展、产业转型和城市品质提升等工作为重点。

2. 我国城市治理模式转变

从城市治理的角度看，我国从新中国成立初期的"政府主导的一元治理模式"到城镇化率高速发展期间的"政企合作的二元治理模式"，在推动城市高速建设中起到了重要作用，但也暴露了一些问题。在当前权属主体复杂化、人民诉求多元化、转型发展紧迫性和利益分配必要性等诸多因素的作用下，我国的治理模式也发生了转变，在以往管理模式的基础上，转向"多元协同的共治模式"，从粗放式管理走向精细化管理。

3. 街区更新的作用和任务

从作用角度看，在现行国土空间规划体系中，街区更新规划作为一种专项规划，以国土空间详细规划为上位指导，通过对现状更精细化的调研、评估，引导多元主体更深度地参与，解决实施层面可能遇到的问题，从而对国土空间详细规划起到支撑和补充作用。

从任务角度看，街区更新规划以国土空间规划为愿景蓝图，以既有的土地、房屋权益为产权基础，兼顾多元主体利益，目的是实现城市空间结构优化、公共空间品质提升和公共服务设施提质增效（图1）。

二、多元主体协同的必要性

北京作为践行城市更新和探索社会治理创新的先行城市，于2019年颁布的《北京市街道办事处条例》中明确：以街道为单元推动规划编制和组织实施街区更新工作，赋予街道办事处参与规划编制、建设和验收等职权，同时明确了以街道为单位推动基层治理，创新行政权力下放基层政府的路径，促进街道推动基层治理和居民自治。

街区更新涉及的主体和参与方众多，包括政府、市场、产权主体、公众与社区组织等，各方在街区更新中的利益诉求不尽相同（图2），如何在落实上位规划底线管控要求的基础上最大限度地满足各方诉求，平衡、协调各方的利益，在街区更新工作中达成共识，形成各方满意的更新方案和行动计划，是街区更新工作中的核心难点与关键（图3）。

北京市海淀区学院路街道作为城市建成区，是北京典型的大院式街区，高校与科研院所林立，产权主体众多，其在城市更新工作推动过程中的诸多问题具有一定代表性。学院路街道8.5平方公里的辖区范围内有29个社区、6所大学、11家科研院所，共计约24.5万人。约54%的空间资源被学校和科研院所等"大院"封闭在围墙当中。传统通过房地产开发大刀阔斧地进行拆除重建的城市更新方式因该地区产权主体数量多、权力大、

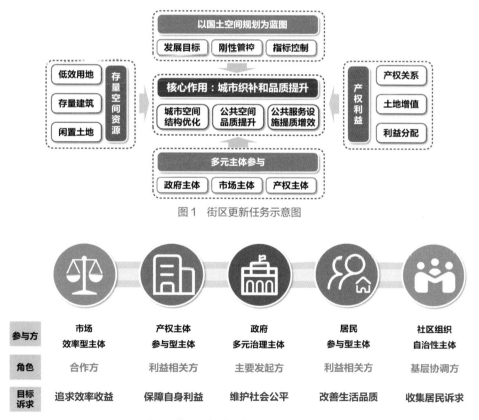

图1 街区更新任务示意图

图2 街区更新涉及参与方与诉求示意图

图3 街区更新落实上位规划示意图

更新意愿不足、费用庞杂而难以开展。因此学院路地区的城市空间品质提升必须借助于多元协同、共治共建的城市更新方式实现。

1. 吸纳更多视角，提高更新质量

学院路街区聚集了北京林业大学、中国农业大学、中国矿业大学、中国地质大学、北京科技大学与北京语言大学6所高校，各学科专业资源丰富，专家、学者云集。在其他区域难以实现的高效公众参与，在这里具有良好的先决条件：专家、学者本就长期参与政府相关政策制定及方案落实，在获取信息及作出决策方面相较于不了解城市更新的普通民众更容易沟通和达成共识。在这里进行城市更新行动可以充分吸纳不同领域专家的专业建议，使更新方案更科学合理。

2. 协调多方利益，实现和谐发展

学院路街区内高校林立，各校在教学科研风格上存在差异。通过充分沟通、协调打通院墙，建立资源共享机制，可以让不同学科优势互补，学生互访交流，既满足各校需求，也可提升区域协同创新能力。公众参与也有助于协调校区师生与社区居民的关系，建设学区融合发展的和谐社区。

三、智慧赋能探索多元主体协同实践

长期扎根北京城市更新工作的过程中我们发现，当多方主体参与城市更新行动时，信息不足、知识不够、热情不高和满意度差，往往是多方参与者陷入协作困境的根源。为了改善这种协作困境，我们在工作中不断总结，形成了一套街区更新"4+1"工作法（图4）。其中"4"即4步法，指的是画像—评估—规划—实施4个工作步骤，是面向规划设计团队的专业工具，指导街区更新规划的编制；"1"即1个工具箱，指的是协同治理工具箱（图5），包括社会创新工具箱和智慧协同工具箱，是面向多方主体沟通协调和共治共建的辅助工具。

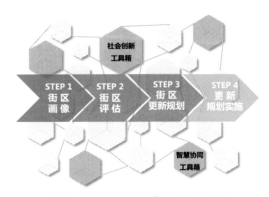

图4 街区更新"4+1"工作法示意图

图 5 协同治理工具箱示意图

在学院路街区更新的实践中，我们从不同方面检验了街区更新"4+1"工作法中智慧协同工具箱的效果，并看到了智慧赋能对城市更新工作的显著影响。

1. 应对信息不足——基层政府和规划技术人员信息共享的体检平台

在规划师的传统调研工作中，主要通过主观调研的观察进行记录，数据精细度不足。我们在与学院路街道对接的过程中发现，基层政府大量的数据是采用文本、表格等方式存储，散落在各处。数据资料与空间资源相互割裂，可视化程度不足，难以给决策者提供直观的展示。

基于资料透明化及数据可视化的目标，项目组建立了学院路街区体检平台。该平台将传统人工统计的数据进行可视化呈现，形成了全覆盖、智慧化的城市数据平台。综合多源数据，在人口产业、空间特点、公共设施三大重点板块建立街区资源画像（图6），为社区发展提供了精准的依据。首先是集成多源异构数据，汇聚了人口、企业、公共设施等多方面数据，使信息全面、系统，为决策提供全局视角。其次是实现数据可视化表达。平台通过可视化呈现数据，如表格、热力图等，使数字信息更直观，非专业的主体也能快速理解规划内

容。平台建立了双向更新机制，打通信息壁垒，实现协同共享。平台通过对上级部门和社区成员的反馈进行实时更新，确保信息及时、准确，为决策提供动态支持。这也使基层政府和规划技术人员能共享信息资源，各取所需，有利于协作决策。

通过构建统一的信息共享平台，学院路体检平台增强了多方协同能力，使城市更新规划更科学、精细化。平台解决了传统城市更新中信息不够的痛点、难点，为推进以人为核心的治理型更新提供了重要支撑。

2. 应对知识不够——展示愿景、构建想象共同体的公众展览

2019年北京市国际设计周期间，北京市规划和自然资源委员会海淀分局与海淀区学院路街道办事处联合举办了"约会五道口城市更新荟"活动。展出学院路区内各高校校史馆珍贵的历史图片和资料文献，依照区域发展时间顺序，以可视化的手段展示了学院路地区在新中国成立初期院系调整时期的发展历程，及其在我国工业化进程中作出的重要贡献。

通过这样的方式，将各大院校在时间上相互关联、在功能上相互补充的发展历程清晰地呈现出来，使得原本以各个院校为中心

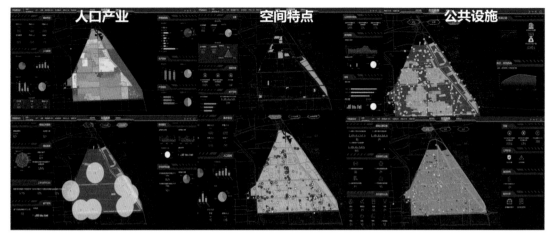

图 6　学院路街区平台应用实例

的集体记忆，扩大成为各大院校师生的共同记忆。这次展览借助可视化的途径，使社会公众对地区的历史、现在和未来都获得了全面的认知。

这正是智慧协同工具箱中协同型工具的实践实例。通过挖掘学院路地区的历史并进行二次创作，让更多居住在这里的人了解学院路，爱上学院路，愿意为学院路的未来贡献出自己的一份力量。

3. 应对热情不高——激发校地合作的城事设计节和面向普通人的悦游地图

通过北京国际设计周期间城事设计节活动的孵化，一个志愿者团队对学院路进行了地毯式的走访和摸排，绘制成学院路街区整体游览地图、悦游地图、美食地图、事件地图等主题地图（图7），并打造了十余条游览线路。

在活动结束后，"悦游地图"团队孵化成为一家地图服务公司，通过开发学院路主题地图微信小程序和居民协作端口，建立了一个面向公众的沟通平台。"悦游地图"通过微信小程序达到了可视化的目标，借助志愿者组织方式让普通人能参与梳理街区资源，绘制街区地图，也进一步激发了居民在线参与调研和发表意见的意愿，从而激发了公众对所在街区的自豪感和参与热情，解决了传统城市更新中公众参与热情不高的问题，实现了广泛协同。

四、智慧赋能增强协同效能

1. 政府：数据可视化支撑精细决策

随着城市建成区的扩张，大城市的复杂程度已呈指数倍增加。在大数据时代，仅将纸质材料信息化已远远落后于现阶段精细化城市管理中即时调节政策、适应产业发展的实际需求。城市管理决策者必须通过预先收集信息、持续更新信息、不断分析信息，深入了解城市的现状特点，才能通过结合现行政策寻找创新的突破点。建立城市数据的实时更新与反馈机制对于进行即时动态分析、支撑和推动重大决策至关重要。

未来城市数据平台的发展应聚焦于集成人口、企业、公共设施等多方面数据，利用数据可视化技术，将复杂的数据信息转化

图 7　不同主题的悦游地图 ①

为直观的图表、图形及简单结论。提升管理者对城市现状和需求的理解，为政府工作提供明确的切入点。数据可视化使非专业人士能够快速把握城市发展的关键信息，有助于决策者在复杂的城市环境中识别问题和寻找机遇。

2. 产权主体：智慧公开激发更新意愿

规划行业需要强大的图示化语言能力，解决复杂的土地资源配置工作，这也导致非专业者需要拥有大量相关的知识储备才能有效参与规划讨论。即使是经验丰富的政府管理人员也需要经年的专业积累才能胜任规划管理工作。但在存量更新时代，面对错综复杂的产权关系、急迫发展的经济需求、不断紧缩的财政预算和更短的时间限制，在现状城市更新相关法律法规尚未完善的城市发展阶段，如何让相关主体迅速而有效地参与规划过程，成为探索城市未来发展的关键。

生成式人工智能技术，尤其是自然语言处理大模型（如 ChatGPT）的兴起，为城市规划领域提供了新的发展机遇。这些技术相当于构建了人工智能时代的基础设施，为城市规划提供了新的工具和方法。

在规划过程中，与政府的沟通是关键一环。然而，由于实施主体缺乏从规划语言到自然语言的转换，使得实施主体难以准确理解政府的意图，进而影响规划的有效实施。通过目前的大模型预训练技术，智慧平台可以通过对城市现状的数据收集归纳结果，进行简单现状描述。通过对现状情况适当公开，不同产权主体面对同类信息会产生不同反应。在产权主体图求发展时，关键信息会激发产权主体的更新意愿，乃至触发更新行动。

3. 公众：智慧解读明确真实需求

在存量更新时代的规划实施阶段，规划方案的调整需考虑衔接多个实施主体，满足公众的真实权益。然而，传统的调研方式难以收集公众的真实意愿。规划部门可结合公

① 数据来源：学院路城事设计节"悦游地图"团队

开公示政策，通过智慧手段实现规划解读问答及公众意见收集，通过人工智能处理并收集信息，并将反馈意见纳入城市更新实施工作当中，既可实现政府满足公共公益的真实实践，也可以批量收集公众的真实意愿。

五、构建智慧型多元协同治理模式

在存量更新阶段，城市问题的解决需依赖于多元主体的协同合作，以实现共商共益的城市更新目标。基于学院路更新实践，研究发现规划领域门槛高企成为制约多元主体参与城市更新的主要障碍之一。为此，应通过可视化手段解决多元主体信息不够、知识不足、热情不高等制约其更新意愿与更新行动的困难，并基于新技术、新方法，提高多元主体参与城市更新的效率。

基于以上思考，本研究认为需要尽量破除规划领域的信息壁垒，降低专业文件解读及应用难度，流通信息以匹配政府、市场、公众的需求，进一步实现城市发展自适应的循环系统。建立常态化沟通协作机制，使得规划、实施、运营等多元主体能够匹配土地及建筑空间需求、完善市场参与机制、促进报批制度简化、体现公众真实意愿。未来可借助人工智能自然语言模型等智慧手段实现多元主体的协同联动，运用新技术不断优化协同效果。

构建智慧型多元协同治理模式还需要考虑技术伦理问题，确保技术的公正性和透明度。这包括确保人工智能等新技术在规划过程中能够准确反映多元主体的意愿，并且避免技术决策过程中的偏见和不公平现象。

参考文献

[1] 马皓宸. 基于期刊文献统计的我国城市更新发展演变研究 [D]. 西安：西安建筑科技大学，2022.

作者简介：

刘巍，清华同衡规划设计研究院详细规划与实施分院总规划师，城市更新规划设计所所长，正高级工程师，城乡注册规划师，一级注册建筑师。北京城市规划学会城市更新与规划实施专业委员会秘书长。

兰昊玥，清华同衡规划设计研究院详细规划与实施分院城市更新规划设计所规划师。

肖岳，清华同衡规划设计研究院详细规划与实施分院城市更新规划设计所规划师。

田昕丽，清华同衡规划设计研究院详细规划与实施分院城市更新规划设计所所长助理，高级工程师，注册城乡规划师。北京城市规划学会城市更新与规划实施学术委员会副秘书长。

数字化变革背景下城市空间品质评估与实现路径再思考

/ 李　洋

关键词： 数字化；数字技术；城市空间品质；评估；优化

一、背景：数字变革下的城市空间品质塑造

1. 数字化变革对城市空间品质评估、优化的影响

数字化可被理解为将复杂信息转换成数字（数据）并进行处理运用，实现应用目标的过程，把数据作为新的生产要素是数字技术的主要特征。近年来，在以互联网产业化和工业智慧化为标志、以技术融合为主要特征的第四次工业革命背景下，以信息通信技术为代表的一系列数字技术深刻地影响和改变着城市空间被生产、感知和使用的方式，也为城市空间塑造带来机遇与挑战（图1）。

第一，技术带来的社会与生活方式改变城市居民对空间的价值需求。一是传统城市空间价值的消解：网络活动因其便捷的活动方式和丰富的活动内容对现实活动的部分内容产生了替代作用，原先城市空间所驱动或承载的多种职能或活动逐渐被网络空间中的活动所取代，其进一步导致传统城市空间部分职能与价值的消解。二是新需求的产生：新技术带来日常购物、工作等生活方式的变革，带来了更多的空闲时间，为发生现代公共生活提供了重要的时间载体。

第二，新技术使空间供给的要素与机制更加复杂。一方面，大数据与数字技术能够辅助更精准和全面的存量空间感知与监测，

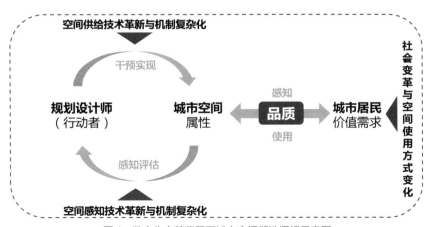

图1　数字化变革背景下城市空间塑造逻辑示意图

实现对空间特征的精准识别与潜力空间的挖掘。数字化技术也为空间品质的管控引导提供工具，衔接量化评估结果，精确判断提升方向。另外，新技术能够促进空间供给中的多主体协同和公众参与，促进存量空间品质提升机制优化。另一方面，新技术的应用也涉及复杂的规划业务系统转型与保障体系建设，当前尚缺乏明晰的路径。

2. 数字化变革背景下城市空间品质评估、优化的关键问题

在数字化变革背景下，城市空间品质评估、优化实践面临以下三个重点问题。

问题一：新背景下城市空间的价值发生了怎样的演变？

问题二：如何充分利用数字化技术优势，使城市空间品质测度更加精准？

问题三：新背景下如何实现城市空间品质的塑造？

以下结合本人承担的项目与研究工作案例，对上述议题进行讨论。

二、数字化变革背景下的城市空间价值演变

通过对既有研究的归纳可以得出，新背景下的城市空间价值演变主要凸显在以下几个方面：

一是空间的"社交性"，即空间支持面对面交往行为的品质。当原本城市空间所支持的其他形式的交流/交换越来越可被当代科技替代时，城市（邻近性）物理空间的不可替代性凸显于促进不同个体间的面对面交往。城市空间的核心品质应由其促进人面对面交往行为的程度进行衡量。

二是空间的"本地性"，即空间重构历史文化社会联系的品质。如社会学家曼纽尔·卡斯特在其著作《网络社会的崛起》中所言，信息通信技术飞速发展的当代世界中，支配性利益的流动空间（space of flow）遍及全球、跨越文化，拔除了作为意义背景的经验、历史与特殊文化，因而导向了非历史性、非文化性建筑（城市空间）的普遍流行。社会越是企图超越无法控制的流动权力的全球逻辑，就越需要一种能够揭示自身现实的建筑（空间）。

三是空间的"数字性"，即城市物理空间与虚拟空间互补互促的品质。物理空间不再能够脱离虚拟空间而存在，城市空间与数字技术/虚拟空间的互促水平也成为空间品质的重要考量，空间中的网络、传感器等成为重要的基础设施。

四是空间的"人民性"，即城市空间满足人本需求的品质。"人民城市"规划建设与治理中非常重要的一点，就是要把抽象的人、标准的人转向一个个具体的人，从"人"转向"人人"。强调满足不同感知层次的需求，涉及"实际便捷"与"隐形红利"，短期利益与长期价值的统筹。

三、数字化变革背景下的城市空间品质评估测度

1. "可感知"品质特征识别

通过网络评论数据分析识别空间使用者"最敏感"的特征。实现空间品质的"可感知"的核心在于判断空间使用者最敏感的品质特征。当前移动互联网数据环境下，通过对以社交网络为代表的舆情数据分析可以实现上述目标。例如，在"北京胡同游提升研究"项目中，构建了用户评论标签与空间品质特征的映射关系，通过空间用户评论基

于品质的提及数量识别出环境风貌、业态服务、交通停车、周边带动四类重点关注品质（图 2）。

2. 本地性"空间基因"特征识别

业态功能、手机信令等反映人员活动的数据能够支撑对空间运行与隐藏特征品质（"隐形特征"）的评估和挖掘。例如，通过对大众点评 App 步行街业态数据的分析，能够对步行街的"空间基因"进行描述画像。在"北京胡同游提升研究"项目中，通过业态聚类分析，归纳出"古都韵""北京味儿""中国潮"三类空间隐形基因特征，在数据支持下实现对每条街道、胡同空间基因的精准画像，引导对空间品质的进一步塑造。

3. 空间"数字属性"测度评估

利用舆情数据、空间硬件数据等对空间的"数字属性"进行评估。例如，在"中国城市历史文化遗产保护利用指数"研究中，以城市为空间单位，通过空间信息的传播程度测度物理空间与虚拟空间的连接程度

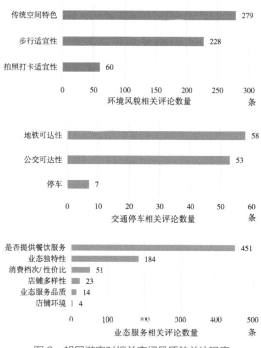

图 2　胡同游客对相关空间品质的关注程度

（图 3）。此外，通过政务数据与社会大数据多平台融合，能够有效支撑空间评估所需的数据资源问题。例如住房和城乡建设部的"'以人为本'新型城建指数"研究的数据来

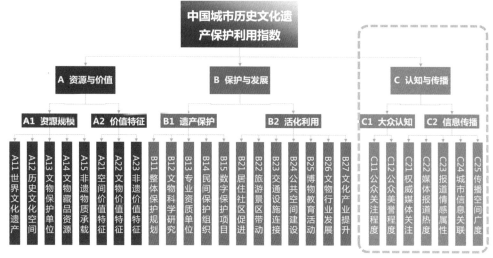

图 3　城市历史文化保护利用水平测度指标体系

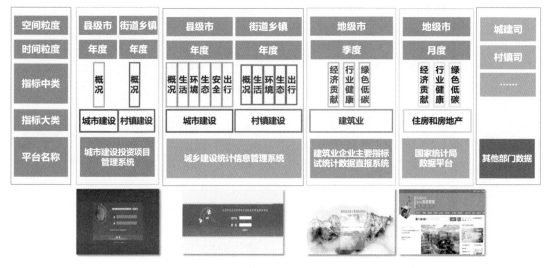

图4　城市建设指数通过多类平台融合汇聚数据资源

源包括城市城乡建设统计信息管理系统、建设投资项目管理系统、建筑业企业主要指标包括统计数据直报系统、国家统计局数据平台等平台系统以及其他部门数据，内容包括指标所属类别、年份、地区、更新频率等属性信息（图4）。

四、虚实相生的城市空间品质实现路径创新

1. 基于数字技术的新型潜力空间挖掘

基于空间品质评估、挖掘新兴空间品质潜力，拓展城市空间谱系。存量发展阶段空间品质评估的核心目标之一是潜力空间的挖掘。智能设备的普及与物联网的发展为现实空间信息的更全面采集提供了新的途径，使人的行为与感知信息的高频捕获成为可能，辅助包括规划师在内的空间生产者从多个维度精细化地感知空间并对其价值进行挖掘。例如，利用评估技术对北京市100余个私有公共空间（包括商业综合体、购物中心、商业区等）进行评估，并对比传统类型公共空

间品质，可以实现对品质较高的私有公共空间的识别，进而将具有潜力的私有公共空间纳入公共空间体系的建设，并基于评估结果对空间品质进行优化引导。

2. 数字技术在空间供给中的潜力挖掘

基于数字技术精确性、易传播和储存、可计算特征，挖掘其在城市空间生产、供给、消费使用等环节场景的具备潜力。感知、传输、计算、执行类数字技术在公共服务生产、消费及供给匹配环节的重点提升潜力包括：在生产环节包括获取预测需求与提升生产效能；在消费环节包括技术引发新服务需求以及借助数字技术对服务进行反馈与筛选；在供给环节包括时空精细化匹配以及跨时空服务模式，为应用功能与有效场景的创新与挖掘提供引导。

3. 构建空间措施—数字技术—机制制度体系

应特别注意的是，数字技术在城市空间品质塑造中的应用涉及系统转型，需要构建

全方位协同的支持体系，实现价值、工具、机制间的协同。通过对新背景下公共空间供给所涉及的各类主体、要素、流程、保障支撑体系等构成要素及其关系的研究梳理，构建数字化背景下城市空间供给的机制与内容框架，为新背景下的公共空间供给提供系统性的路径引导。

五、总结与讨论

一方面，规划师应充分意识到数字化变革为城市空间品质评估与优化带来的变革，主要体现在以下三个方面：①社会变革与生活方式变化带来城市空间价值的演变；②空间感知、使用与供给机制复杂化；③新技术带来的契机与潜力。在此背景下，为当代规划实践需从以下方面做好重点应对：

空间价值方面，需坚持以人的需求为出发点，深入挖掘当代空间不可替代的核心价值，尤其应注重空间社交性、本地性、数字性品质特征的塑造。

品质评估方面，评估技术应充分发挥数字技术优势，以多源数据融合为基础，同时关注空间的"可感品质"与"隐形基因"。

实现路径方面，空间实践应以数字技术潜力和新型空间挖掘为切入点、以构建空间措施—数字技术—机制制度体系为路径，最终实现工具—价值相辅相成、虚实空间互补互促的目标。

参考文献

[1] 李洋，李颖，连欣蕾，李依浓.面向"人民城市"治理的数字化技术创新框架研究 [J].北京规划建设，2023（2）：41-47.

[2] 李洋，吴纳维，褚峤，李颖.数据融合视角下的遗产保护与发展：一个理论框架 [J].中国名城，2021，35（2）：8.

[3] 李洋，连欣蕾，李彦健，褚峤，刘琪，申洪浩.全方位打造数字化生活服务体系——理论框架与全球经验 [J].全球城市研究（中英文），2022，3（1）：1-17.

[4] 夏铸九，曼纽尔.卡斯特.网络社会的崛起 [M].北京；社会科学文献出版社，2003.

作者简介：

李洋，博士，清华同衡规划设计研究院技术创新中心数字治理所主任工程师，高级工程师，中国城市科学研究会历史文化名城委员会数字名城学部委员。长期从事数字技术支撑的城乡规划设计项目及数字化转型相关研究与技术研发。

历史街区更新类规划实施的三点探索
—— 以绍兴市柯桥为例

关键词：历史街区；规划实施；资产运营；实施管控；柯桥

一、项目背景

1. 场地背景

柯桥省级历史文化街区（以下简称"街区"）位于绍兴市柯桥区，被现代建设所包裹，大运河世界文化遗产廊道中的浙东古运河段从街区中心穿越，其前身柯桥古镇因水运商贸繁盛而被称作"浙东运河上的明珠"。街区内部保留着江南水乡的典型风貌和肌理（图1）。然而，建筑遗产闲置失修、私搭乱建损毁原真、服务设施低端匮乏、产权关系复杂混乱、人口老龄化及社会问题严重等全面衰败境况，使"明珠"沦为"遗珠"。规划与治理难度极大。

2. 城市背景

街区一角也是柯桥轻纺城的发源地，轻纺城现已发展成亚洲最大的轻纺产业基地，每天聚集着大量的国际商贸活动和人群，但却十分缺乏有特色的城市服务空间，成了制约城市良性发展的短板。因此，政府因其作为城市中心唯一历史街区的稀缺性价值而将柯桥历史文化街区更新规划定位为城市服务主导型遗产地更新，以满足城市发展需求。

图1　规划前的柯桥"三桥四水"区段照片

3. 规划背景

基于文化复兴的时代使命，规划团队于2016年完成修建性详细规划并获得政府批复，此后又围绕规划实施展开了多年的陪伴式技术服务与动态维护工作，旨在活化再生遗产价值并使之融入公共生活与现代产业体系，重新成为世界遗产廊道上的重要节点。规划主体部分（即三桥四水核心区及笛里广场—融光寺区段）于2021年年初实施建成（图2），并开街试运营。

回顾规划实施过程，也是对此类更新规划实践的初步探索，可以概括成"三化"——资产化的前端内容与场景策划、精细化的规划管控与微观方法以及平台化的项目协作与治理机制。

二、资产化的前端内容与场景策划

1. 遗产保护的圈层化梯级模式

首先，严格保护和原真修缮遗产本体，叠合各级、各类保护规划，对建筑与环境遗产精准区划并逐一施策导控，形成圈层化的梯级保护与建控模式（图3），延续传统格局，确立风貌基调。其次，全面整理各类非遗并甄选手作主题的传统技艺，与现代设计

图2 规划实施影像图（2022年3月）①

---

① 图片来源：绍兴柯桥历史文化街区开发利用投资建设有限公司

相结合，纳入遗产价值再生的系统策划。最终，规划建构起"地域生活美学体系"的创新理念及其空间系统，定制水乡人文空间和产品的全要素体验体系，使遗产回归生活，并在文脉创新的过程中保护、传承和发展，从而实现街区价值的整体升维。

2. 实施结合运营的资产化再生模式

依托遗产资源，建立地方文化和社会创新媒材库。同时，以运营为导向，深度发掘遗产空间的场景价值并引入互联网思维，创建能吸引多元人群和新消费的内容与场景体系，发挥存量的流量潜能，盘活空间与人文价值，重塑"柯桥古镇"整体文化IP，将历史遗产转化为城市资产。同时，规划团队还深入参与重要项目的建筑策划与方案评审，

将规划要求转化为实施条件，确保规划精准落地。依据修建性详细规划中的建筑功能利用导引组织业态和招商，并根据市场及运营需要动态调整、明确具体的项目与业态，实现策划—规划—设计—实施—运营的紧密衔接和双向互动，进而提升使用效能、指引工程设计。

截至2023年6月，街区已入驻近百家商户，且业态之间、业态与空间之间的适配良好。

三、精细化的规划管控与微观方法

1. 小型更新单元体系及图则管控

技术层面，构建微观尺度的小型更新单元体系及其三级区划，包含5类环境更新单

图3　圈层化梯级保护与建设控制模式

元与 3 大类、14 细类，共计 166 个建筑更新单元（图 4），形成精细化的实施管控对象和内容，用"绣花功夫"实现"一地一策"。每一单元都整合环境、建筑、地下空间和市政接口四大系统，创建以实施管控图则为核心的技术整合与专业协作平台，为下位设计、规划管理以及后续可能出现的方案调整提供要求和依据，运用工程思维的微观方法综合解决真实环境中的复杂问题。在此基础上，积极引入多元的建筑师集群设计，使多种功能的新建建筑与传统风貌相得益彰，在统一的风貌基调中塑造街区应有的多样性。

2. 格局导向的结构化分级实施路径

采用结构化分级实施建筑单元与公共空间，先整保护和修复古镇格局。公共空间部分从边界严控到分类导控，再到分级实施，已建成主要的滨水和街巷空间及部分支巷，

并恢复了多条历史水系（图 5），继而利用不同类型的公共空间特质营造活力场景。结合公共空间改造，规划进一步量身定制 40 种市政管线断面，以适应不同街巷的宽度和场地条件。管控图则中也精细化预留出市政管线接口的合理区间。

四、平台化的项目协作与治理机制

1. 长效协同的四方平台机制

规划团队积极参与规划实施流程的多个环节，并与建设主体（国资平台）、第三方运营机构和建筑工程团队共同搭建起四方协作平台，制定长效化的工作组织机制，指导分期实施和品控管理。实施过程中，规划团队通过创建实施项目档案库，协助建设和运营主体进行项目管理并实时更新维护。截至 2023 年 6 月，实施项目已竣工 40 个。其中，

图 4　小型建筑更新单元编号汇总图

包括笛里广场、董希文纪念馆、柯桥非遗馆新馆和融光寺复建在内的文化空间项目达13个。

2. 文化软环境的柔性治理机制

规划实施亦注重对创意型新居民群体的长期培育，即全方位引入本土非遗匠人、轻纺产业设计师、驻地艺术家、美术学院实习生和年轻创业者等多元创新人群及其日常生活，共同缔造具有地方特色的社会创新环境与创意生活，孵化在地的社会治理组织、艺术社群和文化氛围。运营方结合创意人群的生产生活需求，依托遗产空间的场景营造，在街区中先后举办了数十场次的节事活动，包括中秋祭月活动暨绍兴曲艺传承演出、柯桥古镇艺术季、华裳夏潮汉服秀、中国轻纺城柯桥时尚周、国风潮音节和柯桥十二风雅集等主题性城市事件，以及茶市、纺市、药市、花市、乐市、宝市和"笛里故市"艺术美学市集等定期策划的非遗创意集市，为年轻的手作匠人提供展示空间。并开办融光研学社，将传统技艺与现代设计相结合，在创新中传承和弘扬文脉。

五、实施成效与反思

1. 社会经济效益

在多方通力合作下，街区更新与运营取得了显著的经济效益、社会效益和文化效益，尤其是夜经济成效突出，成为居民与游客喜

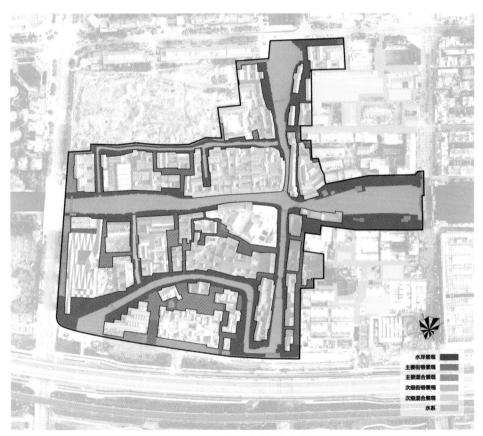

图5　已实施公共空间分布图

爱的城市新客厅和文旅目的地。2022 年街区客流量达 262 万人次，2023 年上半年已达 375 万人次，2023 年五一小长假期间超过 20 万人次。同时陆续获得多项省市级荣誉和文旅奖项，包括市级特色文化产业街区、2021 浙江古镇文旅创新十佳实践案例、2022 中国旅游创业创新精选案例、中国最美夜间文旅消费目的地、中国提振文旅消费典型案例、2022 浙江文旅十大烟火市集等，成为浙江省的重点标杆项目。

此外，新华社、新华网、CCTV13 新闻频道、CCTV10 科教频道、浙江新闻客户端、凤凰新闻等多家中央、地方媒体都对柯桥历史文化街区更新进行了报道和推介，也在搜狐网、小红书和哔哩哔哩等诸多知名网络媒体上亦引发热议，社会反响热烈。

综上所述，柯桥古镇经历了历史繁荣后的全面衰败，经由城市更新而得以复兴，再次成为"浙东古运河明珠"。其规划实施的理

念、模式、方法和机制经过实证检验，具有普适性的推广价值与示范意义。

2. 对不足的反思

本次规划实施虽已取得了较高的完成度，但在实施过程中仍存在可改进之处，有待持续研究和完善。

第一，微观尺度的更新规划与下位建筑设计的一体化融合还应进一步加强，以更充分地落实规划意图及运营需求。

第二，在物质空间与内容更新的同时亦须加强相关的政策引导和支持，如吸引高品质创新人群入驻等，并充分发挥责任规划师的作用，进一步形成多方合力。

第二，运营前置的初期介入应更早于规划编制，并贯穿于规划设计和实施建设的多个阶段，才能在遗产保护的基础上进一步发掘和再现遗产的多维价值，同时更好地对接市场需求和趋势。

作者简介：

杨超，清华同衡规划设计研究院详细规划与实施分院二所主任工程师，正高级工程师，注册城乡规划师。长期从事城市设计、城市更新和公共空间类研究与实践。

生态城乡

同衡学术 2023 视界

城乡融合背景下的县域发展实践与思考

/ 闫　琳

关键词：城乡融合；乡村振兴；县域发展

一、我国乡村振兴战略政策梳理

从时间线来看，我国各阶段乡村发展政策的出台与城乡关系变化密不可分。党的二十大提出全面建设社会主义现代化国家，仍然要坚持农业农村优先发展。立足城乡融合大趋势，2024 年中央一号文件公布，提出有力有效推进乡村全面振兴"战略图"。更在延续以往政策的基础上，就核心任务提出了更新、更实、更具体的要求，比如提出树立大食物观，构建多元化农产品供给体系，发展乡村特色产业，拓宽农民增收致富渠道，深化农村土地制度改革，赋予农民更加充分的财产权益等，为当下和未来城乡规划的发展方向提出了引导。

县是我国国家治理的关键一环，是实施城乡融合和乡村振兴的核心载体，更是缩小城乡差距、促进区域协调发展、实现共同富裕的重要层级。然而，我国县域发展基础和动力的不平衡、大部分县城和乡村两个主体能力的不充分以及不同地区间和县域内发展阶段不同步等，给各地乡村振兴工作带来了差异化的挑战。

二、聚焦县域发展的规划实践

长期以来，清华同衡紧扣国家政策，持续开展县域发展与乡村振兴的全体系研究，从政策解读、空间重构、落地实施、综合治理等多个视角，对我国各地区、各阶段城乡问题进行深入观察与解读，并在若干县域开展多种类型的规划实践，为各地提供符合时代变化和地方需求的规划服务。

2015 年我院在福建省晋江市开展的《晋江全域田野风光发展规划》是对我国高度城镇化地区面临城乡关系转变时，优先提出的面向乡村地区的全面发展研究，从乡村功能价值的多元化、空间格局的多层次、空间管控的多视角，探索从点到域、从战略到落地的乡村总体规划（图 1）。

2017 年我院在云南省南涧县开展了面向深度贫困县的《云南省南涧县乡村振兴系列规划》（图 2），从县域、乡镇、村庄和村组四个层次，开展从战略到落地实施的一揽子规划设计服务，以乡村振兴战略助力地方实现全面脱贫。

2018 年我院在湖北省远安县开展了《湖北省远安县城乡融合规划》，面对中西部相对欠发达县域发展的复杂性，规划提炼、总结出"人地产居文"五大核心要素（图 3），积极探索城乡融合趋势下，从脱贫攻坚到全面乡村振兴的县域发展新模式。

2019 年以来，我院结合国土空间规划改

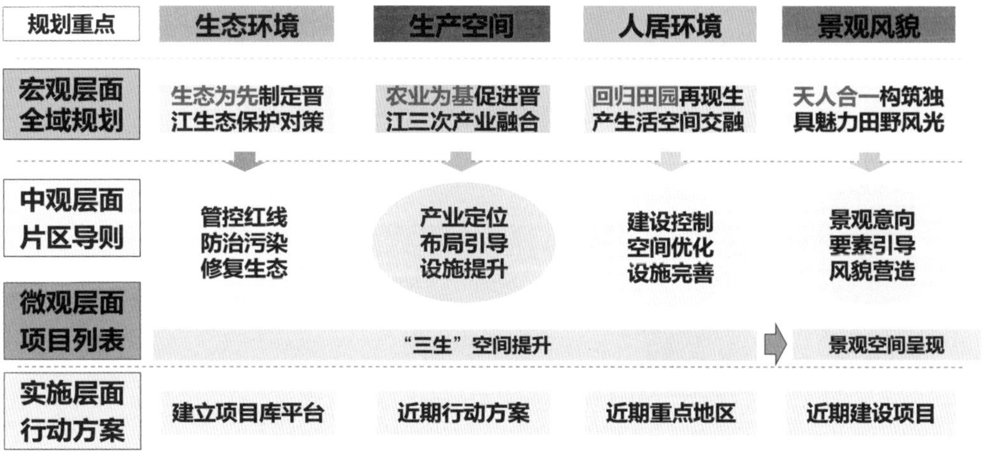

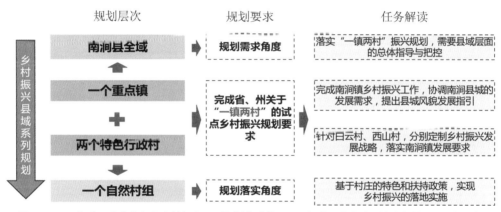

图1　2015年《晋江全域田野风光发展规划》（获2017年度北京市优秀城乡规划设计奖二等奖）

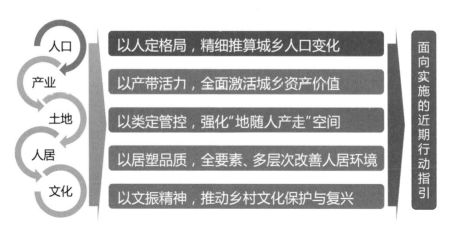

图2　2017年《云南省南涧县乡村振兴系列规划》（获2021年度云南省优秀城乡规划设计二等奖）

以人定格局，精细推算城乡人口变化

以产带活力，全面激活城乡资产价值

以类定管控，强化"地随人产走"空间

以居塑品质，全要素、多层次改善人居环境

以文振精神，推动乡村文化保护与复兴

图3　2019年《湖北省远安县城乡融合规划》（获2021年度优秀城市规划设计奖三等奖、
2021年度湖北省优秀城乡规划设计一等奖）

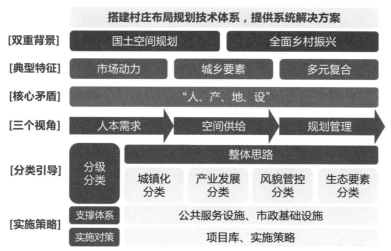

图4　2020年《天津市蓟州区村庄布局规划》（获2021年度北京市优秀城乡规划奖三等奖）

革要求，坚持以扎实的城乡研究支撑县域国土空间规划，形成了我院在相关领域的项目特色。例如2020年我院在天津市蓟州区开展的《天津市蓟州区村庄布局规划》（图4），是立足国土空间规划与乡村振兴双背景，探索大都市周边乡村空间提升与可持续发展的专项研究，从人本需求、空间供给、治理管控三位一体的视角，强调了城乡发展的平等权利与城乡共融趋势下的村庄布局规划的系统方案，促进国土空间规划体系的上下衔接。

2022年我院进一步开展全国层面的县域发展整体研究，承接了住房和城乡建设部"以县城为重要载体、县域为单元的城镇化案例研究"（图5）和"县域镇村体系布局优化理论与关键技术研究"等若干课题，对我国县域城镇化阶段特征、城镇化动力、就地城镇化模式以及县域内城乡关系等关键问题进行了更为系统的梳理和深度解读。

总体来看，我院始终秉承"产学研"一体化研究思路，紧扣时代脉搏，立足真实需求，积极探索我国县域发展的多样路径。空间上更加强调城乡交织、深度融合的格局重

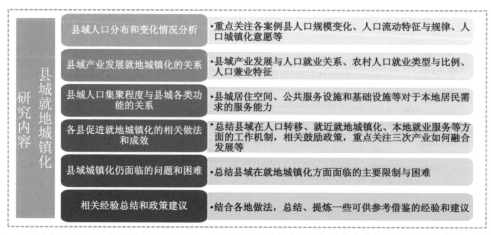

图5　以县城为重要载体、县域为单元的就地城镇化案例研究（获2023年度北京市推荐优秀城乡规划奖二等奖）

构；目标上更加强调以人为源、需求导向的解决方案；内容上更加强调因势利导、注重落地的实施路径。

三、新时期城乡要素变化特征分析

结合丰富的实践，我院持续开展理论探索，从人口、产业、空间和文化四大视角对我国县域城乡要素的复杂特征与变化趋势展开了分析与思考。

一是人口视角，县域人口分布与流动规律呈现更为复杂与多样的特征（图6）。具体包括全国县域人口呈现整体收缩与局部回流并存，人口流动从单向、梯度、短期的流动向多层次、多元化、往复循环转变；流动方向呈现向大城市和乡村"两端化"聚集等。同时，一些关键设施对人口流动起到了重要影响作用，如交通设施的改善促进了县域内城乡人口的常态通勤与"双栖"现象，而教育设施则成为人口流动目的地选择的"牵引线"。结合进一步的深度调研，我们发现人口流动的过程远比这些规律更为实际和复杂，促成他们流动选择的可能是一个家庭成本的综合计算，或是迁就老人或子女阶段性的就

医就学需求。县城承担着"年轻人的驿站"和"年长者的家园"的功能。如何进一步融合时间、财富、意愿等多种要素，关注不同人群、不同阶段的发展需求，让更多人拥有更有尊严的生活，是未来规划的新要求。

二是产业视角，县域产业发展长期存在进退两难的局面。大部分县域空间承载着保障国家粮食安全的农业生产任务，但是传统农业发展仍然面临严峻的困境。在新型城乡发展关系中，订单农业、互联网服务等新型组织模式促进了农业产业结构升级，正在激活农业产业的新发展模式。乡村空间也出现更多的产品类型，其生态绿色、休闲观光、文化体验、餐饮美食、健康养老、教育美学等价值也逐渐转化为新的乡村产业价值。县域产业发展也面临新情况，比如年轻人对传统产业兴趣不高，"没人种地"成为当下乡村产业的最大问题之一。因此，如何逐步提升单位时间创造的综合价值并充分考虑新时代年轻人的心理因素和工作体验感，是促进县域产业发展的关键。进一步围绕产业主体、从更大的城乡循环中思考产业如何吸引人、搭建更加快捷的产业流通路径和组织模式，是未来规划的新任务。

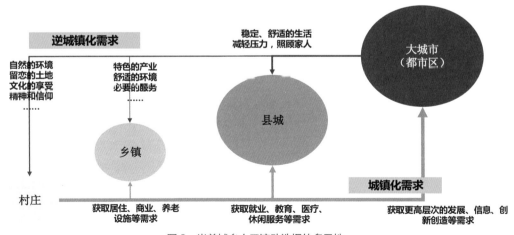

图6 当前城乡人口流动选择的多元性

图 7　游埠古镇的早茶文化

三是空间视角，县域空间呈现更为复杂的矛盾交织。不论是用地类型还是管控要求，县域各类空间资源的管控成本更高、难度更大，而在激活土地价值、推进土地制度改革等方面仍存在不足。比如当县域农业种植结构调整与耕地保护存在冲突时，一味守住破碎化的耕地红线反而破坏了已经形成的县域特色农业产业；而随着老百姓产权意识的提升，农地、宅基地、集体经营性建设用地的"三权分置"改革也存在改革措施与需求错位的情况。如何让土地管控的"守底线"不要变成"守死线"，在保障生态和粮食安全的基础上更好地服务县域发展，建立空间资源的综合效益细化管控，以促进城乡平等发展来推进土地制度改革等，则是未来规划的主要方向。

四是文化视角，城乡文明的冲突与融合。虽然近年来新乡村美学的出现成为城乡文化交流的切入点，美丽乡村建设也成为吸引人口回乡的重要因素之一，但随着越来越多精致的"都市景观"（如特色书店、网红咖啡厅、酒吧、高端民宿等）进入乡村甚至主导乡村空间，人们需要反思这是否应成为乡土文化的未来？记忆中的乡愁更应是真实的、朴素的、根植于地方的场景。比如，兰溪游埠古镇保留了当地人喝早茶、吃早饭的热闹生活场景（图 7），让传统文化在烟火气中融合、互动、更替，更带来了鲜活难忘的体验，比景区更吸引人。因此未来城乡文明的真正融合应当是让所有人能够有尊严地保持传统而美好的生活场景，更需要建立乡村文化自信和乡土美学的新标准。

四、结语

在城乡融合的大背景下，县域空间的一切变化都呈现出了更真实、更深刻、更复杂的场景，它不是机械化的单一路径，而是多线条和差异化选择的结果。未来，规划工作需要更尊重县域城乡发展的基本规律，围绕人本需求配置资源、促进产业创新与主体回归、构建城乡交互的资源管控、推动城乡文明双向融合，用更平等、更系统、更现代的规划供给，持续探索县域城乡发展路径。

作者简介：

闫琳，博士，清华同衡规划设计研究院总体发展研究和规划分院总规划师，总体四所（城乡所）所长，正高级工程师。主要从事城乡发展研究、县域发展与乡村振兴、特色镇村研究等领域的工作。

以县城为重要载体的城镇化建设现状及规律浅析

/ 郭志伟

关键词：县城；重要载体；县城建成区；城镇化

在党中央、国务院推进以人为核心的新型城镇化和乡村振兴战略的背景下，县城作为县域的政治、经济、文化中心，起着联系两大战略的关键作用，承担了促进城乡融合发展、加快实现共同富裕等时代使命。但一直以来县城在我国的城镇化格局中地位不突出，长期模糊在"中小城市和小城镇"的概念里。2022 年 5 月，中共中央办公厅、国务院办公厅印发《关于推进以县城为重要载体的城镇化建设的意见》，全面、系统地提出县城建设的指导思想、工作要求、发展目标、建设任务、保障措施和组织实施方式，将县城作为中国特色新型城镇化建设的重要组成部分，县城被提升到了一个新的高度。

一、县城的概念

1. 县城的由来

"县"古字是"悬"，有悬挂之意，引申指维系、差别大、距离遥远等。周代制度为"天下地方千里，分为百县而系于国。"周代的县在诸侯国之下，面积大于郡。到了秦、汉，县作为郡以下的行政区域，意思是地方政权直系中央，还留有"挂"的含义而稳定下来。从秦朝到清朝，县级行政区的数量随着我国疆域的拓展有所变化，基本稳定

在 1000 至 1500 个之间，但与郡、州等高层级的行政区域相比，县级行政单元的辖区面积增长变动较小。历史上讲"皇权不下县"，中央政府通过县的设置处理讼案、征收税赋、推行教化等，维持乡村社会的稳定运行，《清史稿》记述"知县掌一县治理，决讼断辟，劝农赈贫，讨猾除奸，兴养立教。凡贡士、读法、养老、祀神，靡所不综。"县制是我国地方管理制度中跨越时间最长、最稳定的组织机构，县城作为县的中心，一般指由城墙围起来的区域。

2. 本研究中的县城

县是地级行政区下面的一个行政管理分类，与市辖区、县级市、自治县、旗、自治旗、林区等均为县级行政区。县域一般指以县为行政区划的地理空间，即县的行政辖区，一般意义上的县与县域概念相等包含县城以及所辖镇、乡和村庄等。县城作为县域的政治、经济、文化中心，各类要素完整，服务功能齐备，是连接中央与地方、城市与乡村的关键。依据统计口径，县城一般指①县政府驻地的镇（城关镇）或街道办事处地域；②县城公共设施、居住设施和市政设施等连接到的其他镇（乡）地域；③县域内常住人口在 3000 人以上独立的工矿区、开发区、科

研单位、大专院校等特殊区域，是相对完整的行政区域，与传统意义上城墙围起来的"县城"意象不同。与"县城"的意象更接近的应该是县城建成区。依据住房和城乡建设部发布的《2022 年城乡建设统计年鉴》的术语解释，县城建成区指县城内实际已成片开发建设、市政公用设施和公共设施基本具备的区域。县城建成区是非农业人口相对集中分布的城镇化区域，是县域人口和各类公共服务设施、基础设施最集中的区域，也是县域城镇化的主要载体。

二、以县城为重要载体的城镇化现状情况

研究以政策梳理为指引，以县城 2009—2019 年相关数据变化情况为基础，结合实地调研，探索以县城为重要载体的城镇化现状情况及初步规律，并结合地方实际调研提出相关建议（图 1）。

1. 县城人口现状情况

2020 年，全国县级单元常住总人口达 7.45 亿，占全国总人口的 53%。县域平均人口规模 49.4 万，其中人口 50 万以上的县级单元主要集中在胡焕庸线以东。从 2010 年至 2020 年，全国 2/3 县域的人口呈负增长，其中县（旗）人口平均增长率为 –5.04%，县级市人口平均增长率为 –0.44%。县城平均常住人口 13.2 万，20 万以下的 II 型小城市占比达 79%。其中县（旗）平均 10.92 万人，自治县（旗）平均 6.76 万人，县级市平均 22.59 万人。20 万人口以上县城中有 78% 集中于中、东部地区。

2. 县城人口集聚度提升，是县域城镇化的主要载体

从 2010 年至 2020 年，87% 的县级单元

图 1　以县城为重要载体的城镇化研究框架图

县城人口占县域人口比重呈增长趋势。其中有 29% 的县县域和县城人口同步增加，同时有 58% 的县在县域人口减少情况下县城人口增加。自治县（旗）、县级市呈现基本一致的变化规律。县城作为城镇化的重要载体具备了较好基础，但不同地区差异明显，县城占县域人口平均比重由 25% 提升至 35%。分区域看，东部地区县城人口占县域人口的 33%，中部地区为 36%，西部地区为 35%，东北地区最高达到 39%。

3. 土地城镇化速度显著高于人口城镇化进程

2020 年全国县级单元平均建成区规模为 17.36 平方公里，2008—2020 年县建成区规模平均增长 73.87%，其中县（旗）建成区增长率高达 93%。县城建成区面积增速比人口增速高出 23 个百分点，约 2/3 的县城土地城镇化显著快于人口城镇化的特征。分区域看，西部地区县城建成区规模增长率最高，达到 91.27%；东北地区最低，为 33.5%。但与人口增长率对比分析，东北地区建成区增长速度是人口增速的 6.8 倍，倍差最大；东部地区为 1.8 倍；中西部地区接近，约为 1.4 倍。

4. 经济活力是带动县城城镇化的核心动力

东部地区县域 GDP 总量和人均值都最高，中部地区县域 GDP 总量高于西部和东北地区，但人均值低于西部地区。与县域人口规模分布情况对比来看，经济发展水平高的县级单元其人口集聚能力强，相应的县域人口数量和县城平均人口规模大。从不同功能区看，县城人口规模大、经济实力较强的县集中分布于城市群地区。城市化发展区县级单元平均 GDP 总量为 420.55 亿元，分别是农产品主产区和重点生态功能区的 2 倍和 4.3 倍；人均 GDP 达到 7.12 万元，约是其余两类主体功能区县城的 1.5 倍。

5. 县城固定资产投资对人口增长促进作用明显

2020 年我国县城固定资产平均投资是 2008 年的 47 倍，县城基础设施建设取得长足进步。全国县城供水普及率及生活垃圾处理率均在 95% 以上，污水处理率达到 91.52%，与城市的水平基本接近，燃气普及率、建成区绿地率相对略低，分别为 86% 和 34%。与人口增长情况对比分析，人口增长率超过 100% 的县城固定资产投资增长率最高，达到 2008 年的 80 倍左右；人口增长率为 50%-100% 和负增长的县城固定资产投资增长率低，均在 30 倍左右。

三、2009—2019 年以县城为重要载体的城镇化规律浅析

县城作为县域的中心，历史上较少发生变迁，自然而然成为县域人口聚居的重要目标地，对具有安土重迁文化传统的中国人来说，其地位是不可替代的。此外，以县城为重要载体推进城镇化建设，不仅可以促进产业空间和劳动力合理契合，有效降低城镇化成本，还可以使农民工兼顾就业与安居，提供给农村转移人口多种就业和居住选择。从全国层面的数据分析和案例县情况看，也符合这一规律，县域人口流动随着产业走，向公共服务更好、更宜居的县城聚集的趋势明显。具体有以下特点：

1. 县域人口持续减少，县城集聚度增加

县域人口流出趋势尚未改变，我国城镇化整体进程还将持续，农业人口转移还有一

定空间，人口的分布格局会进一步优化。从案例县的调研情况看，县域转移人口平均收入、受教育水平均偏低，在大城市实现城镇化难度较大，县城房价比大城市低得多，提供城镇化的基础设施和公共服务，距离生养的乡土近，乡风民俗相仿，又能提供相对多元的就业机会，是农业转移和返乡人口居住的首选地。这也是近年来县城人口集聚度持续提升的主要原因。

2. 县城分化加速，发展模式待转型

县城所处区域、资源禀赋和规模差异巨大，从数据分析看，县城的分化也在持续加强。部分位于城市群内或有特色资源的县城，参与更大范围的产业分工，经济持续快速增长，人口集聚能力不断增强，发展更倾向城市型。而位于农业主产区、重要生态保护区内的县城，虽然也得到一定发展，但其产业能级低、规模小，主要职能是服务县域农业和农民的基本生活需要，对外服务职能弱，以服务内循环为重点，未来的发展方向更多是作为服务乡村振兴的节点。

3. 随着土地约束性增强，县城产业持续增长难度大

县城城镇化水平与经济总量密切相关，经济发展为县域农业转移人口提供就近就业机会。2010 年以来，随着我国产业的转型升级和沿海城市产业向内地转移，县城发展多依靠劳动密集型的传统产业，带动了中西部地区县城人口快速增长。而这种增长高度依赖新增土地和环境承载力，从全国数据看，县城建设用地面积扩张速度普遍快于人口增长速度。随着新一轮国土空间总体规划的落地，县级城镇建设用地增长边界进一步收紧，原来依靠土地扩张拉动的建设发展模式难度增大。

4. 基础设施建设水平与县城城镇化互相促进，县城治理能力急需现代化转型

县城基础设施建设投入强度与人口集聚程度相关，教育、医疗、养老等公共服务水平对吸引县域人口向县城集聚起着重要作用。随着县城补短板等政策的落地，各类要素保障水平将稳步提升。随着信息技术的革新和返乡人口的增加，县城传统半熟人社会的治理模式将逐步改善。

四、推进以县城为重要载体的城镇化需解决的几个问题

党的二十大报告中再次强调推进以人为核心的新型城镇化，加快农业转移人口市民化，推进以县城为重要载体的城镇化建设。在"双循环"新发展格局下，我国将从过去依赖外贸的发展模式，转向外贸与内需并重。县城城镇化建设一方面可以拉动城镇投资、促进消费，承载县域农民就近城镇化，推动城镇化战略高质量发展；另一方面服务带动县域乡村发展，加快城乡要素双向流通，支撑城乡融合发展，是打通内循环的重要枢纽（图 2）。但从调研情况看，仍需从以下几个方面加强统筹指导，破解县城城镇化建设面临的问题。

1. 与大城市错位竞争，找准县城发展定位

与大城市相比，在就业机会、收入水平和生活方式的多样性等方面，县城不具备优势，留不住人，特别是留不住年轻人的问题突出。调研中不少县通过住房、工作补贴，取消户籍限制，改善人居环境等多种策略，为年轻人提供相对精致、丰富的"城市型"生活，但仍难抵挡大城市的虹吸效应。避免盲目攀比，依据县域自身条件，客观、准确地提出发展定

图 2　县城在新型城镇化建设中的作用图

位，找准县城建设发力点，仍是首要问题。

2. 县城产业要素能级低，急需加快产业结构升级，提供城镇化动力

县城产业与一产融合深度不够，历史文化挖掘、特色产业培育、休闲农业打造尚未形成规模。需要加强适应县城人口结构的产业研究，研究发展带动县域、特色型、小规模、较高效益型的产业项目。

3. 塑造县城宜居特色，建立小而美的温暖家园

尺度宜人、环境宜居应是县城最大的吸引力。但近年来县城多照搬大城市的建设模式，在经济就地平衡等原则的指导下，高层小区、宽马路、大广场不断涌现；传统的老城历史欠账多，建设缺乏引导，风貌破旧杂乱，教育、医疗等资源配置滞后，小而美的优势发挥不足。

4. 以人为核心，吸引新市民特别是年轻人留在县城

深入研究不同年龄、不同就业类型人口在县城生活的需求，不断完善生活和工作配套设施。重点针对年轻人、返乡人才，加大就业创业补贴和政策扶持力度。完善县城保障性住房、就业和配套服务，努力解决本地人才外流、创新型人才留不住等问题。

（本研究基于住房和城乡建设部村镇建设司"以县城为重要载体、以县域为单元的就地城镇化案例研究"的课题成果。感谢我院和总体分院领导的支持，以及村镇建设司领导的指导，更感谢项目组全体同事的辛苦付出等）

参考文献

[1] 中华人民共和国住房和城乡建设部.中国城乡建设统计年鉴2009年[M].北京：中国计划出版社，2010.

[2] 中华人民共和国住房和城乡建设部计划财务与外事司.中国城市建设统计年鉴2019[M].北京：中国计划出版社，2020.

[3] 刘晓丽.中小城市和县城基础设施现状及问题[J].城市问题，2011（8）：33-37.

[4] 吴宇哲，任宇航.改革以来以县城为重要载体的新型城镇化建设探讨——基于集聚指数的分析框架[J].郑州大学学报（哲学社会科学版），2021（11）：65-71.

[5] 张蔚文，麻玉琦.我国县城分类建设发展思路[J].宏观经济管理，2022（4）：20-25.

[6] 李燕凌，代蜜.我国县城城镇化政策的适配性研究——基于政策文本分析的视角[J].公共管理与政策评论，2022（2）：87-100.

作者简介：

郭志伟，清华同衡规划设计研究院总体发展研究和规划分院总规划师，高级工程师，注册城乡规划师。曾任职于国家部委机关和地方城乡规划管理部门，长期从事城乡规划建设政策制定、编制和管理工作。

面向全过程实施性的乡镇域国土空间规划技术要点探索

/ 闫　璟

关键词：全过程实施性；乡镇域国土空间规划；技术要点

一、乡镇域国土空间规划逻辑思考

1. 规划传导逻辑的关键环节：承上启下、落地实施

从规划传导逻辑来看，乡镇域国土空间规划是国土空间规划体系中"承上启下"的重要层级之一，既承担传导、落实市、县（区）国土空间规划任务，也要指导城镇开发边界内详细规划与城镇开发边界外村庄规划的实施。在国土空间规划体系里"兜底落实"的总体规划，对国土空间规划体系具体落实起到至关重要的作用，是协调自上而下的治理目标与自下而上的发展诉求的关键层级。

2. 城乡统筹逻辑的"操作面"：均衡服务、协调共生

乡镇域国土空间规划是统筹城镇空间与农村空间的最关键环节，是破除城乡二元结构、促进城乡融合的具体操作实施规划环节。构建一体化的城乡公共服务体系，在乡镇域层面引导公共服务设施均衡布局发展，是这一环节的重要抓手。乡镇地区公共服务配置需要考虑精准投放、高效配置，基于"区域—镇—村"分级配置各项基本保障类设施；结合实际需求，按乡镇主导功能进行特色化的补充。如在以现代农业为主导的乡镇，补充配置农业科技服务站、农产品冷链物流基地等，可更好地支撑匹配农业产业化的需求。此外，也需考虑地理条件，如根据乡镇所处平原、浅山或山区的不同地形条件，对镇、村生活圈的服务半径进行优化调整（图1）。

3. 发展管控逻辑的转变：从侧重建设到全域全要素管控

从传统城市总体规划侧重建设空间向全域全要素管控的逻辑转变是国土空间规划体系"多规合一"的重点体现。乡镇域是山水林田湖草全要素治理的基本管控单元，在乡镇域国土空间规划层面，聚焦非建设空间、平衡开发与保护的关系，是发展管控内在逻辑要求。在推进乡镇集中建设区高效集约建设、打造美丽整洁村庄之外，需要重点开展山区涵养、水系治理、林地成网、耕地保护和草场修复等规划管控内容，推动形成建设空间与非建设空间相互协调、全域资源统筹的乡镇域整体格局。

4. 空间网络逻辑的重构：功能协同、要素互动

乡镇域国土空间规划是激活乡村多元价值、推进城乡均衡的最重要的总体规划。本

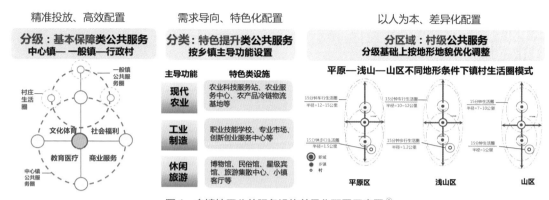

图1 乡镇地区公共服务设施差异化配置示意图 ①

轮乡镇域国土空间规划需要改变传统的区（县）—镇—村单向传导逻辑，突出乡镇的特色功能引领，探索组织相邻重点功能单元（新城组团、乡镇、村）形成高效协同的功能集群或经济发展单元，构建城乡互补的产业网络和高效互连的居民点网络，从而促进城乡要素双向流动。例如在北京平谷区马坊镇国土空间规划实践中，以物流产业高地作为新市镇特色，联动发展周边东高村镇、马昌营镇、夏各庄镇，形成物流产业集群，同时统筹各镇区周边村庄，形成与特色产业互补联动的配套服务体系及居民点，在功能集群的基础上，促进了产业、生态、服务等不

同功能要素的双向流动（图2）。

5. 产业融合逻辑"多元变现"：镇村产业互促融合，激活全域价值

乡镇域国土空间规划是将区（县）域产业发展目标、产业体系与产业布局具体落实的规划层级，承担从"方向"到"布局"的"落实变现"角色。更加关注城乡联动视角下产业业态和主导产业功能的落实，重点协调产业用地布局和指标，统筹安排产业配套服务、实施路径。一方面谋划确定具体产业类型与项目；另一方面统筹协调产业项目落地，统筹产业用地指标和精细化解决用地

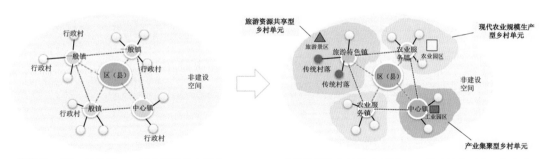

图2 功能协同的乡村单元模式示意图

---

① 图片来源：根据《四川省"两项改革背景下""镇村生活圈"设施配置研究——以四川省合江县先市片区为例》绘制

矛盾冲突。另外还包括安排产业的相关配套服务、明确产业落地的具体实施路径等。通过这些具体产业实施路径规划，实现产业融合，激活全域价值。

6.地域分工逻辑的重要载体：因地制宜、各有侧重

各地区由于区位、经济水平和城镇化阶段等差异，乡镇国土空间规划编制的重点和深度不同。如北京、上海等超大特大城市城乡融合的程度更高，规划管控内容更深入、指向更落地，更重视生态区管控和建设用地减量。其中，北京的乡镇分类侧重于区位导向，结合乡镇与城市建成区和生态空间的关系，聚焦于生态区控制和集中建设区管控。上海以"新市镇规划＋单元规划"的形式，侧重于全域精细化管控，强调加强城乡要素统筹。

二、规划的技术难点及重点各不同

基于乡镇域国土空间规划"多规合一、有效衔接"的规划体系逻辑，以及"上下贯通、落地实施"的实施逻辑，根据实际情况和发展诉求不同，各乡镇在生态保育、产业发展、城乡统筹、城镇建设等方面形成各自的规划重点难点。在《北京市乡镇国土空间规划编制导则（试行）》中，依据区位条件、空间特征划定疏解提升型、平原完善型、浅山整治型、山区涵养型四类乡镇，制定了发展指引、成果表达等差异化引导要求。通过实践我们发现北京各平原乡镇除市级引导要素影响外，还存在生态修复、产业发展、城乡建设等方面的差异化的发展重点及诉求（图3）。例如北京市马坊、长阳、漷县镇均属于平原型乡镇，但发展重点却有所差异，对国土空间规划精细化编制提出更高要求。

1.主导产业引领规划编制及镇域发展——马坊镇

物流产业是平谷区马坊镇发展的核心动力，产业发展动力的急迫需求，使马坊镇成为北京市第一个获批的新市镇。因此以主导产业引领规划编制的马坊镇，规划编制的重点、难点聚焦于如何凸显主导产业特色、保障产业空间建设需求，并兼顾生态涵养及城

图3   乡镇国土空间规划技术重点、难点对比研究示意图

乡功能保障。

2. 城镇综合性建设需求推动镇域总体规划发展——长阳镇

长阳镇是房山区距离北京中心城区最近的乡镇，一方面需要协调行滞洪区、"一道绿隔"等限制要素与城乡建设的矛盾；另一方面需要落实融入房山区"1+3+N"区域格局，并需要统筹镇域城乡二元割裂的结构等核心问题。问题复杂交织且多元，因此技术重点、难点聚焦于"生态保障＋产业发展＋城乡发展"的综合性需求。

3. 产业驱动与镇村统筹并重 潮县镇

潮县镇是位十副中心外围第二圈层的乡镇，生态空间占比大，城镇化进展相对缓慢，而区域性资源的集聚和良好的生态资源为潮县镇发展大健康产业带来机遇。潮县镇技术重点、难点聚焦于强化外植产业的发展和城镇化的推进。引导做强外部植入的健康产业功能，实现镇域原有制造产业转型提质。

三、技术工作的全过程模式探索

应对乡镇国土空间规划面向实施的需求，规划编制者需要跳出单一角色，从顶层统筹到实施落地，全过程、多视角参与乡镇规划。我们在北京的乡镇国土空间规划中，主动进行了技术工作的全过程模式探索，全程参与了编制、评审、实施和辅助管理各环节（图4）。

1. 开展多层级规划编制

我们在北京市全面、全过程参与了分区规划、乡镇域国土空间总体规划、控制性详

细规划、村庄片区规划、规划综合实施方案等国土空间系列规划的编制。如在平谷区马坊镇国土空间规划全系列编制之外，我们还深度参与完成了平谷区分区规划，包括同步编制4个专题研究及1个片区控制性详细规划，并对接专项规划二十余项，将相关成果纳入分区规划。同步深度编制马坊镇11项实施方案，并将相关成果纳入马坊镇国土空间规划，构建了"全过程、陪伴式"规划服务体系。

2. 协助北京市规划和自然资源委员会制定审查要求

我部门还参与北京市规划和自然资源委员会审查要点、实施管理办法等规则完善工作。结合多个在编、已批规划实践，提出根据各乡镇差异化发展方向及特征，在审查要点中补充不同类型乡镇的审查侧重点。如浅山、深山乡镇更注重生态修复相关内容，靠近中心城区的乡镇则更注重城镇建设发展等。

3. 配合主管部门监督规划"合规"实施

乡镇国土空间规划一方面落实分区规划的指标，并向下指导镇区详细规划和规划综合实施方案的编制，另一方面又需要将后者涉及的具体项目的功能、指标和设施需求等在乡镇国土空间规划中统筹协调。因

图4 乡镇国土空间规划全过程模式探索示意图

此，我们以责任规划师身份，辅助政府部门研究具体项目规划、建设实施方案是否符合规划要求，推动乡镇域规划"上传下达"的"中腰"功能的实现，有序衔接各级、各类规划。

4. 参与配合北京市规划和自然资源委员会草拟实施管理办法

同时我们积极参与到北京市国土空间规划实施管理办法的制定工作中，基于实践中面临的具体问题，提出建议补充、深化部分条款，包括增加弹性引导内容实施管理、加强规划修改及深化维护的工作体系构建等。

乡镇国土空间规划的"兜底性"特征，决定了乡镇规划中需要针对具体问题，综合运用"协助推进用地批复、统筹在施项目、指导项目选址"等多种方式，解决乡镇核心诉求，促进规划实施。因此，我们在北京乡镇域国土空间规划中，探索通过"总体规划—控制性详细规划—规划综合实施方案＋村庄规划"一系列自上而下的规划体系逐层落实重大项目。同时，在规划编制过程中同步统筹建筑、产业方案，并配合校核各

管控要素，构建协同工作平台，取得了良好效果。

协调生态保障与城乡建设矛盾是市级要求的核心任务。我们在长阳镇国土空间规划中，探索在乡镇层面创建生态要素治理工作实施路径，重点包括编制生态要素规划引导与管控专题，根据乡镇实际需求开展拆违腾退土地利用研究，校核公共公益项目。同时，协助政府开展空间治理任务，筛选违建图斑，明确拆违时序和计划安排；深化拆后利用方式，搭建部门协作平台，落实居民诉求等。

四、结语

综上所述，乡镇域国土空间规划是直面土地空间矛盾、保护与发展矛盾、城乡空间衔接协调等诸多现实问题和冲突最突出的规划层级，也是实现城乡融合最基础和关键的环节。在明确国土空间规划传导实施、地域分工、城乡统筹平衡发展等逻辑的基础上形成系统性、特色化的乡镇国土空间规划内容，才能真正实现城乡和谐共振（图5）。

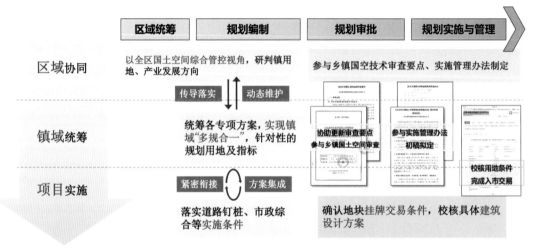

图5　"以规促施"示意图

我们对北京乡镇域国土空间规划实践经验总结，通过全过程编制与管理路径构建，以及"规划重点—落实底线管控—保障实施路径"各环节的技术要点识别，使乡镇域国土空间规划成为兼顾统筹城—镇（乡）—村全域各类要素的关键承载面，真正实现高质量发展的"一张蓝图"。

参考文献

[1] 彭震伟，张立，董舒婷，等. 乡镇级国土空间总体规划的必要性、定位与重点内容 [J]. 城市规划学刊，2020（1）：31-36.

[2] 陈小卉，闾海. 国土空间规划体系建构下乡村空间规划探索——以江苏为例 [J]. 城市规划学刊，2021（1）：74-81.

[3] 曾鹏. 乡村视角的县级国土空间规划思考 [C]. 2020年中国城市规划学术季——乡镇国土空间规划技术方法专题会议，2020.

[4] 赵宏钰，万衍，易君，等. 四川省"两项改革"背景下"镇村生活圈"设施配置研究 ——以四川省合江县先市片区为例 [J]. 资源与人居环境，2022（4）：31-34.

[5] 李雯骐，张立，王成伟. 地域特征视角下的乡镇国土空间规划的编制要点探析——基于北京市、上海市、河北省、山东省乡镇导则的比较 [EB/OL]. 2021-09-24.https://weixin.caupdcloud.com/?p=701269.

作者简介：

　　闫璟，清华同衡规划设计研究院城市更新与治理分院国际城市发展与治理研究所副所长。长期从事城乡规划与设计工作，主持和参与了多类型、多尺度的城乡规划项目。其中对国土空间规划、控制性详细规划、城市设计、概念规划、城市轨道交通沿线或站点及周边规划设计、旅游休闲度假区规划设计等项目拥有丰富经验。

共同富裕背景下苏州特色田园乡村规划实践与思考
—— 以"太湖沿线"特色田园乡村跨域示范区规划为例

关键词： 共同富裕；特色田园乡村；跨域示范区；规划路径

一、共同富裕背景基础

1. 新时代背景下乡村建设面临更高要求，共同富裕成为核心命题

"十四五"以来共同富裕成为我国现阶段发展的重点任务，其中地区差距、城乡差距、收入差距是三大主攻方向，而城乡差距是共同富裕的最薄弱环节，最艰巨、最繁重的任务在农村。从这个角度理解乡村振兴是为了推动乡村高质量发展与建设，促进城乡差距缩小，打通共同富裕的薄弱环节。在苏州太湖沿线特色田园乡村跨域示范区的规划实践中，提出从三个方面响应共同富裕的要求与内涵：物质生活全面富裕、精神生活极大丰富、文明素质普遍提高（图1）。

2. 苏州特色田园乡村建设持续深化探索，由点及面带来更高挑战

苏州特色田园乡村是对现有村庄相关工作的整合升级和创新，以产业、生态、文化为支撑，优化山水、田园、村落等空间要素，联动推进乡村社会治理，展现未来江苏新农村建设的现实模样。目前苏州提出"精品、康居、宜居"三级目标的特色田园乡村建设体系，特色田园乡村工作范围也已经从单个村庄试点，到组团连片，再到本次更大范围

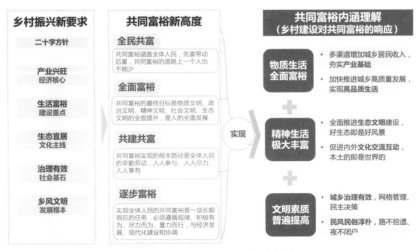

图1　共同富裕要求与内涵的规划响应

跨域示范区建设的提出。我们理解跨域是为了从更大范围统筹特色田园乡村的建设成效，以共同特色价值为基础、田园乡村为载体，通过跨域集聚更大合力，实现区域乡村建设的共建、共治、共享。

二、"太湖沿线"跨域示范区规划实践

1. 基于特色彰显的基础认知

苏州太湖沿线特色田园乡村跨域示范区涉及四区、十六镇／街道、400多个自然村，有良好的发展基础。"太湖沿线"村庄整体提炼出三大共同特征。①富庶水乡："太湖沿线"众多村庄处于城市近郊，城乡互动联系紧密，资源交往频繁；城乡收入比低于苏州市及江苏省平均水平，可以在缩小城乡差距方面争取率先示范。②生态蓝心："太湖沿线"生态要素多元，湖岛镶嵌，生物多样性好，景观资源丰富。③文脉悠长：文化资源星罗棋布，是吴文化的标志景观段落，江苏省第一个传统村落集中连片保护示范区也纳入其中，物质文化遗产和非物质文化遗产众多。

本次规划以共同富裕为发展方向，结合"太湖沿线"生态和水乡两大特色基础，提出"共同富裕的生态水乡跨域示范区"的发展愿景。

2. 共谋发展确定三大共同富裕路径（图2）

图2　三大共同富裕路径

（1）物质生活富裕：重点关注产业赋能与设施完善

产业赋能：城乡互动、强化集聚。产业是乡村持续发展的动力与核心，规划提出要先识别区域的产业特色，找寻产业同一性与差异性，同类型的产业建议协同发展，同地域的村庄建议共享平台。通过乡村地区农业基因与城镇产业联动发展，城乡共创太湖大品牌，如乡村重点发展种、养、体验，城镇重点发展产、销、展示等。将产业落入空间，形成农文旅融合发展产业带，并对产业的生产体系、运营思路提出相应的引导要求，打造产业集聚发展合力。

设施完善：城乡共享、服务均等。健全"外延—拓展—基础"三级生活圈体系。外延生活圈构建城乡一体化共享服务，促进城乡功能互动；拓展生活圈强调跨区共享服务；基础生活圈以5~15分钟半径为主，满足基本日常生活服务。为了保障设施的落地操作性，主要设施衔接了现状建设用地情况，明确了相关功能、实施主体、建设引导等相关内容。

交通联系：城乡互联、完善体系。对外畅通城乡主要联系通道，鼓励公共交通（包括轨道交通）进一步完善；对内优化毛细路网，注重各村与太湖大道的联通。在交通设施方面建设完善陆上、水上公共交通服务驿站。

（2）精神生活丰富：重点促进生态维育与文化引领

生态维育：人与自然和谐共生。根据太湖流域生态保护工作，落实各级管控要求，做好太湖生态环境底线维护。改变原来单一要素管控方式，从"山村互望、水脉维护、村田融合"的角度，对山、水、林、田与村庄的整体关系进行管控引导，共同彰显"太湖沿线"特色乡村风貌。

文化引领：精神文明交流互鉴。以国家

级传统村落集中连片保护利用示范区建设为契机，将传统村落建设与文化活动开展相结合，通过物质遗存活化利用、非物质文化遗存特色展示，做好乡村文化生活延续；提出村庄与新兴文化业态融合发展，以"大事件"文化活动推动城乡文化交流，集聚乡村品牌影响力。

（3）文明素质提高：重点构建完善的乡村治理体系

乡村自治：强化主人翁意识。通过"党建引领、三治融合、三维突破"，加强村民参与村庄建设与发展的主动性，提出关注村民自治、平安法治、文明德治；倡导新时期村民新的精神风貌展现和村际交流，实现乡村治理有效（图3）。

3. 共建共享完善三层空间跨域支撑

（1）整体格局联动

线路核心串联，统一建设标准。以现状路网为基础，形成以环太湖一号公路为核心主线，内部支线成网成环，串联沿线不同村落组团的整体联动格局。同时提出对路侧景观及路面环境进行整体提升引导，主线不改变道路宽度，建议统一路面质量、统一"太湖沿线特色田园乡村"标志。支线强调体现不同组团的产业特色，优化景观风貌。并对沿线的景观节点，包括跨区域门户节点、转

向节点和入村节点进行位置、形象、标识等方面的优化建设引导。

（2）特色组团示范

跨区跨镇、成组成团。通过对不同村庄现状发展与规划设想的衔接，以产业特色为引导，聚焦形成七大示范组团。每个组团内重点围绕发展方向、村庄建设、项目指引等核心内容开展，通过五个步骤予以落实。①衔接发展诉求，根据国土空间规划核实村庄可用的建设用地情况。②明确特色发展方向，突破单个行政村发展，组团化统筹发展格局与重点。③重点加强产业引导，重视城乡联动、产业品牌塑造，明确可落实的产业方向与特色载体。④从交通、景观、公共设施等方面进行项目建设分类引导，明确组团内各类建设任务的时序、主体。⑤对每个组团的重点建设任务进行导则化、图示化表达，建设重点更清晰、明确。

（3）村庄精细引导

村庄分类、专项引导。对特色田园乡村进行分类引导：特色精品村是建设重点，提出"一村一档"，从特色产业、特色文化、特色生态及空间建设等方面提出相应要求，引导下一步村庄的具体建设；特色康居村和特色宜居村分别从农房建设、公共空间、道路交通、基础设施等方面提出不同的评价标准和引导要求。

图3 苏州"太湖沿线"特色田园乡村治理体系

三、共同保障优化制度建议

在制度方面规划提出了跨域联动机制，通过城乡跨域联动，保障共同富裕。

（1）健全组织协调机制

建议成立"太湖沿线特色田园乡村跨域示范区工作组"，形成市区统筹、乡镇落实、多部门协同的工作模式。同时建议将特色田园乡村空间与各类资源数字化，融入苏州城建 CIM 系统中，形成统一的数据平台。

（2）完善建设标准机制

建议制定三套统一标准：统一管理标准，形成太湖沿线特色田园乡村统一管理办法，统一管理力度、奖惩机制、统一规划编制等；统一建设标准，包括生态环境维护、公共服务设施、市政基础设施建设等方面；统一服务标准，包括沿线村庄的旅游服务、村民技术培训等。

（3）推进要素跨区协调机制

在土地保障方面，提出城乡建设用地指标适度向特色田园乡村跨域示范区倾斜，保障示范区内重大项目的落地实施；资金支持方面，落实"以奖代补"机制，鼓励多种融资发展模式支持特色田园乡村建设；人才引进方面，通过外部人才引进、内部人才培育，同时落实"一村两师"制度，更好地支持村庄发展建设。

四、总结

乡村规划编制工作要注重两个统筹。一是统筹不同范围层次产生的集聚效益。在跨区方面，统筹制度建设、标准制定、重大设施建设及整体格局要求；在组团方面，做好差异化特色引导，保证建设重点及任务明确。二是统筹不同类型规划，将特色田园乡村工作与村庄规划融合考虑，实现全域全要素统筹的"多规合一"。

面向长远，共同富裕背景下乡村规划建设工作还要重点关注三个方面。第一是关注城乡互动发展关系，尤其是近郊型乡村，加强乡的产业联动、文化交流、公共服务设施共享、生态环境共管共治等。第二是关注人的发展，尤其是村民的相关就业技能培训、村民文明素质的培养提升，有利于乡村的整体高质量发展。第三是关注乡村近期建设和长远发展的兼顾。近期对不同村庄分类实施，聚焦重点村庄发展建设，维持远期撤并村庄的基本生活品质；远期通过制度优化、政策制定，实现城乡要素自由有效流动，促进乡村人均生活质量的进一步提高。

专家点评

张悦

清华大学建筑学院教授、党委书记

跨域的田园乡村实践为旅游业发达地区的田园综合体提供了新思路，从区域层面做好休闲旅游和都市农业的服务功能，也适应了新时期集约化发展理念。

冯新刚

中国建筑设计研究院有限公司城镇规划院副院长，教授级高级规划师

苏南特色田园乡村的跨区域规划是发达地区的生动实践，让规划有指引、有弹性、有落实，统筹区域乡村建设。

作者简介：

王佳，清华同衡规划设计研究院长三角分院院长助理，高级工程师。主要从事城乡融合、文旅融合、更新设计等工作。

我国传统村落保护 2.0 版的规划实践与思考
—— 以福建连城、永定为例

/ 吴邦銮

关键词：传统村落；集中连片；保护利用；规划实践

自 2021 年以来，清华同衡在全国各地开展了 20 多项传统村落集中连片保护利用规划相关工作，足迹遍及福建、浙江、河北、河南、湖北、广东、四川、陕西、江苏等多个省份，积累了丰富的实践经验。其中，福建省龙岩市连城县、永定区实践是代表性的探索。

一、传统村落保护面临的挑战与集中连片保护利用的内涵

传统村落是我国农耕文明的重要承载空间，既是鲜活的乡村居民点，又是急需加强保护的重要历史文化遗产。2012 年 4 月，住房和城乡建设部、文化部、财政部、国家文物局共同发起了传统村落调查。截至 2023 年，已向社会公布了六批共 8155 个中国传统村落，形成了世界上规模最大、价值最丰富的农耕文明遗产保护群。近年住房和城乡建设部又联合财政部持续推进传统村落集中连片保护利用示范县的申报和规划建设工作。十多年来，我国传统村落保护工作取得了显著成效，但当前也依然面临较大的共性问题和挑战：

一是发展动力不足挑战（图 1），在快速城镇化进程中，乡村产业资源、人力资源外流，在无外力干预情况下，村庄发展动力不足状态难以扭转。

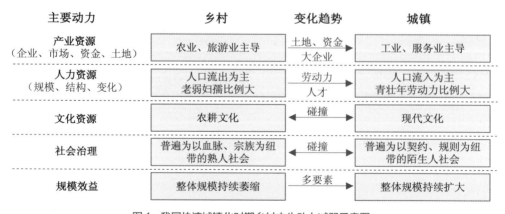

图 1 我国快速城镇化时期乡村内生动力减弱示意图
注：本图内容为我国快速城镇化时期未考虑外力主动干预情况下乡村、城镇普遍的自发状态及变化趋势。

二是老屋维修困难挑战，大量传统村落的老屋无法满足现代居住需求，处于闲置状态，且由于建造及维护成本高昂，加上产权复杂，使用、管护主体过多或责任不明等原因，面临自然损毁或拆除威胁。

三是风貌不协调挑战，农村老百姓盖新房是合理诉求，但由于诸多原因，盖出来的很多房子与传统建筑风貌不协调或冲突较大。

近年来，我国大力推进传统村落集中连片保护利用示范工作，坚持"保护为先、利用为基、传承为本"原则，保护理念从强调以"健全保护名录、摸清家底"为重点的 1.0 版本，走向强化"串线成片、以用促保"的 2.0 版本。传统村落集中连片保护利用的核心内涵在于"集中连片保护利用"模式＋"以用促保"路径。其中，"集中连片保护利用"是对散点式保护成效不显著的反思，以传统村落为节点，连点、串线、成片，重点保护连片老屋风貌，连片实现资源规模化、多样化，能够整合更多资源应对乡村发展动力不足挑战，促进一二三产融合发展，并破解"千村一面"问题，整体提升乡村风貌。"以用促保"路径是对保护修缮后老屋空置而又再次破败现象的反思，基于传统村落"鲜活居民点"特征，强化激发内生动力，应对老屋维修挑战，盘活闲置老屋及场所，传承中华优秀传统文化，从依靠国家资金支持到广泛撬动社会资本，通过活化利用促进可持续保护，推进乡村振兴。

二、集中连片模式实践探索

连城县位于福建省龙岩市，拥有 34 个省级及以上传统村落，是客家民居"九厅十八井"的最典型代表地，拥有世界上保存最为完好的雕版印刷遗址——古书坊建筑群，是中央苏区和毛泽东军事思想最初形成地，拥有独特的魅力价值和发展潜力。

第一，在县域层面开展传统村落的系统评估，划定集中连片区。以查阅资料文献、入户访谈、问卷调查等方式，通过对地理环境、建筑样式、文化资源、方言分区等因素的系统评估，识别出连城县"十里不同村"的特点。将相邻、相似的传统村落划入同一片区，在县域层面形成非县域全覆盖的 5 个各具特色的传统村落发展片区。

第二，以特色亮点村为核心，形成联动发展片区格局。在集中连片区内找出最具代表性的传统村落。例如，培田村已经是著名景区，四堡村正在打造雕版印刷体验基地，新泉村正在打造红色教育基地。片区都各具鲜明特色，但是 个片区内有 5 10 个村，每个村都打造成著名景区或农业基地也不现实。因此，规划提出以特色亮点村为核心的联动发展片区格局，围绕特色亮点村联动发展，各村分工协作，协同推进一二三产融合，形成发展合力。

第三，建立联动发展片区档案，建档入库。对每个片区进行详细的资源盘点，包括人口、历史文化资源、自然生态资源、特色产业资源等，建立完善的片区档案库，推进传统村落数字化建设。

第四，提出联动发展片区的规划策略和项目库，引导差异化发展和项目落地。一方面，识别片区核心问题，明确发展目标，提出保护利用对策。另一方面，将规划措施传导落实至各个村庄，给出村庄发展导则，将具体项目在村庄层面进行落位，指导项目落地实施。

三、示范推广模式实践探索

1. 可持续修缮利用模式

连城县传统建筑量大面广，保护利用成本很高，这也是全国传统村落的一个普遍问题。因此，规划提出要采用一种低成本、可持续的保护利用方式。首先摸清家底，对县域全部国家级和省级的传统村落进行盘点，建立了34个村落的分村传统建筑台账。规划提出自住型、公益型、经营型3大类传统建筑的活化利用模式，并细分到符合连城县实际情况的9小类活化利用模式，针对每一类分别提出改造措施与方法。经系统分析评估后，给出34个传统村落的建筑活化利用主推模式，并结合地方经验提出"降成本"和"搭平台"的可持续修缮利用模式。

"降成本"措施主要包括：短期抢救可使用低成本材料和抢救性加固技术，维持建筑不塌不倒，待后续进一步修缮；采用现代木结构批量预制加工装配技术降低成本；扩大传统工匠、村民施工队伍规模，降低人力成本，等等。

"搭平台"（图2）主要包括管理平台、推广平台，由政府和村集体协同推进，核心目的是"传统建筑的出租使用、捐助和养护"，不是仅仅依赖政府资金，而是引入社会资本，打通老屋使用环节，实现老屋"以用促保"。

2. 乡建带头人引领共同缔造模式

在连城县，有设计专业基础的返乡大学生赖小铭在墩坑村、小莒村组织了老屋修缮、村道和小公园建设等小项目，让村民看得见实实在在的变化，并通过媒体、微信群等多个渠道宣传，组织村民、乡贤共同缔造，激发客家人传统的宗祠观念和故土情结，尤其是吸引了很多外出乡贤的捐资，撬动了一系列项目的建设，形成良性循环。

规划对该模式进行总结提炼，提出"乡建带头人引领共同缔造"模式（图3）。强化乡建内生动力的主体地位，变"等靠要"为"主动作为"，通过培育乡建带头人，整合内外力资源，以具体项目实施为主线，号召和激发村民、乡贤的自主性，自发保护好、建设好传统村落，以人引人，形成良性循环。

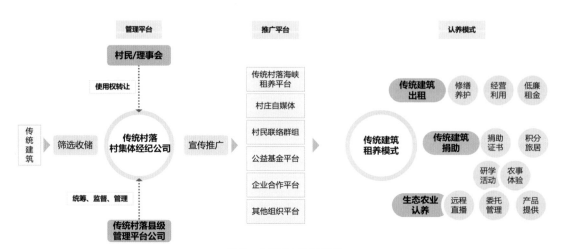

图2 "搭平台"示意图

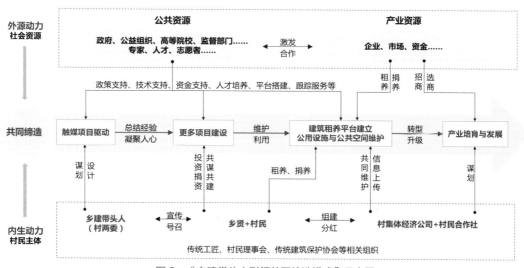

图 3 "乡建带头人引领共同缔造模式"示意图

3. 土楼群跨村联建模式

龙岩市永定区的南溪土楼沟，一共有 6 个传统村落，呈线性分布。其中，南江村现状发展最好，村党支部牵头推动 6 村联合成立"土楼十里长廊"片区党总支，建立"党总支 + 党支部 + 经济组织 / 社会组织"联席会议制度，形成跨村"共商共谋"机制。以污水处理项目为例，南江村牵头，由 6 村联合推进，按照统一标准建设了 6 村的污水管网，实现了河流上、下游统一的污水处理，使河流变清，6 村受益。

四、实施路径探索

连城县强调保护优先，确定重点实施区域和实施路径。通过科学评估，将传统建筑的数量、占比、形成年代、格局肌理等作为评价因子，评估现状保护情况，将县域传统村落划分为 3 个级别，实施村落分级保护管控，分级提出近期保护重点工作，为资金投入提供依据。在此基础上，为避免全县域

"撒芝麻式"投入，在县域层面综合分析传统村落保护等级、集聚程度、历史遗存丰厚度与独特性、未来发展潜力以及资金整合度等因素，综合确定近期重点实施区域，提出 5 大任务行动和 28 项重点项目。同时，为保障规划实施落地，县政府成立了工作专班。机制创新方面，在县住房和城乡建设局下新设立了县传统村落保护利用中心，建立了村庄风貌巡查制度，成立了传统村落保护利用公司、古建筑保护修缮公司等；政策制定方面，印发了《连城县传统村落保护利用管理办法》，制定了《连城县传统村落集中连片保护利用"以奖代补"实施方案（试行）》等；宣传工作方面，制定了《连城县传统村落集中连片保护利用示范工作宣传工作方案》，提炼推出连城传统村落标志，鼓励各村出版"一村一专著"。

龙岩市永定区探索推行"土楼文化银行"项目（图 4）。该项工作的核心目的是打通"房屋流转"通道。针对土楼资源分散、权属复杂、社会资本难以引进的问题，搭建"土楼文化银行"，对土楼及周边文化生态资

图4 永定区"土楼文化银行"建设示意图

源进行统一收储和评估（存入），统一运营管理，整合形成"资产包"，交易给专业运营企业（输出）。

通过"土楼文化银行"建设，对于有意向使用土楼的企业，租用程序大幅精简，免除了企业直接面向大量村民的忧虑，而且资产还可以作为"楼票"进行交易，能够保值、增值，极大促进了闲置土楼的再利用。

五、小结

在城镇化推进的背景下，传统村落发展仅依靠自身力量已难以为继，许多传统村落正在走向消亡，急需在城乡融合发展大格局下，探索传统村落保护利用的新模式。集中连片模式通过连点、串线、成面保护利用，捆绑、注入外生动力，整合激发传统村落内生动力，促进乡村振兴和县域高质量发展。"以用促保"是在科学保护的前提下，面向村落内外人群，广泛撬动社会资本，充分尊重村民意愿，发动村民共同缔造，多元化盘活利用，实现可持续发展，"留住乡亲、护住乡土、记住乡愁"。

专家点评

冯新刚
中国建筑设计研究院城镇规划院副院长，教授级高级规划师

今后的规划工作更加面向实施，需要规划设计院提供全过程咨询、全专业支撑、陪伴式服务。对于传统村落保护，要充分发挥地方传统文化优势和人才优势，把资源变成资本，"以用促保"。

作者简介：

吴邦銮，清华同衡规划设计研究院总体发展研究和规划分院总体二所副所长，高级工程师，注册城乡规划师。长期从事国土空间规划、控制性详细规划与城市设计、村镇规划等项目实践与研究。

面向规建管结合的"多规合一"实用性村庄规划编制要点探究 —— 以贵阳市花溪区为例

/ 卓　琳

关键词：乡村振兴；实用性村庄规划；规建管结合

一、乡村振兴和空间治理体系改革背景下村庄规划面临新要求

在国家乡村振兴战略和空间治理体系改革背景下，"多规合一"的实用性村庄规划是各级国土空间规划任务和各部门乡村振兴任务的最终落实，是引导乡村振兴，开展乡村治理和乡村建设的重要手段。在国土空间规划体系下，村庄规划作为详细规划，相比于传统的村庄规划，新时期村庄规划在广度上需要"多规合一"整合原有的村庄建设、土地利用等相关规划，确保规划对村庄的全域全要素系统性管控。在深度上，村庄规划是核发乡村规划许可证的法定依据，更加需要对用地、人居环境、建筑风貌引导等方面进行深化设计，确保规划能切实指导实施，引导乡村建设活动。

综上所述，在乡村振兴和国土空间规划改革双背景下，村庄规划既要考虑规划的战略引导性，也要考虑规划的实用性和有效性，规划内容的落地需立足于乡村自身生态和发展规律，确保规划能切实指导村庄建设。因此更加强调"多规合一"全要素系统性管控和"简单实用"切实指导村庄发展。本文以贵阳市花溪区村庄规划实践为例，从规划运行、编制重点和实用路径三个方面探讨新时期村庄规划兼顾系统性规划和简单实用性需求的实践路径。

二、研究范围

青岩镇、黔陶乡、高坡乡三个乡镇位于花溪区西南部，自然景观资源和历史人文资源高度集中，是花溪区乡村振兴和乡村产业建设的重点打造地块。由于当地政府高度重视，"青—黔—高"区域经过了多年的建设和多种规划，已完成水电路等基本设施建设和以现代农业和乡村旅游为主的产业基础。但区域村庄发展仍然存在发展不平衡、村庄无序建设、产业缺乏活力等问题。因此地方政府希望通过"多规合一"实用性村庄规划统筹村庄全域全要素，改善村庄人居环境，完善区域基础设施，发展乡村产业，指导村庄建设，实现区域乡村治理和乡村振兴。

三、规划策略

结合"多规合一"的实用性村庄规划编制要求和实际案例，在编制路径方面，统筹全域全要素，根据村庄实际发展阶段和诉求制定规划目标和重点任务，构建乡村治理体系；在编制重点方面，基于乡村差异性特征，

分类定标，聚焦重点精确指导，以分类引导规划，呈现差异化规划策略、内容与成果要求；在规划实施管理方面，通过突出村民主体、简化表达成果、联动各相关部门、建立新技术平台等多举措保障规划落地。最终，编制规建管结合的"多规合一"实用性村庄规划。

1. 基于实用性与有效性，规管结合，构建乡村治理体系

一方面，基于乡村振兴的发展目标和详细规划的编制深度要求构建总体技术路径，村庄规划在落实上位管控的基础上，统筹村庄全域全要素，考虑人口、土地、产业、设施、人居环境等多种因素，根据村庄实际发展阶段和诉求制定规划目标和重点任务，实现规划管理和乡村振兴，明确宏观—中观—微观需要完成的任务（图1）。另一方面，引导和协助地方政府共同建立"区县统筹—部

门协同—多方参与"的工作开展模式，贯通自上而下和自下而上的工作传导体系。保证规划既符合各级政府部门的管控要求，也能便于乡镇及村委的实施管理，同时充分体现村民合理诉求。

2. 基于乡村差异性特征，分类定标，聚焦重点精确指导

（1）契合区域差异化发展，研判村庄发展目标和产业定位

本文通过分析上位管控要求、村庄基本发展要素、区域发展特点等制定村庄分类评价体系，立足区域范围，结合交通基础、市政和公共服务基础、产业基础、"三区三线"管控要求、重点建设项目分布等因素，统筹考虑城乡发展、乡村生活圈设施布局需求和村庄发展实际需求，科学研判村庄发展潜力。同时，契合区域差异化发展的重点，进一步以村庄功能为主导的类型划分，明确村庄区

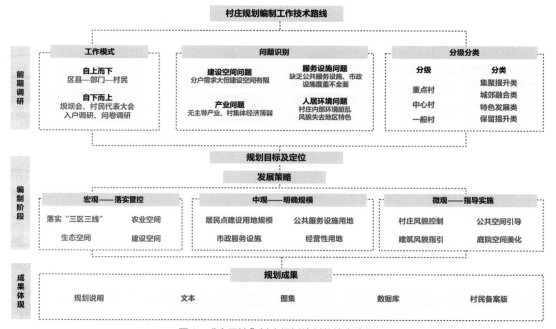

图1 "实用性"村庄规划编制总技术路径

域承载功能，改变原有村庄散点、无序、同质化的发展问题，形成区域连片引导、村庄业态互补的发展模式，精准指导村庄发展目标和导向。并根据村庄分级分类，明确不同等级的编制内容和编制深度，以分类指引规划，呈现差异化规划策略、内容与成果要求。

（2）全域土地综合整治，优化村庄用地布局

根据贵州地区山多地少的特征，改变以往单一以增加耕地面积为主要目的土地整治模式。针对乡村耕地零碎、空间布局无序、土地资源利用低效、生态质量退化等问题，进行全域土地综合整治，盘活低效存量建设用地，提高耕地质量，修复乡村生态系统。同时针对具有重点发展潜力的村庄，探索用地留白机制，在落实上位"三线"管控的基础上，通过村庄存量低效建设用地梳理，结合自然村庄分级分类，从优先保障乡村人居环境改善和产业发展的角度优化村庄用地布局。

（3）"刚性＋弹性管控"细化建设用地管控要求

基于村庄规划是详细规划的定位，既要考虑对相关用地的精细化管控，也要考虑为村庄发展预留弹性空间。因此在村庄减量规划的基础上，结合用地适宜性条件、资源开发情况、防灾减灾要求等划定乡村居民点管控边界，明确新增宅基地选址和宅基地规模标准，严格落实一户一宅，合理控制村庄建设，引导分散自然寨往中心村寨集中居住；针对发展潜力较大的村庄，在主要干道和开发的重点区域预留留白用地，为村庄远期发展预留拓展空间；在用地的管控上，采用"单元＋地块"详细规划，提出功能、建筑密度、建筑限高、退界等要求，形成对建设用地的有效管控（图2）。

（4）公共服务差异化配置，基础设施按需补短板

结合贵州山地地形和村庄定位，构建"集镇—中心村——般村"车行15~30分钟乡村生活圈。集镇重点提升公共服务设施品质，加强教育、医疗、养老、商业等区域重大基础设施配置；中心村重点布局教育、医疗、农村物流商业、社会保障等相关设施，形成区域公共服务中心，辐射周边一般发展村庄；一般村根据村庄人口结构和村民诉求等实际情况，配置满足村民基本生活服务的文化体育、老年服务等设施。根据区域旅游产业发展诉求，旅游产业村庄公共服务设施配置按照"二元配套"的原则，按村级社区生活圈服务要素和旅游类服务配套要素各自配套、相互补充。

（5）人居环境整治，建设生态宜居乡村

尊重村民诉求进行村庄风貌引导，村庄环境提升。一方面，村庄风貌提升需考虑乡村中的山林、农田、村庄聚落分布和建筑肌理，保证村庄风貌与周边环境的和谐统一。可通过视线分析人视角下不同观景点与周边环境的视线联系，确定风貌重点改造区域，并结合农房整理和建筑质量评价，提出农房整治的模式，恢复具有乡村特点的聚落景观。另一方面，通过识别村庄肌理和村民行为偏好，以增加公共活动空间和邻里交流空间为目的，合理利用村寨内的空闲地、宅旁绿地、宅旁菜园、田地等打造各具特色的空间节点，形成排列有序、特点鲜明、人情味浓的节点空间序列。

3. 基于规划实施路径实用，技术落实，优化成果表达形式

通过优化说明书表达形式，以全景航拍和倾斜摄影模型为底图，直观表达村庄空间

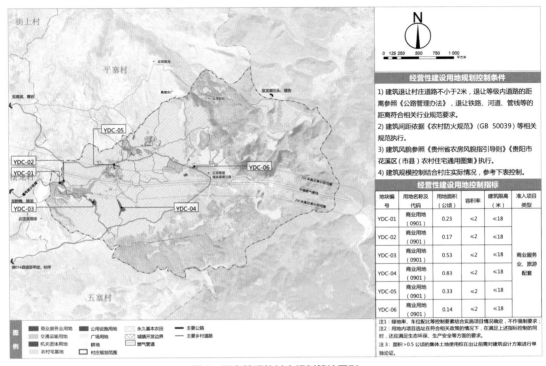

图2 面向管理的村庄规划管控图则

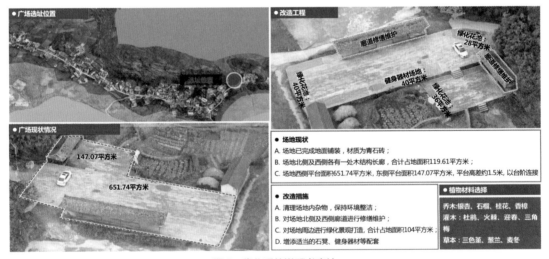

图3 优化后的说明书表达

格局和规划建设内容，保证规划简单易懂，可直接指导项目实施（图3）。同时，通过图则管控将村庄规划成果落实到部门相关工作，保障村庄规划技术成果的最终落实。

四、结论与讨论

如何通过村庄规划提升乡村治理水平和激活乡村的内生动力，是"实用性"村庄规划考虑的核心问题,本文通过实际案例,分析当下村庄规划在工作机制层面、编制重点层面和技术落实层面的逻辑关系和体系构建。通过前期工作体系的建立,与各层级相关职能部门、乡镇和村支两委构建畅通的工作体系;中期根据区域发展重点和村庄发展实际情况,研究不同村庄近远期发展的侧重点,差异化制定规划策略,保障对不同村庄的精确化指导;后期通过精细化规划内容,优化村庄规划成果的表达方式,保障规划最终技术落实。乡村振兴和国土空间规划改革背景下的村庄规划,在注重对村庄远期规划的同时,更应该注重解决实际问题。未来,村域土地综合整治、乡村闲置资源盘活、村庄产业等方面将是"实用性"村庄规划需进一步深入研究的课题。

作者简介:

卓琳,清华同衡规划设计研究院西南第一分院综合规划一所项目经理,贵阳市"1+1"驻村规划师。主要从事风景名胜区规划、国土空间规划、乡村振兴、生态修复等相关规划工作。获得 2022 年贵州省"最美乡村规划师"称号。

整治修复赋能县域高质量发展的路径探索

关键词：生态修复；国土综合整治；县域经济；高质量发展

一、县域经济发展形势分析

县域是我国资源禀赋最为丰富的区域，占据国土总面积的93%。作为连接城市群、都市圈和乡村之间的重要区域，县域高质量发展对打通城市群、国家中心城市、都市圈发展战略与乡村振兴战略之间的连接通道具有重要意义。

经济社会发展进入新常态之后，一些县域经济发展面临下行压力，远离重要城市群、都市圈的边缘地区县域经济情况则尤为困难。受出口增长乏力、产能过剩、资源环境压力大等因素影响，传统的粗放式发展模式难以为继，县域经济增长动力不足。例如，在产业发展上表现为"散、弱、小"，市场竞争力不强，抗风险性不强，企业黏性不高等。同时，县域的生态环境和人居环境总体质量普遍不高，存在生态修复、环境治理历史欠账较多等问题。

但是县域经济发展也具备一些有利条件。比如，很多县域具有丰富的土地资源、农业资源、旅游资源等存量资源。这些特色资源和空间异质性是产业发展的重要基础和经济发展的潜在动力。交通、通信等基础设施的改善，以及市场经济的发展，特别是电子商务等新产业、新业态的发展，拉近了边缘地区县域与中心城市的距离，破除了区域之间的分割，为边缘地区将资源优势转化为经济优势、推动生态产品价值化提供了可能。

二、整治修复赋能县域经济发展的路径剖析

新空间经济学、新结构经济学等理论认为：边缘地区的发展需要依托资源禀赋，发挥比较优势，特别是注重发挥空间异质性和渐进式自组织的作用来发展特色产业。浙江等地的经验也表明，通过发挥国土综合整治和生态修复的作用，推动存量资源和生态产品的价值实现是促进县域经济高质量发展的一条可行路径。例如，浙江省的"百千万"工程通过全方位谋划、全域规划、全要素整治、全产业链发展，算好环境、生态、保护、民生、经济"五本账"，充分发挥了整治修复在推动县域经济高质量发展、实现共同富裕等方面的积极作用。

但是从全国层面看，整治修复主要集中在东部发达地区，特别是大城市周边地区。例如，全国的全域土地整治试点项目中有90%以上分布在胡焕庸线东侧，且大多位于浙江、广东等社会经济基础较好、建设用地指标需求较大的平原地区，项目地距离中心城区多

在 30 公里以内，一般不超过 50 公里[1]。与此同时，在其他地方的国土综合整治与生态修复则面临一些问题。一方面，很多地处边缘地区的县域需要推进国土综合整治和生态修复工作，但往往由于缺乏资金投入而难以开展。另一方面，一些地方由政府财政投资的整治修复项目往往较为重视短期效果、表面效果，成为点状的"盆景"。这些"盆景"不仅不能带来持续的经济产出，还要花费大量的维护费用，成为地方政府的负担。为此，在县域内开展整治修复工作需要充分考虑对经济社会发展的支撑作用，避免让整治修复成为补贴性的公益项目。

三、整治修复赋能县域经济发展的实践探索

针对上述问题，清华同衡在实践过程中，将国土空间规划与整治修复、存量资源开发、产业策划等相结合，探索了一些通过整治修复助力县域经济发展的有益经验。主要包括以下几点：

一是重新评估和挖掘存量资源的价值。通过不同的情景分析，充分挖掘土地等自然资源的价值。例如，之前在欠发达地区开展的土地整治项目，多数是追求可交易的土地指标，即从跨区域交易新增的建设用地指标和耕地指标中获得直接的现金收益。这种做法无异于舍本逐末。全域土地整治的初衷是将整治出来的土地重点用于农村一二三产融合发展，促进产业振兴，增强乡村自我"造血"能力。因此，需要从区域发展、产业发展的视角看土地价值，将土地视为资产、资本，作为产业发展的基础。通过产业导入在更大的时空范围内测算资金平衡。在整治修复过程中不仅要看到土地资源的价值，还要

活化利用各种有形和无形的资源，形成新的产业和经济增长点。例如，河南某地的一个项目，如果单从土地整治的指标产出看，该项目难以实现资金平衡。但是通过在废弃矿坑修复中植入体育运动功能等形式，把区域内的自然风光、文化遗产、废弃矿坑、地热温泉等资源进行整合，进行产业策划，就可以在更长的时间内实现收益。

二是注重人居环境改善和传统文化保护。通过完善基础设施、实施环境治理等措施提升人居环境适宜性。并在此过程中注重产业引领，通过充分挖掘自然和文化资源，打造特色产业，推动一二三产融合发展，为乡村振兴和县域经济发展提供持续动力。例如，在贵州的乡村人居环境整治过程中，一方面，统筹房、路、电、供水、排水、环卫、公共空间、公共服务、自然保护、文化保护等多方面设施的建设，整体提升城乡人居环境质量。另一方面，注重保护历史文脉和传统文化、传承传统农耕文化，通过挖掘农村地区土地、农业、文化、旅游等各类特色资源的价值，谋划产业发展，形成乡村振兴的动力源。

三是重视产业平台建设和政策创新。整治修复只是切入点，产业发展才是目的。比如，在陕西省神木市采煤沉陷区综合治理过程中，注重将矿山修复、土地整治等基础性修复治理工作与加快培育新型接续产业、实施重大示范项目等结合起来，因地制宜发展产业（图1）。主要包括充分利用当地土地资源、光热资源丰富的优势，发展现代化的规模种植、农产品加工、冷链物流、光伏产业等；并在此过程中注重顺应农村人口转移的趋势，改变传统的以家庭为单位的农业生产方式，打造以现代企业为龙头的产业平台。

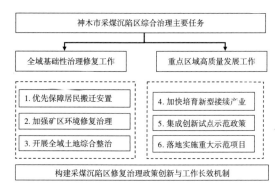

图1 陕西省神木市采煤沉陷区综合治理技术路线

四是注重项目落地与工程实施。综合采用多种手段，推进项目落地和工程实施。例如，在采煤沉陷区修复治理的过程中，意识到破碎化是制约整治修复和产业发展的关键堵点，进而从三个层面破解碎片化的难题。首先，在工程技术上，通过地貌重塑，破解土地景观的破碎化问题，将坑坑洼洼的历史遗留矿区复垦成为大块的平整土地。其次，在土地利用上，通过开展全域土地整治试点，破解土地利用的破碎化问题，将矿区范围内零碎分布的林地、耕地、草地等进行空间优化，为后续的产业发展提供可能。最后，在土地经营上，通过土地流转破解土地权属的破碎化问题，为发展规模化、现代化产业提供基础。进而在全局、全流程的视角下，找到整治修复赋能县域高质量发展的关键堵点，并有针对性地加以破解。

四、总结与展望

综合整治和生态修复是赋能县域经济高

质量发展的有效路径，需要秉持总体思维、系统推进、规划赋能、价值显化的总体思路。在具体的措施上，要注重要素的整合、空间的优化、功能的提升和产业的导入。一是注重精准识别问题，从全局、系统的视角精准识别制约项目落地与实施的关键环节，识别制约县域高质量发展的影响因素。二是，必须与国土空间规划等做好衔接，在项目策划过程中充分考虑国土空间用途管制、环境功能分区等各方面的空间准入要求，提前研判项目落地实施的可行性。三是提升产业策划能力，科学研判宏观形势和产业发展趋势，因地制宜策划产业，注重培育新产业、新业态。四是注重多专业、多学科综合，组建多学科、多专业团队，在充分发挥各学科专业特长的基础上，系统推进国土综合整治、生态修复、产业发展等各方面工作。总之，整治修复是项系统工程，需要充分发挥多学科、多专业的优势，将整治修复与资源开发、产业发展等相结合，因地制宜地进行规划设计，才能有效提升自然资源和国土空间的价值，赋能县域经济的高质量发展。

参考文献

[1] 肖武,侯丽,岳文泽.全域土地综合整治的内涵、困局与对策[J].中国土地,2022(7):12-15.

[2] 肖武,郭既望,张丽佳,等.全域土地综合整治与生态修复的市场化机制、模式与路径[J].中国农业大学学报,2023,28(8):203-217.

作者简介：

郝庆,理学博士,经济学博士后,研究员,清华同衡规划设计研究院总体发展研究和规划分院总规划师,中国自然资源学会青年工作委员会副主任委员、国土空间规划研究专业委员会副秘书长,广东省国土空间生态修复协会矿山生态修复专业委员会副主任,《中国土地科学》期刊青年编委会副主任。主要从事国土空间规划、国土综合整治与生态修复、资源开发和区域发展研究等工作。

生态文化富集地区价值实现的特色化路径探索

/ 谢　宇　郭　顺　高浩歌　钟奕纯

关键词：生态文化富集地区；世界遗产地；都市区；价值实现

一、内涵界定

　　生态文化富集地区是指既坐拥高品级自然山水环境，又具备深厚的历史文化底蕴的一类特定区域，是人与自然和谐共生的集中体现。我国自古以来营城选址尤为注重山水关系，讲求城市级别与山水等级的匹配，特别注重城市周边山水资源对城乡居民生产生活、休闲游憩要素的供给和保障。经过千百年的历史积淀，我国大都市区周边通常会孕育出生态文化双富集地区。

　　从我国的国土空间总体格局来看，这里关注的生态文化富集地区既不是远离都市、人迹罕至、以野生动植物保护为主的自然保护地，也不是人口稠密、高楼林立的城市核心区，而是位于大都市区近郊的城野交融地带。这样一批特殊地区兼具较高的自然和文化价值，大都市区海量的休闲游憩市场需求亟待释放，为其注入源源不断的发展动力与机遇。但大都市区发展建设扩张中，此类地区首当其冲，极易在快速城镇化的洪流中舍本逐末，对自然、文化资源造成不可逆的损害（图1）。

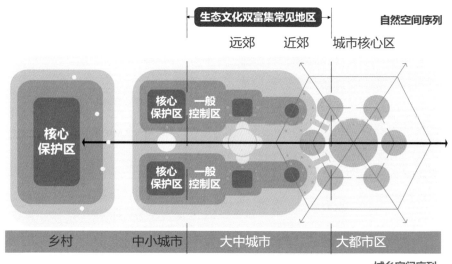

图1　生态文化富集地区区位示意图

二、价值识别与焦点问题

1. 生态文化富集地区具备四大核心价值

生态文化富集地区具备共性的优势与机遇，是价值激发的基础条件。

一是坐拥高品级自然山水资源。有代表性的区域被纳入世界级、国家级等高等级自然保护地体系内，主要包括世界自然遗产、国家公园、自然保护区、风景名胜区，以及森林公园、地质公园、海洋公园、湿地公园等各类自然公园。此类地区既是重要的自然生态系统，也具有极高的观赏、游憩价值。

二是拥有标志性历史文化资源。地区内的历史人文底蕴深厚，孕育出世界文化遗产、国家文化公园、历史文化名城名镇名村、国家级和省级重点文物保护单位等高等级历史文化资源，是传承和弘扬传统文化的出发点和着力点。

三是奠定特色化农旅产业基础。由于自古以来人类的活动较多，因地制宜的特色农业类型与村落人居形态为此类地区奠定了特色化农旅基础，以传统村落、田园综合体、特色民宿、特色采摘、观赏体验等农旅资源为主体，具备与乡村地区联动发展的良好基础。

四是具备便捷化交通区位条件。此类地区地处大都市区核心，交通条件具有绝对优势，高铁、城际铁路等站点陆续兴建，高速公路、快速路等道路体系不断加密，市区公共交通逐步向市域延伸。在多种交通方式支撑下，此类地区的可达性大大提升，有助于多元人群需求的释放。

2. 生态文化富集地区面临四大焦点问题

生态文化富集地区也是开发保护矛盾最为激化的地区，暴露出一些共性问题，实现开发与保护的平衡面临较大的挑战。

一是开发、保护矛盾突出。紧邻城市的生态文化富集地区位于在城市拓展交界地区，普遍存在"城进野退"的现象，建设格局上被包围、生态空间被蚕食、文化遗产被孤立、景观风貌遭破坏等情况时有发生。同时，深入到生态保护区域内部，还存在生态环境保护与农林产业、旅游休闲产业之间的矛盾。

二是高品级资源价值激发不足。旅游品牌宣传不足，国际知名度不高，旅游业发展水平和层次偏低，区域旅游资源缺乏整合。文化价值挖掘不足，文旅资源缺乏融合，高品质文化资源尚未激发出足够高的价值、足够长的文化产业价值链。

三是核心景区对镇村腹地带动不足。产业发展受限于生态、文化保护要求，镇村经济发展水平普遍较低，人均收入水平显著偏低。景区对腹地内其他旅游资源带动不足，对镇、村发展带动能力弱。

四是基础设施尚显薄弱，人居环境品质与特色亟待提升。交通线网整体薄弱，旅游交通品质仍待提高。市政基础设施保障能力不强，绿色化水平有待提升。旅游配套设施品质不高，不能满足消费客群的需求。城乡特色风貌特色不突出，与山水文化资源不协调。

三、价值实现的特色化路径探索

基于对生态文化富集地区核心优势与焦点问题的剖析，笔者对此类地区价值实现的路径进行了初步思考。价值实现的路径为：第一要以保护为基础，守住自然和文化核心价值；第二要找准价值客群，有效对接区域，实现流量的导入；第三，价值实现的核心需要落实在产业功能策划上，通过激活产业来实现价值的转化；第四，通过空间匹配引导价值落地；第五，通过联动城乡放大价值的效益；第六，通过强化设施保障价值的实现（图2）。

1. 精保护——严守底线，精细化保护生态、文化资源

一方面要建立精细化的生态空间保护体系。例如，在济南南部山区，依据生态资源的敏感度、重要性和差异化保护要求，在衔接上位生态空间保护要求的基础上，整合各部门管理边界和要求，形成大分级、小分类、差异化、清晰化的管理工具，解决多头管理、"一刀切"等问题（图3）。

另一方面要建立系统化的文化空间保护体系。例如，在环武夷山发展带规划中，构建"点—线—面"历史文化遗产管控体系，点状资源落实文保单位的保护要求，线状资源强调对历史线路、历史走廊的整体保护，面状资源突出对代表性文化的主题式保护，对历史文化资源实行体系化保护。

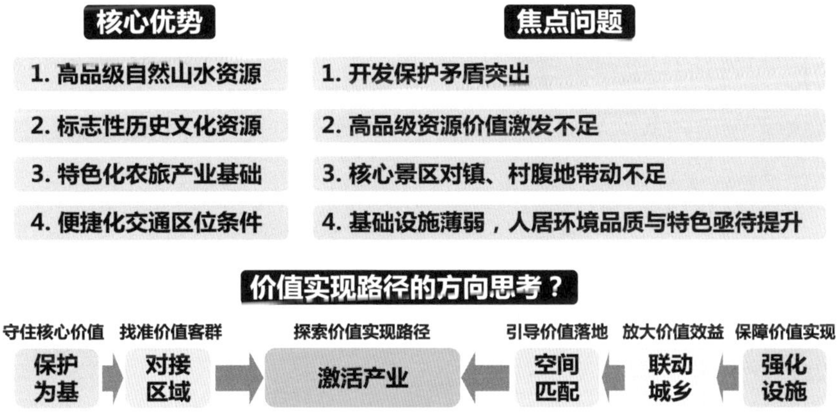

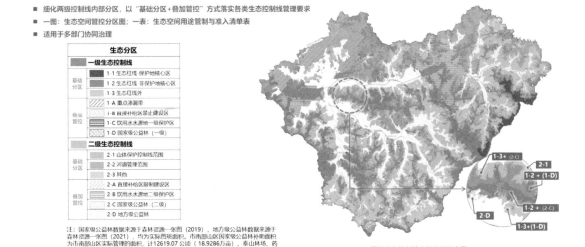

图2 生态文化富集地区特点小结与价值实现路径的方向思考

图3 济南南部山区生态空间精细化管控工具示意图

2. 融区域——立足区域，找准双富集地区的发展定位与区域协调重点

双富集地区的发展必须立足区域，找准借力方向和发力重点。首先，要立足整个都市区来谋划双富集地区的发展定位，结合区域人群结构与需求来谋划旅游观光、度假体验、健康运动等休闲服务功能，结合区域产业结构与特点来谋划科技研发、创新创意、会议会展等生产性服务功能。其次，要充分借力区域资源，推动重点领域的一体化区域协调，实现交通一体化、旅游一体化、品牌营销一体化（图4）。

3. 促转化——动能谋划，探索生态产品价值实现与文化遗产活化利用路径

立足自然生态资源本身，紧抓国家碳中和战略契机，打造碳汇新高地。同时，依托自然文化资源，以生态文旅业为核心，构建"绿色农业＋绿色工业＋绿色服务业"的生态经济体系和绿色产业格局。以环武夷山发展带为例，规划推动农业与二三产业融合，优化延伸产业链，引领传统农业走向休闲化、

生态化和体验化；在保护茶园、竹林、水资源的基础上，引导茶、竹、水等绿色产业价值链延伸；促进"六旅"融合发展，构建大旅游产品体系（图5）。

4. 优空间——因地制宜，在尊重地形地貌和自然规律的基础上优化空间布局

结合空间的自然本底条件来引导空间整体格局与功能分区的优化。以济南南部山区和蒙山区域两个典型的山区为例，探索依据不同高程、坡度等因素引导土地利用的空间布局优化思路，因地制宜地塑造多样化生态经济载体。在蒙山区域提出"大山大湖大力呵护，缓坡水岸精品旅游，河谷沟峪特色产业"；在济南南部山区提出因地制宜，以"做强镇区、融合景区、激活山区、联动川区、生态复绿"为目标，打造山水—城镇相依、泉林—村庄相融的全域景区（图6、图7）。

5. 联城乡——链式激活，带动"景文城乡共同体"的联动发展和共同富裕

倡导生态文化资源对乡村腹地的辐射带动。构建"景文城乡共同体"，将核心景区与

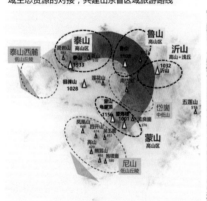

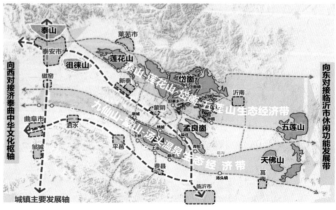

图4   蒙山区域协调示意图

周边乡村特色资源通盘考虑，优化旅游交通线路设计，形成互为补充的旅游产品，共同实现从吸引人到留住人。在蒙山区域，以景区门户服务区为核心，连接周边特色文化、特色村落、地质遗迹等资源，构建八大"山景城乡生命共同体"，实现"景区门户—特色镇—特色村"的链式激活。在环武夷山发展带中，依托人文风景道构建"景文城乡生命共同体"，推动建设15个生态文旅示范区（图8、图9）。

6.强支撑——设施升级，满足外来游客和本地居民的多元化、特色化需求

结合双富集地区特点，针对性地补足基础设施欠账，重点提升旅游交通的建设水平。加强枢纽与景区的便捷联系，构建快进慢游、全过程服务的旅游交通网络体系。提升旅游交通线路沿线的旅游服务设施品质，增补停车位、观景平台、露营基地等旅游设施，优化旅游标识系统设计，推动徒步、自

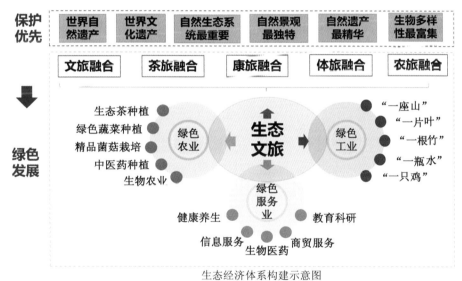

图5　环武夷山发展带生态经济体系示意图

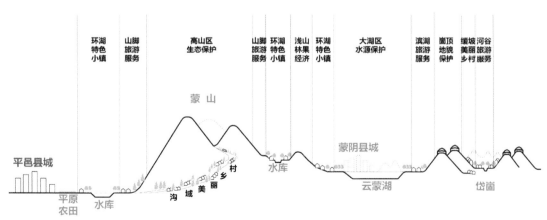

图6　蒙山区域空间优化示意图

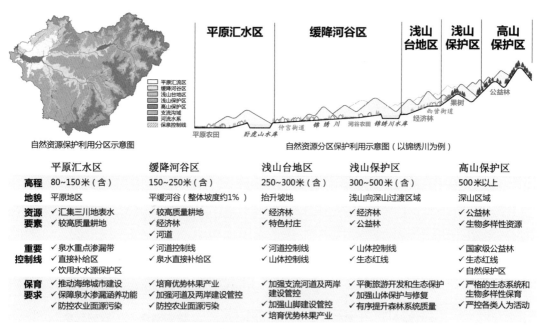

自然资源保护利用分区示意图　　　自然资源分区保护利用示意图（以锦绣川为例）

	平原汇水区	缓降河谷区	浅山台地区	浅山保护区	高山保护区
高程	80~150米（含）	150~250米（含）	250~300米（含）	300~500米（含）	500米以上
地貌	平原地区	平缓河谷（整体坡度约1%）	抬升坡地	浅山向深山过渡区域	深山区域
资源要素	✓汇集三川地表水 ✓较高质量耕地	✓较高质量耕地 ✓经济林 ✓河道	✓经济林 ✓特色村庄	✓经济林 ✓公益林	✓公益林 ✓生物多样性资源
重要控制线	✓泉水重点渗漏带 ✓直接补给区 ✓饮用水水源保护区	✓河道控制线 ✓泉水直接补给区	✓河道控制线 ✓山体控制线	✓山体控制线 ✓生态红线	✓国家级公益林 ✓生态红线 ✓自然保护区
保育要求	✓推动海绵城市建设 ✓保障泉水渗漏涵养功能 ✓防控农业面源污染	✓培育优势林果产业 ✓加强河道及两岸建设管控 ✓防控农业面源污染	✓加强支流河道及两岸建设管控 ✓加强山脚建设管控 ✓培育优势林果产业	✓平衡旅游开发和生态保护 ✓加强山体保护与修复 ✓有序提升森林系统质量	✓严格的生态系统和生物多样性保育 ✓严控各类人为活动

图 7　济南南部山区空间优化示意图

依托核心景区构建"山景城乡生命共同体"

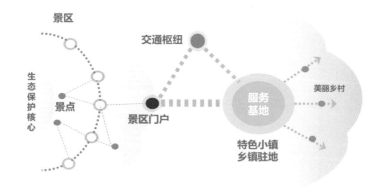

"山景城乡生命共同体"理念模式图

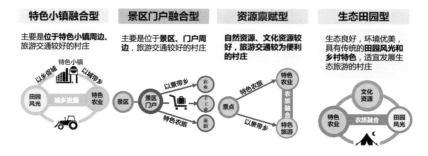

图 8　蒙山区域"山景城乡生命共同体"模式图

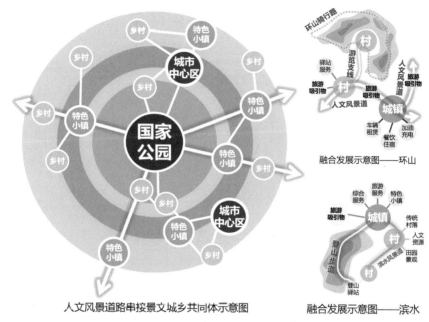

人文风景道路串接景义城乡共同体示意图

图9 环武夷山发展带景义城乡生命共同体模式图

行车等休闲绿道建设，满足游客与居民的多元需求。

四、结语

生态文化富集地区兼具高品级自然山水环境和历史文化底蕴，由于邻近城市地区，交通区位优势突出，城乡互动也较为频繁、便捷。针对开发保护矛盾突出，高品级资源价值激发不足，核心景区对镇、村腹地带动不足，基础设施薄弱，人居环境品质与特色亟待提升等焦点问题与挑战，结合多地规划实践，得出生态文化富集地区价值实现可从六个方面着手，在精细化保护的前提下，借力区域旅游格局，对接市场需求，精准策划产业业态，因地制宜优化空间载体，联动乡村腹地发展，做强特色化设施支撑，最终实现生态文化资源的价值激发。

作者简介：

谢守，清华同衡规划设计研究院总体发展研究和规划分院总体五所（战略所）副所长。长期从事城市战略研究、国土空间规划、城市设计等项目类型，特别是对于枢纽地区、生态文化富集地区、流域等特定区域有较为深入的研究。

郭顺，清华同衡规划设计研究院总体发展研究和规划分院总体五所项目经理。长期从事战略规划、国土空间总体规划、详细规划、专项规划等工作。

高浩歌，清华同衡规划设计研究院总体发展研究和规划分院总体五所项目经理。长期从事总体规划、详细规划，国际比较研究等相关工作。

钟奕纯，清华同衡规划设计研究院总体发展研究和规划分院总体五所项目经理。长期从事区域规划与政策咨询、城市战略规划、国土空间规划研究工作。

干旱区资源转型城市国土空间生态修复研究
—— 以内蒙古乌海市及周边地区为例

/ 王一星

关键词： 干旱区；资源型城市；生态修复；乌海及周边地区

一、研究背景和意义

党的二十大报告中提出，大自然是人类赖以生存发展的基本条件。必须牢固树立和践行"绿水青山就是金山银山"的理念，推进美丽中国建设，坚持山水林田湖草沙一体化保护和系统治理。2019 年，国土空间规划体系建设正式启动，作为国土空间规划的重要专项，国土空间生态修复上升至国家长远规划层面[1]，成为新时期我国深入推进生态文明建设的重大举措和提升国家治理体系、治理能力现代化的重大议题[2]。新时代的国土空间生态修复强调山水林田湖草等全域全要素、全过程的协同治理，需基于国土空间生态修复分区统筹协调各类生态修复工程，实施差异化空间治理[3]，从根本上推动国土空间整体保护、系统修复和综合治理[4-5]。

乌海市及周边地区地处内蒙古自治区西部，脆弱的生态环境和干旱少雨、风沙大的气候条件致使土地荒漠化、土地沙化等问题突出，乌兰布和沙漠对黄河和乌海城区生态环境存在威胁，生态修复工作开展面临水资源短缺的瓶颈。区域长期和快速扩张的矿业活动导致土地压损、地貌景观破坏等问题，基于本地矿业资源形成的以煤化工为主的产业集聚发展，在空间上呈现一区多园的布局特点，人口集中在乌海市中心城区、海南城区和乌达城区。近年来，区域积极以产业转型带动城市转型，乌海市作为资源转型城市，在产业方面，在对传统产业进行升级改造的同时发展光伏等战略性新兴产业；在城市发展方面，积极打造黄河流域防沙治沙综合示范区，将旅游发展作为城市转型的重要引擎之一。

本研究梳理国土空间生态修复相关文件及技术指南中关于国土空间生态修复规划编制的总体思路、主要内容及技术方法，以乌海市及周边地区为例，聚焦研究区干旱区生态系统敏感脆弱的本底特征，研判主要生态问题及成因，评估生态修复潜力，划定生态修复分区，结合资源枯竭城市转型发展诉求，提出生态修复策略，布设生态修复工程，在为乌海市及周边地区国土空间差异化修复治理提供参考的同时，也为干旱区资源转型城市的生态系统保护、恢复与提升等的相关研究提供参考。

二、研究方法和内容

研究基于 2021 年自然资源部印发的《省级国土空间生态修复规划编制技术规程（试行）》，参考四川、湖南等省印发的市级国土空间生态修复规划编制技术指南或规程，以及生态修复工程、河流等要素生态修复的相关技术文件，总结市级国土空间生态修复规划编制的技术路线和主要研究内容。

市级国土空间生态修复规划编制的技术路线如下：以提高区域生态系统服务功能、保障区域生态安全为出发点，开展资料收集、现场踏勘、政策规划梳理等基础分析，结合"双评价"成果，评估生态格局、生态保护现状以及生态系统健康状况，识别生态系统受损、退化情况和影响因素；评估气候变化、经济社会发展等人类活动的生态风险趋势；综合自然条件和生态影响因素下的生态修复力条件。结合修复格局，在省级生态修复分区的基础上，划定生态修复分区，明确不同分区的生态修复策略和主攻方向，布设重大生态修复工程，并提出生态综合治理长效机制与政策建议（图1）。

市级国土空间生态修复规划编制的主要研究内容包括：①进行生态受损分析，识别生态系统受损、退化程度和敏感胁迫性问题；②综合分析社会经济发展、气候变化等，研判生态风险趋势；③综合本底条件和干扰胁迫因子评价恢复力条件；④划定生态修复分区，明

确各分区生态修复的主攻方向；⑤统筹安排分类、分时生态修复任务，明确生态修复的主要策略；⑥科学布置重点区域生态修复重点工程，明确工程实施时限和主要内容。

生态受损分析、生态风险评估、恢复力评价以及生态修复分区划定是提出生态修复策略和布设生态修复工程的重要基础，但现有技术规程中未明确具体的评价技术方法。当前，学者们多基于系统工程理论、景观生态学理论、恢复生态学理论、人地关系论等生态修复的相关理论，选取能够反映研究区域特征的指标体系和相关模型开展研究。本研究在既有方法学基础上，探索了适用于干旱区矿业开发城市的评估指标体系和分区方法。

三、乌海市及周边地区实践

1. 生态受损分析

构建生态系统健康评价（VOR）模型[6]，选取活力、组织力和恢复力三个子系统、8项指标，基于 ENVI、GIS 和 Fragstats 平台开展模型综合评价，分析研究区生态系统受

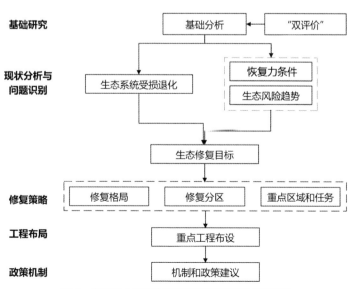

图1 市级国土空间生态修复规划编制技术路线图

损分布情况和等级（表1）。从整体看，研究区生态系统健康状况一般（图2）。其中，不健康（二级）区域主要分布在矿业活动集中区、城区、工业园区和乌兰布和沙漠，除沙漠区域因本底条件表现出沙化土地问题外，其他不健康区域主要存在受到人类开发活动引起的生态退化等问题；亚健康（三级）区域主要分布在草地区域，部分点位存在草地退化问题；健康（四级）区域主要分布在黄河及两岸和西鄂尔多斯自然保护区，但由于黄河沿岸的部分农业开发区域面临湿地占用的问题，与乌兰布和沙漠邻近区域面临泥沙淤积问题。

2. 生态风险评估

结合研究区城镇化水平较高和矿业活动较为强烈的特征，从城市发展、矿业活动两个方面分别评估生态风险水平（表2）。研究区生态风险水平较高（图3），从城市发展生态风险水平来看，作为社会经济发展的中心区域，城区、工业园区是风险水平高；海勃湾区、海南区和阿拉善左旗乌斯太镇的风险水平中等，虽然这些区域的人口密度不高，但未来城乡建设用地总量较大，也是扩张的主要区域。从矿业活动方面来看，矿业活动集中区的生态风险水平高，未来矿业进一步开发必将加剧地貌景观和植被破坏的问题。鄂托克旗蒙西镇，乌海市的乌达区、海南区还有零星矿区分布，矿业活动也会对矿区及周边生态环境造成一定影响。

表1　生态系统健康评价指标体系表

子系统	评价指标	相关性
活力（vigor）	归一化植被指数（NDVI）	正相关
	植被初级净生产力（NPP）	正相关
	地表温度（LST）	负相关
组织力（organization）	景观多样性（SHDI）	正相关
	景观破碎度（PROX_MN）	负相关
	平均斑块面积（AREA_MN）	正相关
	人类干扰指数	负相关
恢复力（resilience）	生态弹性系数	正相关

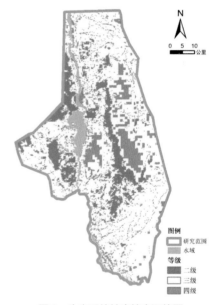

图2　生态系统健康综合评价图

表2　生态系统健康评价指标体系表

城市发展生态风险	矿业活动生态风险	
$P_i = \lg(POP_i) HCLP_i$ P_i 代表研究单元 i 在生态系统所承受的压力； POP_i 代表研究单元 i 的人口密度（人 / 公里^2）； $HCLP_i$ 代表研究单元 i 建设用地面积占比（%）	矿山数量（个）	正相关
	煤矿总数占矿山总数的比重（%）	正相关
	大中型矿山数量占比（%）	负相关
	绿色矿山建成率（%）	负相关
	生态保护红线面积占比（%）	负相关

来源：城市发展生态风险数据源自参考文献[7]，矿业活动生态风险数据源自参考文献[8]

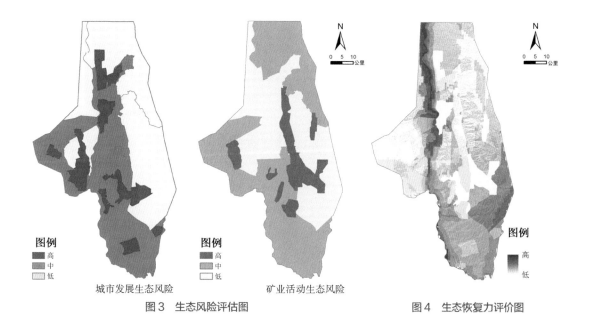

图3　生态风险评估图

图4　生态恢复力评价图

3. 生态恢复力条件评价

基于研究区本底条件，以水资源约束和生态风险作为干扰胁迫因子，综合评价研究区生态修复潜力，即生态恢复力水平（表3）。研究区整体生态修复潜力水平不高，以中等和低水平区域为主（图4），潜力较高的区域主要为黄河沿岸和南部草地区域。这些区域或本底条件较好，或生态风险水平不高，在修复工作中可以考虑以自然修复为主。潜力中等的区域主要分布在保护区和其他草地区域。这些区域考虑本底、水资源条件和人类活动影响，也可以自然修复为主，但对重点点位需增加人工修复；潜力水平较低的区域位于沙漠、矿业活动集中区、城区和工业园区，对于沙漠综合考虑本底条件，以自然修复为主，其他区域则以人工修复为主。

4. 生态修复分区划定

基于区域生态格局、生态问题、生态受损、生态修复潜力工作成果，综合划定了5个生态修复分区，并明确主攻修复方向（图5）。乌兰布和沙漠防风固沙功能提升区主要面临沙化土地的问题，尽管生态修复潜力水平不高，但人类活动影响较低且水资源条件较差，重点完善沙漠东源防风固沙体系

表3　生态恢复力评价指标体系表

类别	一级指标	二级指标	三级指标
本底条件	自然条件	气候	年平均蒸发量
			年平均降水量
		地形	坡向
		水文	水域
		土壤	土壤类型
干扰因子	水资源约束	供水	用水总量红线
		需水	生活用水
			工业用水
			农业用水
			林牧渔业用水
			生态环境用水
	生态风险		城市发展生态风险
			矿业活动生态风险

建设，以减少沙漠东移对黄河和城区的影响。黄河沿岸生态修复与农田生态整治区主要存在部分河道被占用和泥沙淤积问题。此区易受人类活动影响，但修复潜力水平较高，重点建设黄河生态带，开展农田综合整治，适时实施清淤工作。城镇生态修复区是城镇发展的重要区域，主要实施人工修复，完善绿地系统，提升生态环境品质。矿山综合治理与生态修复区是研究区内的矿业活动集中区域，生态受损问题突出，重点实施人工修复，进行矿山综合整治和生态重塑。草地保护与生态修复区修复潜力水平较高，但部分点位仍存在退化问题或风险水平较高，以自然修复为主，辅以一定的人工修复措施。

5. 生态修复任务与策略

以山水林田湖草沙系统修复理论为基础，以提升主导生态功能为目标，聚焦主要生态问题，结合生态风险和修复潜力分析，提出分类生态修复策略。

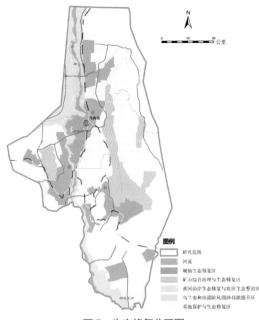

图5　生态修复分区图

在矿山生态修复策略方面，对于历史遗留矿山及工矿废弃地，优先解决保护区、重要景观区、重要交通干线等范围内或地质灾害问题突出的矿山修复；在产矿山实施矿山改造提升、矿业权整合，纳入绿色矿山建设工程，矿山地质环境应治尽治；新建矿山实施最低开采规模制度，按绿色矿山标准建设。矿山生态修复以人工修复为主，通过开展连片排土场和采空塌陷治理解决地质灾害问题；坚持适地适植和因水定植，营建与周边生态环境相协调的植被群落；结合研究区产业转型、城市转型需要，挖掘生态价值、文化价值、旅游价值以及土地再生利用潜力，创新推动生态产品价值转化，积极培育城市发展新增长点，盘活矿山资产，提出"产业+""文旅+""光伏+""绿地+"等修复模式（表4）。

在湿地生态修复策略方面，开展黄河干支流滨水生态缓冲带建设，恢复岸线生态功能；开展乌海湖库区清淤疏浚、调度排沙等工程，完善水沙调控机制，实现河湖水系循环畅通。推进湿地公园建设和扩建，建立湿地生态补水机制。稳步推进高标准农田建设工作，实施农业高效节水灌溉。

在草地荒漠生态修复策略方面，按照因地制宜、适地适树原则，形成多树种混交林带，在乌兰布和东缘、黄河西岸建设形成完整的黄河防风固沙带；草地退化区域加强草原保护修复，保护天然荒漠灌丛植被，提高植被覆盖率，提升生态系统的质量和稳定性，防治水土流失。

在自然保护地生态修复策略方面，以自然恢复为主、人工修复为辅，加强生物多样性保护，提升自然保护地的基础设施和能力建设，及时发现存在突出生态退化问题的点位并辅以人工修复，促进生态系统实现良性循环。

表4 矿山生态修复模式表

修复模式	修复意向
"产业 +" 生态修复	盘活用地，推动生态环境改善； 结合园区发展，探索实施仓储物流、固体废物处理处置场所、环境基础设施建设等
"文旅 +" 生态修复	发挥区位优势，探索矿山遗址公园建设以及工业旅游开发，强化城市历史文化宣传
"光伏 +" 生态修复	统筹发展，结合现有光伏项目和能源发展需要，进一步实施能源"光伏 +"生态修复
"绿地 +" 生态修复	补充城市公共空间，为小镇居民提供休闲公园、登山步道、康体健身场所

在城镇和工业园区生态修复策略方面，加强城镇和产业园区绿地建设与提质增效，推进产业园区与城区之间防护带建设，强化水资源节约集约利用。

6. 重点工程布设

综合考虑乌海市及周边地区的生态格局和生态问题，落实生态修复分区任务和策略，布设乌海市及周边地区山水林田湖草沙生态保护修复工程，下设矿山综合治理与生态修复项目、黄河生态带综合治理与生态修复项目、乌兰布和沙漠东缘沙漠锁边项目、草地保护与修复项目、自然保护地建设与野生动植物保护项目 5 个子项目，明确各类项目实施的实施时段、工程主要内容、目标要求等（表 5）。

四、总结与展望

1. 实践总结

在乌海市及周边地区实践中，在生态受损分析、生态风险评估和生态恢复力评价三个方面均选用了较为成熟的定量分析的评价模型和方法，针对研究区的特征选取的生态景观、矿业活动、城镇开发、水资源约束、自然本底等指标体系，系统反映了研究区沙漠化、草地退化、矿业活动土地受损和景观破坏等生态问题，以及干旱、脆弱的生态本

表5 矿山生态修复模式表

子项目名称	实施时间	实施区域	主要内容	指标
矿山综合治理与生态修复项目	2021—2025 年	阿拉善左旗、乌达区、海勃湾区、海南区、鄂托克旗	绿色矿山建设，矿山环境综合治理，恢复生态系统功能	绿色矿山建设达标率、历史遗留矿山综合治理率
黄河生态带综合治理与生态修复项目	2021—2035 年	阿拉善左旗、乌达区、海勃湾区、海南区、鄂托克旗	河岸带生态整治，河道清淤，加强湿地保护与恢复，农田综合整治	湿地修复治理面积、生态退耕面积
乌兰布和沙漠东缘沙漠锁边项目	2021—2035 年	阿拉善左旗	保护天然荒漠植被，推进沙漠锁边工程	沙化土地治理面积
草地保护与修复项目	2021—2035 年	阿拉善左旗、乌达区、海勃湾区、海南区、鄂托克旗	保护天然林草植被，开展退化草原修复，防治水土流失	退化草地治理面积
自然保护地建设与野生动植物保护项目	2021—2035 年	阿拉善左旗、海勃湾区、海南区、鄂托克旗	完善生物多样性保护网络，提高基础设施建设和管理能力	国家重点保护野生动植物种数保护率

底以及长期、快速的城镇开发和矿业开采活动之间的相互对立、相互促进的矛盾统一关系。划定的生态修复分区可反映分区主导生态功能、主要生态问题、生态保护和修复压力以及生态修复主要路径和修复方向，为构建山水林田湖草沙一体化的国土空间生态修复策略和工程布设提供了有力支撑。

2. 研究展望

干旱区生态本底脆弱，国土空间生态修复规划需坚持"以水为定、量水而行"的原则，聚焦解决人类活动引发的生态受损问题，充分考虑修复潜力选择自然、人工或二者相结合的生态修复手段，形成因地制宜、科学且行之有效的生态修复策略。

资源型城市在转型过程中亟待解决在过去粗放式发展的过程中形成的生态系统和环境问题，国土空间生态修复规划需秉承"山水林田湖草生命共同体"系统思想，挖掘城市转型过程中产业升级、布局优化、生态环境品质提升、文化传承等发展诉求，统筹设计山水林田湖草生态系统整体保护、系统修复、综合治理的有效途径，提升国土空间生态修复的生态效益、社会效益和经济效益，为城市绿色集约发展提供重要支撑。

参考文献

[1] 易行，白彩全，梁龙武，等. 国土生态修复研究的演进脉络与前沿进展 [J]. 自然资源学报，2020，35（1）：37-52.

[2] 彭建，董建权，刘焱序. "系统思维、整体视角、综合治理，助力高质量发展"——"国土空间生态修复"专辑发刊词 [J]. 自然资源学报，2020，35（1）：1-2.

[3] 蔡海生，陈艺，查东平，等. 基于主导功能的国土空间生态修复分区的原理与方法 [J]. 农业工程学报，2020，36（15）：261-270.

[4] 成金华，尤喆. "山水林田湖草是生命共同体"原则的科学内涵与实践路径 [J]. 中国人口·资源与环境，2019，29（2）：1-6.

[5] 罗明，于恩逸，周妍，等. 山水林田湖草生态保护修复试点工程布局及技术策略 [J]. 生态学报，2019，39（23）：8692-8701.

[6] RAPPORT D J, BÖHM G, BUCKINGHAM D, et al. Ecosystem health: the concept, the ISEH, and the important tasks ahead[J]. Ecosystem health, 1999, 5（2）：82-90.

[7] 丹宇卓，彭建，张子墨，等. 基于"退化压力-供给状态-修复潜力"框架的国土空间生态修复分区——以珠江三角洲为例 [J]. 生态学报，2020，40（23）：8451-8460.

[8] 柳晓娟，侯华丽，武强，等. 长江经济带矿业绿色发展空间格局与驱动机制研究 [J]. 矿业研究与开发，2021，41（4）：176-182.

作者简介：

王一星，清华同衡规划设计研究院生态环境研究所项目经理。长期从事环境影响评价、区域空间生态环境评价和生态环境保护规划咨询等工作，承担和参与了多项国家及省级生态环境分区管控试点编制、国家级园区环境影响评价、国土空间生态修复规划以及生态文明示范建设规划项目。

"双碳"目标背景下的综合能源规划探索实践

/ 毕莹玉

关键词： "双碳"目标；综合能源；能源规划

2020 年 9 月 22 日，习近平总书记在第七十五届联合国大会一般性辩论上宣布，中国将提高国家自主贡献力度，二氧化碳排放力争于 2030 年前达到峰值，努力争取 2060 年前实现碳中和。在 2020 年 12 月 12 日气候雄心峰会上，习近平总书记宣布，到 2030 年，中国单位国内生产总值二氧化碳排放将比 2005 年下降 65% 以上，非化石能源占一次能源消费比重将达到 25% 左右。

能源活动与"双碳"的目标密切相关，能源活动造成的碳排放约占碳排放总量的 70%，因此能源的降碳成为"双碳"目标实现的核心。

一、综合能源规划体系变革

在"双碳"目标背景下，能源结构必然要从以化石能源为主的能源结构，向新型的低碳能源体系转型。在这个转型过程中，涉及整个能源链条的转变，包括能源生产、能源输送、能源分配、能源消费等环节。而能源规划作为整个能源体系的前端，是能源转型的主要抓手。

在传统的能源规划中，对于不同种类能源的相互协同关注较少。传统能源规划的目的是解决能源供需矛盾，规划重点通常为建设能源设施和拓展能源供应渠道。而对于实现"双碳"目标来说，保障能源供应只是用能的基本需求，在此基础上还需要提高能源利用效率、增加清洁能源占比、整合能源系统、降低能源系统投资和运营成本等，从而使能耗和碳排放的总量及强度尽可能降到最低。因此需要创新的能源规划体系来替代已不能满足减排需求的传统能源规划。

相比于传统能源规划，新型综合能源规划的思路从能源供给侧向能源需求侧转变，重点关注建筑、交通、工业三大能源消费领域，注重不同能源消费领域之间的协调，并考虑不同种类能源的相互补充与替代。

在对能源整体的规划和设计层面，也需应对"双碳"目标背景下能源转型而引起的技术方法的转变。尤其是要通过综合能源规划，突破原有条块化规划限制（图 1），把控需求、供给、设施、调度、服务五个环节，充分挖掘新能源资源，优化能源资源配置，实现能源清洁、高效、可靠的梯级利用，提高资源、能源和空间的利用效率，避免能源资源重叠配置、错配、漏配、过量配置，从而实现整体能源体系的低碳化。

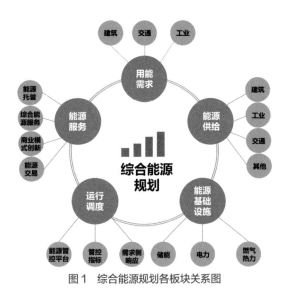

图1　综合能源规划各板块关系图

二、综合能源规划技术体系

1. 能源规划思维转变

在规划体系上，应从两方面考虑。一方面，从上而下，应在宏观目标和具体指标的指引下开展；另一方面，从下而上，注重规划的可实施性。实施路径要具有可操作性，同时对目标和指标有调整和反馈，形成面向用户需求，从能源供给到能源组织的一体化的新型能源模式（图2）。

2. 规划技术支撑

在具体的规划技术上，重点要解决目标制定，能源生产低碳化，能源供给和用户需求动态匹配等核心问题，主要包含以下几个方面。

（1）构建"双碳"目标体系

以零碳为目标的综合能源规划的首要任务是设定一套科学的、合理的、全面的"双碳"目标体系，而不仅局限于一个或两个单独的总体目标数值。具体来说，应根据用能特点和减排潜力，将目标分解为有时间节点和具体数值的分项目标；针对分项目标，再建立适用于各领域和主体的指标体系，以制定目标完成路径和评估减排成果。

（2）重点解决能源供给的低碳化

充分挖掘外部区域能源及内部可利用的能源禀赋（图3），合理优化能源供应结构，提高可再生能源利用比例，实现低碳、绿色、生态友好的能源供应模式。

（3）用户用能精确预测

新型能源体系的构建需要多维度、多尺度、精细化地对能源需求进行预测。在时间

图2　综合能源规划体系图

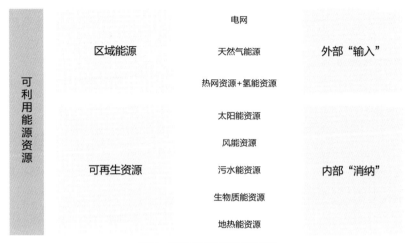

图3 可利用资源能源分析图

维度上，从时、日、年等不同尺度进行需求描述；在空间维度上，从地块、社区、组团、区域等不同尺度进行需求描述。具体可采用情景分析法等技术方法。

（4）能源配置协同供给

在能质匹配、空间匹配前提下，对资源能源进行合理化配置。协同用能需求和能源供给，在技术可行的条件下，实现能源安全供给下的最优配置。

（5）在能源协同供给模式下布局能源设施

重点考虑分布式能源供给特点以及多能互补的需求，并采用集约化、统筹化建设模式。尤其分布式综合能源站的布局是解决多能协同的重要方式。综合能源站是承载多种能源整合功能的重要载体和节点，通过综合能源站整合各类资源的输入和输出，实现能源的高效配置。

三、"双碳"综合能源规划实践探索

1. 园区综合能源规划

园区作为产业集聚发展的核心单元，也是我国实现"双碳"目标、推进能源转型最重要、最广泛的空间载体。

在"双碳"目标的前提下，制定园区综合能源规划是园区后续开发建设的第一步，对园区未来的能源转型发展至关重要。只有首先在规划中纳入"双碳"目标并进行创新和突破，才能从根本上解决园区在传统上高能耗、高排放的难题。用综合能源规划的方法论来助力园区的零碳发展，实现从低碳、近零碳到零碳的转变。

2. 杏花村经开区综合能源规划

以汾阳杏花村经济技术开发区（简称杏花村经开区）综合能源规划为例，杏花村经开区占地面积约35.8平方公里，集中了以汾酒为核心的酒产业，2020年经开区实现规模以上工业总产值约114亿元，是全国著名的酒业集中发展区。

杏花村经开区目前存在用能单一、用能结构以化石能源为主、可再生能源利用不足、用能效率不高等问题。

（1）合理制定目标

参照相关指标管控要求，结合杏花村经开区特点，规划确定了非化石能源消费占比达到 50%，万元 GDP 能耗强度降低 70%，万元 GDP 二氧化碳排放强度降低 80%，绿色天然气占燃气供给比例 20% 等核心指标。

（2）能源资源量化分析

采用多种能源资源分析法，对杏花村经开区资源进行分析，包括对能源分布、能源供给空间和时间特性、能源能量特性、能源体量等进行量化分析。分析得出，杏花村经开区以区域能源供给为主，本地再生能源作为重要组成部分。可再生能源以光伏、生物质能利用为主，可利用污水能供热，但不建议开发地热和风能。

（3）特色技术挖掘

杏花村经开区的重要产业是酒制造产业。在对酿酒工艺深入分析后，规划认为蒸气酿酒后的余热可以进行深度挖掘利用。以汾酒生产工艺为例（图4），制酒工艺主要分为高粱粉碎、润糁、装甑蒸料、入缸发酵、装甑蒸馏、二渣入缸再发酵、装甑再蒸馏等过程。而能源消耗较大的主要有润糁、蒸料、蒸馏三个环节。在这些环节中，热损失占比约 70%。

各酒厂在制酒蒸馏冷却阶段均采用风冷，效率较低且余热资源浪费严重。通过对工艺的深入分析，在不影响工艺和产品质量的前提下，可重点考虑蒸馏冷却阶段余热回收，采用循环水冷却装置，有效回收余热。可回收余热达到蒸汽热量的 30%。

（4）消费端能源替代

要进行能源消费端的用能方式转变、能源替代。尤其要在交通领域和供热领域，实现消费端的排碳管控和能源分类预测。

（5）能源匹配策略

采用情景模拟法，识别杏花村经开区能源需求，以碳排、经济性等为约束条件，并根据园区未来发展的情景，制定能源供给策略，形成从需求到供给的最优组织模式，实现目标管控与能源因地制宜配置，达到能效与经济效率并重。匹配流程如图 5 所示。

（6）规划效果和保障措施

经规划，杏花村经开区可实现"节能增效、增新、绿气、新型电力"的转型路径，实现经开区能源系统安全性、绿色性和经济性目标。

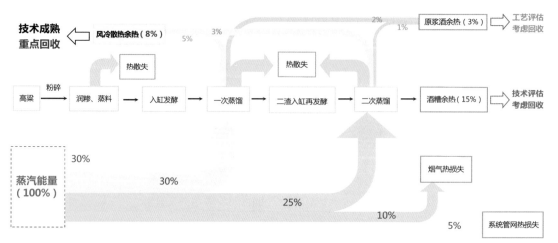

图4　热量流向及可利用余热分析图

图5 能源匹配策略图

同时，能源的转型需要创新能源建设运营模式，要从以生产者为中心的传统能源网络，转向以用户为中心的智慧能源网络，从供能侧向用户侧延伸，连接生产、服务和终端消费，提供最优性价比和最佳能效的解决方案。因此在规划建设中应鼓励各类企业、专业化能源服务公司投资建设，鼓励地方政府和社会资本合作。

综合能源规划也要融入国土空间体系，保障空间的落实，管控指标的传导。引导包括电力、燃气、供热等下位规划的编制。

四、结论与展望

在"双碳"成为国家重要战略的背景下，地方和园区迈向零碳发展是提升竞争力、适应社会经济发展的必然趋势。综合能源规划在"双碳"目标的指引下，从规划方法论层面提供了创新解决思路，以系统化的方式解决"双碳"目标需求。也期待通过我们的规划，助力园区及国家的能源安全、低碳转型，助力国家实现新型能源体系的建设。

作者简介：

毕莹玉，清华同衡规划设计研究院市政规划研究所主任工程师，雄安分院可持续市政规划设计所所长。主要从事市政规划、综合能源规划方面的工作。

社会
技术

同 衡 学 术 2023 视 界

空间价值再认识 —— 数字技术支撑的空间解译与价值挖潜

关键词：存量更新；空间价值；方式转换

一、空间价值挖潜的重要意义

从增量发展到存量优化，城市发展的目标、路径和驱动模式发生了重要转变，空间的品质提升和效益增长成为发展的重要指向。为此，需拓展空间价值的内涵认知，进一步挖掘可持续的空间价值。

1. 既有土地财政和高容量增长路径不可持续

近年全国主要监测城市总体地价、全国房地产开发投资同比增速放缓，房地产土地购置面积、全国房地产新开工施工面积同比增速下降，房地产市场呈现量价增速均减缓的显著趋势[①]。土地出让作为传统空间价值的主要组成部分及城镇化的重要推动因素，在发展转型升级与土地市场供需关系变化的宏观背景下，对于城市发展的驱动能力逐渐下降。传统发展模式下的增长路径已不可持续，空间价值及其驱动模式的认知外延急需拓展。

2. 空间价值测度体系和共享机制尚未建立

由于空间不仅是各类资源、要素的集合

与各类社会经济活动的投影，也是各种社会关系和情感的寄托。在城市发展初期，空间作为一种资源，土地、地上附着物以及产业功能是重点对象，因此规划中更关注规模、强度的配置。而在发展成熟期，空间的生产性，即可持续的资产产出成为空间更为重要的价值内在组成。而目前空间评估多以政府管理部门组织的城市体检为主要手段，以空间品质提升为导向，监测规划建设管理目标的完成度以及识别规划实施规程中产生的非预期负外部效应，较少对于空间资源投入产出效率进行系统检视。而明晰的空间资产测度体系是空间从资源到资产价值转换的基础，也是未来建立空间资产分配机制、形成存量空间收益良性循环的关键。

3. 数字技术支撑下的空间价值认知外延拓展

在空间存量优化与价值转换的过程中，无论是服务于生产还是服务于人，要素更加多元且供需匹配的精准程度要求提升。目前数字技术的发展使数据信息的时空粒度描述更为精细与动态，空间范围内承载的各类静态资源要素、功能到动态的主体

[①] 本节数据来源于中国国土勘测规划院全国主要城市地价监测报告、国家统计局

活动与流动关系，乃至情绪感知和意象都有可能被捕捉和识别，为有效提升空间价值的外延认知奠定了基础。在数字化技术的支撑下，我们对空间无形边界的感知不断拓展，构成未来深入认识空间、激活空间多维价值的基础。

二、空间价值挖潜的方法与技术实践

数字技术支撑下的空间价值挖潜主要映射在空间认知、空间评估，空间提升三个方面，而空间赋值则是构成这一可持续循环的关键环节。数字技术的应用可以全面支撑空间认知的动态性、空间评估的精准性与空间提升的科学性（图1）。

1. 大数据画像技术支撑空间精准认知

利用高时效、大样本、高精度的时空大数据进行空间现状的刻画，能够对人、房、地、业等各类空间要素进行静态规模、分布与动态流动关系特征的精准掌握。进一步分析产业结构及其投入产出关系、商圈消费结构与人群活力特征，能够大幅延伸空间认知

深度。此外，结合文本大数据与自然语言处理技术，能够辅助掌握空间使用主体的情绪和意象感知情况，增强主客观耦合的空间认知。在单要素分析的基础上引入关联算法进行的数据融合分析，进一步支撑了空间的功能供需平衡识别。例如，我们通过住房供给、就业规模、居住条件等多维度因子融合分析，支撑住房供需评估的模型构建，精确地指导住房的供应计划（图2）。

2. 智能模型辅助关键问题诊断，评估空间社会经济效益

以目前空间评估的主要抓手——城市体检为例，在各项指标分析结果的基础上，智能模型的应用能够辅助关键问题的识别，以判断影响城市运行的核心指标，明确问题改善的主要抓手，进而提升投入产出效率。如利用社会网络分析（图3）、系统动力学模型识别指标因果关联，进行归因诊断，利用基于主体的模型（agent-based model，ABM）确定全域用地不同规划情景下的开发可行性，核算预期经济社会收益，从效率角度辅助空间价值的有效提升。

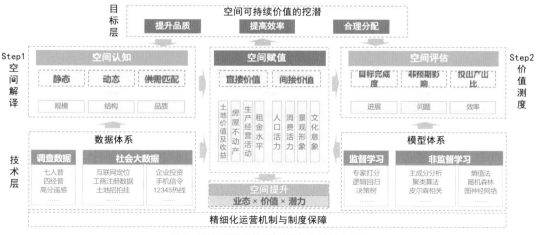

图1　空间可持续价值挖潜技术方法示意图

	重点功能区	重点功能区	重点功能区	重点功能区	重点功能区	重点功能区	重点功能区	重点功能区	
企业数量	+++++	+++	++	+++++	+	++++	++	++	
就业人口	+++++	+++++	++	+++	+	+++	+	++	就
办公楼租金	+++++	++++	++	++++	+++	+++	+++	++	业 中 心 产 业 刻 画
用地出让合同额	+++++	++++	+	+++++	+++	+++	++++	+	
主导产业	其他金融业 资本市场服务； 新闻和出版业	资本市场服务； 其他金融业； 新闻和出版业	不突出	其他金融业 计算机等电子设备制造业	计算机、通信电子设备制造业 仪器仪表、专业设备制造业	铁路运输业、铁路、船舶、航空航天等制造业	资本市场服务； 娱乐业	不突出	

就业中心对应居住地特征刻画　　　　　就业中心对应居住地识别

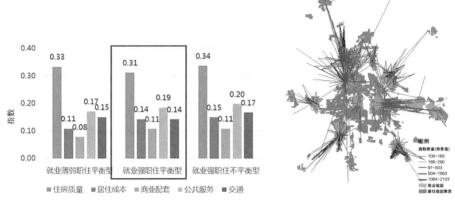

图2　空间画像技术路径探索与实践示意图

（图3 复杂网络图，含众多节点标签）
建筑垃圾资源化利用率
城市生活垃圾资源化利用率
社区低碳能源设施覆盖率
新建建筑中绿色建筑比例
新建建筑中装配式建筑比例
管道燃气普及率
污水管网覆盖率
城市公共供水管网漏损率
供热管网改造长度
城市蓝绿空间占比
道路机械化清扫率
生态、生活岸线占总岸线比例
口袋公园建设数量
雨水管网覆盖率
城市功能区声环境质量监测点次达标率
市辖区建成区公厕覆盖率
公园绿化活动场地服务半径覆盖率
城市绿道服务半径覆盖率
住房公积金覆盖人数
城市道路网密度
旧房改造中，企业和居民参与率
租住适当、安全、可承受住房的人口数量占比
建筑业增加值占GDP比重
居住在棚户区和城中村等非正规住房的人口数量占比
业主委员会组建率
公共停车场300米服务半径覆盖率
实施物业管理的住宅小区占比
房地产业增加值占GDP比重
专用自行车道密度
公共充电桩供给率
房地产业增加值
社区卫生服务机构覆盖率
城市更新改造投资与固定资产投资的比值
每千人口拥有3岁以下婴幼儿托位数
城市基础设施投资与固定资产投资的比值
商品房去化周期
社区基层医疗卫生机构诊疗分担率
万人公共交通车辆保有量
社区养老服务设施覆盖率
人均体育场地面积
社区托育服务设施覆盖率
老旧小区更新改造比例
消防通道通畅率
既有住宅楼电梯加装率
城市二级及以上医院覆盖率
城市标准消防站及小型普通消防站覆盖率
人口密度低于每平方公里0.7万人的城市建设用地占比
既有居住建筑节能改造占比
城市年自然灾害和安全事故死亡率
消除严重影响生产生活秩序的易涝积水点数量比例
社区微型消防站站建设率
城市核酸采样每万人拥有的窗口数量
当年获得国际国内各类建筑奖、文化奖的项目数量
城市市政消火栓完好率
高分景点热度指数
人均避难场所有效避难面积
高层建筑电动自行车停放合规率
公共文化场馆服务总人次

图3　空间诊断技术路径探索与实践示意图

3.基于空间赋值支撑的更新潜力测算应用实践

空间赋值是实现空间价值的系统性解译和评估的基础环节。空间赋值的可行性源于空间的基底属性，在统一基底上将各维度价值属性进行关联，使其能够量化与计算。除了单维指标的直接属性关联外，还需考虑指标间的相互影响对于空间单元综合价值的提升或削减，如通过空间自相关等算法评估空间邻近溢出效应等。从包括用地、住房和社会等维度赋值，实现基于空间赋值结果的应用基础。例如，在城市更新范围划定方面，

赋值后的空间单元可以支撑在不同价值导向下完成更新潜力的量化（图4），为统筹存量空间优化提供参考。再如从投入产出维度，可以基于空间本身价值与投入产出效率进行空间承载的产业类型和规模推荐。精度可以支持计算结果精确到每个园区甚至楼宇，引导最具竞争力的业态发展方案（图5）。

三、下一步展望

由于空间价值的范围非常广，以上针对数字技术支撑的价值挖潜讨论只能涵盖部分价值测度。后续需持续探索的工作首先是价

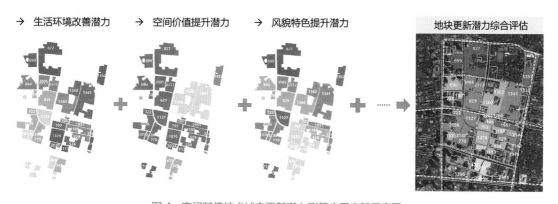

图4　空间赋值技术城市更新潜力测算应用实践示意图

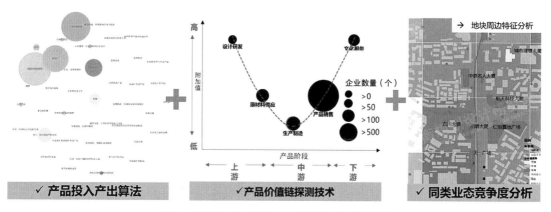

图5　空间赋值技术楼宇业态推荐应用实践示意图

值挖潜应用的拓展，一方面是将已经形成的更新潜力测度和业态方向推荐技术在应用中不断迭代优化；另一方面是在此基础之上，持续探索可以增加和拓展的应用方向，支撑空间价值的提升。其次是链条的延伸，目前空间开发和运营的模式选择和空间价值实现的关系绑定得越来越紧密，是值得空间规划向下延伸的重要方向。最后是价值转换与利益共享机制的建立，保障空间价值挖潜与提升，形成良性循环，形成新的发展动能。

作者简介：

李颖，清华同衡规划设计研究院技术创新中心数字治理所副所长，高级工程师，注册城乡规划师。长期从事新技术在城市空间治理评估工作，在大数据与传统数据融合应用、支撑城市规划建设治理决策方面具有丰富的课题研究与项目实践经验。

城市产业内核培育的数智化方法

关键词：产业发展；信息技术；内需培育；产业图谱；产业链

一、充分理解当前城市发展的宏观环境

1. 内需不足是当前中国经济发展的重要问题

2010 年以来，中央出台了一系列经济政策。2015 年我国提出供给侧结构性改革，着重应对低端产能结构性过剩，此时内需不足已经成为潜在问题，但在当时的环境下尚未充分显化。2020 年提出的"双循环"战略，正是以国内庞大的内需市场为基础提出的。

新冠疫情加速了内需问题的显现。2022年 12 月 15 日，国家发展和改革委员会发布《"十四五"扩大内需战略实施方案》，随后多次实施积极的宏观经济干预手段，如下调贷款市场报价利率（LPR）、增加企业贷款、增加总投资亿元以上的"大项目"投资等，但总体效果不及预期：2023 年一季度居民储蓄率回升、贷款余额减少，居民消费价格指数（CPI）、工业生产者出厂价格指数（PPI）连续多月下跌，内需不足成为当前影响我国经济发展的一大重要问题（图 1~图 3）。

2. 城市发展进入功能驱动时代

中国城市发展的历程是在内需变化的大背景下展开的。

过去的四十年间，中国的城镇化发展基于城镇人口和产业的大规模增量需求

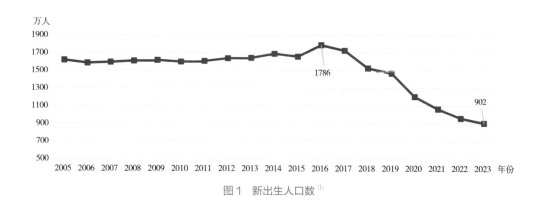

图 1　新出生人口数①

---

① 　数据来源：中国统计年鉴

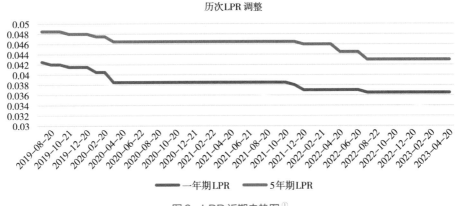

图2　LPR 近期走势图[①]

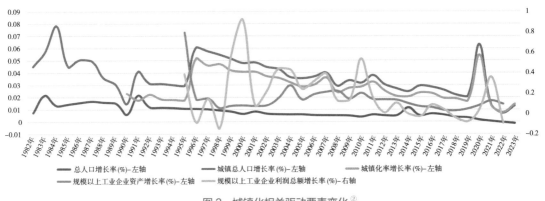

图3　城镇化相关驱动要素变化[②]

（图3）。1981—2022年，城镇人口增加了7亿，1995-2022年，最终消费支出增长了17.2倍，工业企业资产增长了17.5倍。上一时期的城市发展具有大规模成片开发、相对超前建设的特征，且得益于庞大的人口城镇化和工业化需求，空间功能的"容错能力"相对较高，包括住宅、工业、研发在内的各类功能空间的库存现象尚不明显，充足的建成空间供应也支撑了快速的城镇化进程。

随着人口城镇化和经济发展减速，来自人口和产业的空间需求减弱，城市发展无法单独依靠空间建设手段来驱动，而是转为以产业功能发展为主要驱动力。由于部分地区城市发展模式转换不及时，出现空间功能错配或超配现象，继而引发办公、仓储、工业、数据中心（IDC）等各类功能空间的库存问题。如部分主要城市的写字楼空置率高达 30% 以上，部分地区的标准厂房空置率高达 40% 以上等。

因此，当下的规划工作应特别关注产业功能内核的培育，充分理解当前的宏观环境和微观需求，保障空间的科学规划与利用。

---

① 数据来源：中国货币网（https://www.chinamoney.com.cn）
② 数据来源：中国统计年鉴

3. 为产业发展创造有利环境，为城市发展提供内需动能

破解上述问题的关键是培育城市产业内核，城市为产业发展创造有利的软、硬环境，产业内核的培育带动城市发展内需动能的提升。

内需主要由三部分构成：政府、企业、居民。其中，企业通过生产经营获得利润，其中一部分形成资产积累并支持进一步投资，一部分利润通过工资、分红等形式转移到居民手上，形成个人收入，支撑了居民的消费需求。上述两部分加上政府财政支出，共同构成了国家的内需体系。

在合理的市场秩序和分配规则下，财富得以在企业和居民之间流动，反映在企业储蓄和居民储蓄的数据上，则应表现为此消彼长的数量关系。例如美国的企业储蓄和居民储蓄总体上均受到宏观经济趋势的影响，但局部波动呈现企业储蓄增加 – 居民储蓄降低，或企业储蓄减少 – 居民储蓄增加的规律。这体现出当地企业和居民的财富路径相对畅通，从生产经营活动中获得的财富或者留存于企业，或者转移给居民，从而保障了内需水平的稳定和提升。

相比之下，当前国内的企业储蓄和居民储蓄协同变化（图4）。由于国有企业在中国的经济运行中扮演着重要的角色，聚集了大量的资源，国有企业和民营企业之间缺乏产业协作，民营企业在政府采购项目中面对进入壁垒，以及民营企业所面临的营商环境制约、融资偏难、资金使用成本偏高等问题都可能是这一现象的成因。这反映出包括国有企业在内的广义政府部门与民营企业和居民之间的财富路径没有充分打通，也解释了为什么新一轮"大项目"投资并没有对内需产生明显的拉动作用。在我国的内需体系中存在两个尚未充分融合的循环体系，这在一定程度上阻碍了资源的有效流动，进而影响了一部分内需活力的释放，削弱了经济增长的动能。

然而在当前的发展任务驱动下，各地政府招商倾向于中央企业、国有企业，资源过度向大企业倾斜，忽视了对中小型民营企业的帮扶与培育。大企业（特别是中央企业、国有企业）固然对当地产业链有积极的带动

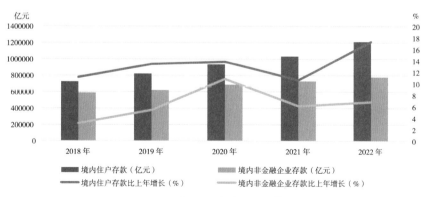

图4 中国居民与企业储蓄[①]

[①] 数据来源：中国统计年鉴

作用，但由于其自身较为稳定的供应链体系、内部的人才供应方式和财务核算方式，也存在对当地经济和内需水平带动不足的问题。

因此，在当前内需不足的宏观环境下，一方面，要积极培育产业发展，塑造城市功能内核；另一方面，在城市产业内核培育的过程中，重点赋能民营企业、中小企业，为其提供公平的市场竞争环境，实施企业的常态化监测并引入有针对性的政策和帮扶资源。

二、规划智库的时代使命

1. 产业内核培育是一项长期动态的工作

由于产业发展具有培育周期长、发展环境和政策不断变化、产业知识庞杂、细分领域专业度高等特点，使得产业发展管理工作存在较大难度，并时常面临长期目标与阶段性发展思路之间的协调问题。因此，需要让管理者看到长期且可适度调整的产业发展路线图，以长期主义思想、产业链数字化的思路、"咨询＋信息化"的创新方式实现技术和管理的协同。

在这一发展路线图的实现过程中，对企业的帮扶是落实产业发展目标的重要工作内容。精明使用当地宝贵的资金和政策资源，利用技术手段进行企业评估和帮扶政策的导入，有效支持当地企业发展。

2. 以产业链数字化思路积极培育产业发展

咨询先行，充分理解当地产业发展工作逻辑。清华同衡深度参与各地产业链规划工作，了解管理部门的工作方式和困难，识别到产业相关知识空缺对产业链管理和规划工作的制约。因此在技术支持方案中，选择了

信息化支撑的手段，在数字化平台中植入海量产业链数据，并将当地产业链以上、下游供应链的形式进行可视化呈现，为产业管理者提供了专业知识输入。

以系统的可生长性适应产业链的可生长性。在清华同衡打造的"产业大脑"平台中，植入了产业链动态配置功能，使管理者可以根据地方产业发展目标的动态调整，不断优化、完善本地产业链的规划布局，并将设备、工艺、龙头企业等关键信息植入产业链的构建中。

积极争取地方支持，充分发挥政务大数据效能。充分向地方政府阐释产业链培育的意义和政务数据在其中可发挥的重要作用，引导税务、能耗、排污等关键产业数据的共享互通，分析不同产业的区域生产网络和生产效率，更精准识别招商引资目标区域。

依托专业算法识别重点产业链培育方向。清华同衡依托专业研究和技术优势，在平台中植入了产业链预测算法，根据本地产业发展的现状和预期招商方向、规避负面清单产业，预测最适合当地发展的产业链环节，并可实现多条产业链的融合发展，打造多链集群。

形成有目标的精准招商。常规公开企业数据中仅能粗略体现企业的行业信息，无法支撑以具体产业链环节为目标的招商工作。清华同衡通过对企业产品级标签体系的构建，满足了产业链精准招商的需求，并通过企业评价指标设计，向地方政府推荐优质招商企业。

3. 以信息化手段赋能企业健康发展

扮演好专家角色，协同职能部门进行工作机制研究。企业培育的第一步是对企业进行科学评估，评估工作的关键则是深入当地

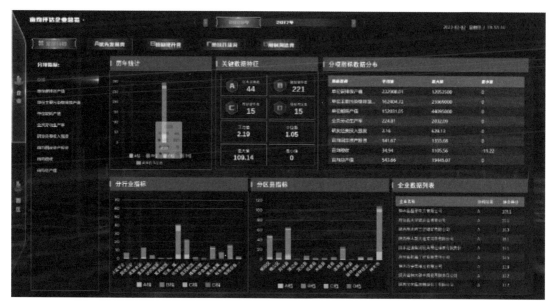

的管理工作流程。清华同衡在参与企业评估工作过程中，协同产业管理部门制定企业评估方法与流程，使之既符合部门工作流程规定，又符合企业工作习惯，以可实施的评估流程驱动信息化平台的功能设计。

预见工作的长期性和动态性。随着产业发展阶段和经济发展调控阶段性目标的变化，企业评估的目标会不断调整，因此要求评估手段具有较高的灵活性和适应性。清华同衡的"企业发展监测与亩均效益"平台，以动态的评估指标配置、评价算法配置、评估规则配置，灵活适应不同发展阶段中企业评估导向和产业目标的调整（图5）。

以有效监测和针对性政策，快速驱动企业经营优化。只有配套以针对性的引导政策，企业评估工作才有意义，只有实现了常态化的监测，评估工作才能实现动态闭环。在企业评估工作中整合多方力量，实现产业数据和空间数据的融合，以符合产业管理部门工作习惯和管理逻辑的方式设计评估指标和展现方式，使企业评估结果能够衔接多维度的帮扶政策。

三、小结

中国经济正面临较大的内、外环境变化，既有发展理念的主动转变，又有发展阶段的必然选择；既有内生动力的转换，又有国际局势的影响。在这样的背景下，各地更应稳住阵脚、立足长远；规划智库则应长期陪伴、锐意创新，不断形成自身多元化能力，与各地一同探索行稳致远的发展之路。

图5　数字化方法支持产业内核培育企业发展监测与亩均效益平台

作者简介：

吴梦荷，清华同衡规划设计研究院技术创新中心数智经济研究所原副所长，高级工程师，注册城乡规划师。主要从事基于大数据与智能算法的产业规划与产业大数据产品研发。

城市更新专项规划统筹更新实施的思考与探索

/ 王 莹

关键词：更新行动；单元统筹；政策工具包

一、更新规划背景

1. 城市更新背景

2015 年，中央城市工作会议提出，我国进入城镇化较快发展的中后期；要坚持集约发展，框定总量、限定容量、盘活存量、做优增量、提高质量。即强调转变城市发展方式，由外延扩张式向内涵提升式转变，提高城市治理能力。2020 年，实施城市更新行动被正式写入《中共中央关于制定国民经济和社会发展第十四个五年规划和二〇三五年远景目标的建议》，实施城市更新行动成为国家战略。在此背景下，全国各地纷纷开展城市更新行动的实践探索，住房和城乡建设部遴选了 24 个城市作为第一批试点城市，探索城市更新统筹谋划机制、城市更新可持续模式，建立城市更新配套制度政策经验，并于 2022 年推出了第一批试点城市可复制、可推广的经验做法，指引各地互学互鉴，科学有序实施城市更新行动。

2. 更新专项规划核心任务思考

从试点城市建立的城市更新规划编制体系看，城市更新专项规划是工作体系中的重要环节。那么城市更新专项规划作为更新行动的纲领，一方面要落实上位规划和相关规划的要求和任务，另一方面要提出更新行动的方向和重点，构建全链条工作路径，指引更新行动。因此，其核心任务要求是落实更新目标，统筹任务、统筹空间、统筹机制。

二、日照市城市更新专项规划实践探索

1. 日照城市更新认识

山东省日照市是近代以港兴城的代表，依托日照港、蓝天碧海、金沙滩的旅游品牌，帆船、网球赛事等资源和品牌，提出了建设"精致港城、活力日照，打造现代海滨城市"的城市战略总体发展目标。在高质量发展的背景下，从国土空间规划的用途指标看，日照城市土地供应的特点是城市空间的增量大于存量资源，并且在中心城区每年仍保有一定量土地的供应。所以日照的城市更新是需要兼顾增量和存量的更新，实施城市更新也是国土空间规划实施的重要保障。

从已经开展的城市更新行动分析，现阶段日照更新工作面临着以下几方面的困难。第一，现阶段的城市更新项目谋划主要

以城中村改造项目为主，并且项目都位于中心城区外围，对于支撑城市发展的战略性空间缺乏空间的引导优化。第二，项目主要是以"片区统筹＋项目打包"的方式申请资金，缺乏整体统筹。片区主要以经济平衡为导向，倒算项目包的构成，在这个过程中充分利用了可盈利空间，但是对于满足居民日常需求的公共服务设施配套的考虑有所欠缺。在土地用途和开发强度上也缺乏全局性统筹考虑，导致了现阶段规划方案主要以提高居住和商业用地占比来实现资金平衡，与国土空间规划用地调减的总体目标不一致，工业改造投资占比低，更新对产业提质增效和面向旅游的需求回应不足。第三，现阶段在支持城市更新行动方面日照出台了一系列更新实施的政策，但在更新的管理流程、土地用途兼容、建筑更新改造的技术标准等方面细则还有待完善。

2. 日照城市更新专项规划探索

为应对日照在城市更新工作中面临的困难，城市更新专项规划实践中重点提出了三方面的探索：第一，探索多元目标下更新实施任务的生成；第二，"单元统筹"的可持续更新；第三，面向实施的"政策工具包"。

（1）任务统筹

从日照的城市建设看，自1989年设地级市以来，城市建成区从13平方公里扩张到2020年的220平方公里，存量空间的建设基础较好，多数地段的基础设施服务能力和建设质量尚未面临更新的紧迫需求，所以日照的更新任务生成应该是关注战略目标导向和更新目标导向下的任务生成。在规划中，通过衔接、落实城市建设"四大名城"的战略目标和近期的重点工作，从人文、活力、生态、创新、智慧五个维度，结合城市设计和专项规划，谋划支撑战略发展目标，优化空间格局的建设项目。例如，人文目标下的任务生成中，海曲路是城市联动山海的主要轴线，在这条轴线上串联了日照的老城记忆和一些老旧楼宇、传统商圈等资源，因此在规划中提出了依托7个"文商旅"计划、24个重点项目，带动海曲路沿线整体提升，包括城市人文地标类建设计划、公共绿地品质提升计划、轴线功能提升计划等。通过重点项目的建设，实现城市服务与旅游服务的融合，夯实日照建设国际化旅游度假名城的基础。同时，基于统筹更新资源、补充设施短板和解决急难愁盼问题的实施视角，设立城市更新目标谋划项目，在多元目标的引领下最终形成日照面向2035年的更新项目库（图1）。同时提出对于解决群众急难愁盼问题，带动片区连片改造、市区级示范项目，有明确实施路径的项目优先推动，统筹纳入

更新任务	商业空间 消费扩容						产业空间 提质增效			居住空间 条件改善			服务设施 底线保障							文化空间 特色彰显						公共空间 品质提升									
更新计划	城市核心功能升级计划	城市轴线功能提升计划	传统商圈改造升级计划	零售商业品质提升计划	市场调迁改造提升计划	腾退用地新建商业计划	工业遗产普查认定计划	低效产业腾退升级计划	园区服务品质提升计划	城中村改造提升计划	老旧小区改造提升计划	保障性住房建设计划	多元治理模式探索计划	公共服务设施补足计划	道路疏通整治工程计划	交通场站补足完善计划	市政设施补足完善计划	新基建建设攻坚计划	智慧城市建设计划	历史遗址保护修缮计划	历史空间更新活化计划	文化设施空间补足计划	城市人文地标建设计划	文化宣传活动策划计划	城市特色风貌提升计划	山林景观修复治理计划	生态廊道景观治理计划	历史山水景观重现计划	河道生态景观提升计划	公园绿地品质提升计划	道路绿化景观提升计划	城市绿道品质提升计划	街道家具品质提升计划	智慧街道建设计划	重要街道试点更新计划

图1　更新目标导向下更新计划

近期实施的项目库。通过日照更新项目库建立的路径探索，寻求面对还有大量增量的年轻城市在城市更新行动中生成更新项目库的思路和策略，统筹指引项目的有序实施。

（2）单元统筹

从日照在途的更新项目看，现阶段更新单元的划定主要是在保证资金平衡的前提下谋划，在单元内对于"四老"更新资源更新实施的量仅占12%，实施比例低，并且在统筹"三大设施"和控制性详细规划实施之间也有差距，虽然通过更新项目实现了物质空间的换新，但是更新资源和公共服务配套相关工作仍有遗漏。因此，我们提出从"片区打包"的项目更新转向"单元统筹"的可持续更新。我们认为统筹的核心是公共利益，是自上而下为实现城市高质量发展目标而进行的价值研判和公共利益的统筹，通过"单元统筹"去协调轻重缓急和"肥瘦搭配"。在这个思路之下，提出要科学合理划定更新单元。首先，结合现有的控制性详细规划单元、城镇开发边界、行政区划、道路及河流自然边界、资源的聚集程度，优化现行控制性详细规划单元边界，形成"两位一体"的控制性详细规划单元，确保城市发展目标的战略空间和生态空间能在同一个单元或者同类型单元实施。其次，分析每个单元的建成率、更新资源的集聚度，识别出更新单元，从而实现更新单元的划定与国土空间总体规划的衔接、传导，解决公共服务设施配套协调管控的问题。以公共利益为本，开展单元更新指引，夯实目标任务。再次，将400余项更新任务落实到单元，形成单元内的更新项目清单。重点保障单元内公益设施、市政设施落位，依据中心城区规

划提出单元内需保障的设施数量和位置。最终，将信息通过单元更新指引图则的形式具体指引后续更新单元规划中任务搭配和核算收支，优先确保更新行动中公共利益和支撑战略空间的建设项目的保障。另外，从单元实施保障层面探索单元内部容积率转移、单元补公机制和单元之间设立更新资金池等可量化、可落实、制度化的公共利益保障手段。通过建立从单元划定到单元实施引导，到单元统筹机制的单元统筹路径，实现有传导、有统筹、有路径的可持续的更新。

（3）机制统筹

城市更新的政策作为政府维持公共利益与市场规律的长期平衡的调控工具，需要将涉及的规划、土地、资金等类型的政策，针对不同的项目类型形成面向实施的政策工具包，保障更新实施。在规划中，首先，要建立完善的规划传导机制，因此规划提出在衔接国土空间规划体系的框架下，搭建"单元规划＋控制性详细规划"一体化的管控体系，更新单元规划要同步纳入更新单元控制性详细规划。这个体系的构建一方面是落实总体规划到控制性详细规划的传导，另一方面是将更新的实施要点同步纳入法定规划的管控，通过对自上而下的任务和自下而上的实施需求的统筹管控更好地指导项目的落地实施。对于更新单元的规划内容，要更注重实施性，需要运用城市设计的方法详细研判实施，在单元内部进行权益统筹、空间统筹和实施统筹，实现对控制性详细规划调整的论证支撑，通过"单元规划＋控制性详细规划"一体化的管控体系，衔接上位规划任务，统筹更新实施诉求。其次，针对更新实施面临的政策困难和堵点的问题，提出建立

规划、土地、资金、建设管理政策工具包。在高效推动实施的层面，明确近期政策清单和政策拟解决的核心问题，结合实际工作研究解决专项问题的"小灵快"支持政策，用于解决推动更新当中的堵点问题，最终形成具有日照特色，适用、好用、管用的政策工具包。

三、小结

城市更新专项规划作为规划体系中重要的一环，重点在于结合城市的发展特征去制定由城市发展目标、城市体检到策划、行动计划、重点项目，生成思路策略和实施机制保障策略，构建全链条的城市更新工作路径，形成指引更新行动的纲领。

作者简介：

王莹，清华同衡规划设计研究院城市更新与治理分院城市更新与治理规划一所所长。长期从事城乡空间治理、城市更新等相关领域项目实践及规划研究；参与市县级国土空间规划编制、北京市分区规划统筹实施机制研究制定，长期跟踪减量背景下的北京新城规划建设及城市更新项目实践。

以技术支撑的城市更新新模式
—— 以北京市东城区光明楼 17 号楼改建为例

关键词：城市更新；创新模式；危旧楼房改建

一、城市更新新模式应运而生

1. 城市更新发展现状

截至 2022 年，我国的城镇化率已经达到了 65.22%。根据相关预测，我国城镇化率在 2035 年将超过 70%。我国已经全面进入城镇化的战略转型期，城市更新行动也上升为国家的重要战略。新中国成立以来，北京在推动城市建设与改善老城居住环境方面，开展了诸多阶段性探索实践。但由于经济社会环境、土地与住房制度、首都城市发展要求的变化，以及面临资金平衡压力、保护与开发的矛盾等诸多原因，尚未形成稳定的可持续的更新模式。

2. 存量更新类型多样

北京城市核心区的居住空间的更新对象主要为平房院落、老旧小区、简易楼、危旧楼等。目前存量更新有以下几种类型：对建筑内部空间结构适配的改造；对外立面、形态、风貌和谐的改造；建筑性能的提升，包括使用性能、环境性能、安全性能、机电性能。在项目实践中可将这几种类型进行组合，提高了更新项目的多样性和复杂性，也对设计水平和实施落地提出了更高的要求。

3. 简易楼（危旧楼房）现状

在城市更新的实践中，有一类比较特殊的建筑——简易楼，指以不成套住房为主的低标准住宅楼。

京建法〔2012〕18 号文对于简易住宅楼的描述如下：20 世纪 50 年代后期至 70 年代中期建设的一批低标准住宅楼，多为 2 至 3 层砖混结构，其设计使用寿命一般为 20 年，没有专用厨房和卫生间。大多采用外廊式结构设计，墙体采用空斗墙（立砖空心砌法）或大型炉渣砌块；楼板承载能力低，部分屋面板为钢筋混凝土薄板；房屋未进行抗震设防。

京建发〔2020〕178 号文对于危旧楼房的描述如下：经市、区房屋管理部门认定，建筑结构差、年久失修、基础设施损坏缺失、存在重大安全隐患，以不成套公有住房为主的简易住宅楼，以及房屋安全专业检测单位鉴定为没有加固价值或加固方式严重影响居住安全及生活品质。

这类简易楼建筑大多建于 20 世纪六七十年代，广泛分布于北京市各个区域。这些简易楼数量庞大且存在着诸多问题，如居住环境差、存在安全隐患、产权不明晰、缺乏有效管理等。危旧楼房主要指建筑结构差、年久失修、基础设施损坏缺失、存在重大安全隐患的房屋。简易楼通常指建筑结构简单、设施不完善、以不成套公有住房为主的住宅楼。简易楼是危旧楼房的重要组成部分。

4. 简易楼（危旧楼房）的改造难题

传统改造模式是否适用于简易楼这类建筑呢？经过大量的实践总结，我们发现传统的改造模式在简易楼的更新实践过程中会面临一些问题。首先，由于简易楼的特殊性，传统模式的多次数、单一维度改造成本较高，会造成社会资源的浪费，对社会经济造成巨大压力。其次，传统的改造模式运用到简易楼这种更新类型中周期比较长，且治标不治本，不能从根本上改变现状难题，不能有效提升居民的居住生活水平，比较难以处理错综复杂的利益关系，也较难满足居民在改造过程中多样性、个性化的需求。

以光明楼 17 号楼改建项目为例，光明楼 17 号楼位于东城区龙潭街道，光明楼小区北侧，是一栋 20 世纪 60 年代建成的 3 层砖混结构简易楼，共有 29 户居民。改造前，光明楼 17 号楼墙体局部出现开裂现象，楼板承重性能差，无外墙保温措施，给水排水设施陈旧、老化，电线私搭乱接现象

严重，存在较大的安全隐患。居民多户共用厨卫，生活不便，属危险等级较高的简易楼。居民对居住环境满意度很低，迫切需要改善现有的居住环境，提升生活质量（表 1）。

5. 城市更新创新模式

2020 年 7 月，《北京市住房和城乡建设委员会 北京市规划和自然资源委员会 北京市发展和改革委员会 北京市财政局关于开展危旧楼房改建试点工作的意见》发布。该意见指出适用于不成套公有住房为主的简易住宅楼等危旧楼房。明确在遵循区域总量平衡、户数不增加的原则下，简易住宅楼和经鉴定没有加固价值的危旧楼房可通过拆除重建方式提升使用功能。该文件为城市更新中特定的危旧楼房和简易楼类型改建指明了方向，也成为光明楼 17 号楼项目推进的重要抓手和依据。光明楼 17 号楼因状况太差难以采用传统的修缮和改造思路，该意见中拆除重建方式成为解决这个困境的最优解决方案。

为了解决简易楼改造的问题，我们创造性地进行了新的改建模式试点工作。这种创新模式具有以下几个优点：第一，能够实现

表1　光明楼17号楼改建前情况

序号	项目	内容
1	城市位置	位于东城区龙潭街道，光明楼小区北侧
2	建设时间	20 世纪 60 年代
3	建筑物规模	总建筑面积 1769.42 平方米
4	结构形式	3 层砖混结构简易楼，安全隐患大
5	空间现状	多户共用厨卫，生活不便
6	产权属性	区直管公房
7	原住户	29 户居民（包含 9 户一室、19 户两室、1 户三室）
8	回迁住户	29 户居民

更新工作的资金平衡；第二，按简易低风险工程推进，优化审批制度和建设流程，提高效率；第三，充分考虑居民的全程参与，实现了居民与街道社区共建共治共享；第四，优化了组织模式，提高了协同效能；第五，适度改善了环境，而不是一味追求高标准；第六，对于历史文化地区，充分考虑了风貌保护因素。

二、以技术支撑的创新模式

1. 规划层面

在规划层面上，改变了土地的供应方式。参照经济适用房的办理建设手续，以重新划拨的方式供给项目的实施主体，办理国有建设土地使用权首次登记。同时，对建筑规模进行了原则控制。在遵循区域总量平衡的前提下，控制户数不增加，并适当利用地下空间作为经营性和非经营性配套设施。我们提供相应的技术支持，内容包括充分进行调研，研究规划政策及规范，适度进行改善，利用地下空间等。

对于改造类的建筑，调研的深度决定了我们对项目的理解程度和未来设计方案的大方向。以光明楼17号楼项目为例，我们充分调研了城市位置、产权和结构形式等相关因素。对光明楼的内部进行了详细了解，发现大量私搭乱建现象，居民的生活环境极差，基本生活需求都难以得到保障（图1）。

此外，对简易楼周边环境的调研也必不可少。我们需要考虑如何在原有建筑范围内增加体量，以满足面积的增加需求。经过几个项目的现场调研和技术测算后，我们认为光明楼项目最具备改建试点条件。由于非成套户型转变为成套户型的政策导向和实际需求，面积增加是简易楼改造必然会出现的结果。在进行了消防、日照等方面的测算之后，我们通过增加一层的方式满足面积增加的要求，这种方式是具备技术可行性的，也能做到对周边环境的影响最小。同时，我们对体量变化的过程进行了路线论证，尤其要考虑到回迁居民数量这一重要因素。

2. 建筑设计

确定规划设计方向之后，我们进行了详细的户型和结构设计工作。值得注意的是，建筑设计不仅是数字演算，还需要综合考虑建筑的基本要求和均好性。在光明楼17号楼的改建中，简单保守的改造已不是最优选择，要根据需求探索所有可能性，选择出最优结果，做到精细化设计。考虑到周围住宅均为4层，经过多轮设计和论证，本项目最终采用加建一层，与周边建筑4层保持一致的处理方式；立面与周边老旧楼房协调统一，在低调的同时，又要有创新和特色；保证满足建筑自身及周边建筑的日照标准以及回迁全部居民的居住要求。改造方案最终得到了居民和规划部门的一致认可，实现了老百姓在老城区里住新居的美好愿望。

我们对于住宅的设计规范进行了仔细对比，逐个空间进行分析和优化，以期达到最优设计的标准。反过来我们对政策和规范的制定也提供了一些实践数据依据。在了解规范的基础上，我们响应了北京市委、市政府的"五性"要求，制定了相应的设计原则和策略。

该项目设计既要满足均好性，还要满足个性化、多样性。第一，方案中厨卫空间采用了模块化设计，实现了住宅的成套化，解决了居民如厕难、洗浴难、烧饭难问题，避

图 1　光明楼小区 17 号楼原貌

图 2　改建后效果

免了邻居之间抢用卫生间和公共空间的现象，促进邻里和谐共处。第二，平面设计通过多部门沟通、居民参与，优化数十种分隔布局方式。项目组充分考虑多方意见及住户使用习惯，推敲出无电梯方案，提高得房率和性价比。虽然最终方案没有设置电梯，但楼梯间考虑了后期加设护栏轨道升降椅的安装空间。第三，首层社区公共服务区可作为便民会客厅服务于民，老旧小区的功能性、宜居性得到大幅提升。这一设计将简单的住宅变成了和谐宜居的家园，鼓励后续社会资本入驻。第四，增加了半地下公共服务空间，为物业管理提供入驻条件，满足可持续发展的要求。地下公共服务空间还可以设置党政、文化宣传展厅，活动中心及图书馆等文化设施，促进居民精神文明建设，从而达到盘活资源、为民服务的目的。第五，构建精细化设备系统，确保最大限度地减少对街道的影响。第六，结合造价财务审计限额，优选环保经济型材料，并优化开窗样式与尺寸、墙身设计、工程做法。

经过了十几轮方案的更新迭代，我们最终确定了三单元的布局形式。为了保证户数不增加，在首层西侧规划了配套用房。在户型内部，我们巧妙地构思了可变家具的摆放。另外，我们也从业主的角度出发，采取了可改造、拆卸的砌块砖墙体，以满足居民对人空间的需求。并预留了水、电和燃气接口，方便居民进行二次装修。

为了与居民原房本面积相对应，我们设计了八种不同的户型，尽可能减少户型的类型，不同的房本面积段可以选择不同面积的户型。居室空间按照规范要求的最小尺寸设计，达到集约设计目的，这样既能满足居民的个性化需求，又能充分利用有限的物理空间。

在立面设计中，我们充分考虑风貌保护因素的限制，沿用了原建筑三段式的构图方式，使建筑更好地融入街道和社区，传承光明楼社区的文化及历史记忆。设计师对细节把控非常用心，从外墙颜色到分缝处理，力求实现原建筑效果图所不能及的盈盈之美（图 2）。

3. 优化审批流程

在技术审查方面，除了在结构的安全性、消防及节能三个方面进行强制性标准审查，在其他方面均不进行强制性标准审查。

在审批模式上也有了进一步的优化，创新了"并联审批、同步办理"的审批流程，大大加快了审批和建设的速度，全面推进项目的落地实施。

4. 优化组织模式

在组织方面，我们采用了多位一体的组织模式，实现了建设、设计、施工、运营和管理各个环节的紧密协作。

5. 居民全程参与

项目落地后居民入住的满意度是检验设计团队工作成效的重要标准，设计方案的优劣、建设需求等直接决定了项目建成的效果。为此，建筑师将了解项目真正需求并寻求满足方式作为工作重点，积极协调各部门领导、专家及设计人员，到现场多次踏勘，深入了解项目基本情况，全力摸清、调研老百姓的真实生活痛点，为项目整体设计方案的出炉提供了扎实的基础保障（图3）。

在项目整体设计方案征求意见阶段，清华同衡的建筑师们深入浅出地为所有居民进行介绍，耐心地为他们讲解每个户型的优缺点；现场聆听每家每户的诉求，根据他们不同的需求推荐选择不同的户型。比如，有的居民可选的户型面积较小，而家里人口太多容纳不了，则可以选择四层的小户型，通过"小装修"即可获得"大空间"；有的居民家里有腿脚不便的老人，则可以选择一层的户型，在生活较为便利的同时也可以获得充足的阳光。居民不方便拿到公众面前的小需求、大愿望也可以通过问卷的方式反馈给设计团队。比如有居民想改善卫生间的内部布局，方案中则预留了可调整的条件；想要大卧室或大客厅，方案中则预留了可打通空间的结构条件。最终项目组整理好所有居民的意见，归纳、分类以指导设计方案优化。就这样，设计团队通过举行方案见面答疑会等多种方式引导居民参与方案设计，根据居民意见不断优化方案，使方案在多方面达成了共识。

居民参与得多，获得感、认同感也会提高，诉求会提得更精细。信息对等、相互信任，使项目过程形成良性循环。在项目过程中，设计团队制定住户调研问卷，建立居民使用评估系统，完善改建项目建成环境的数据库，找到问题，反馈修正，为简易楼等危旧楼房拆除重建项目积累经验，促进了同类项目设计标准的修订。

图3 设计方案见面会

充分尊重群众意愿，创新群众参与工作机制是该项目一直贯彻的工作方式。光明楼的居民全程参与了项目的建设过程，按照"居民申请，政府引导，企业实施"原则，采取申请式改建的方式，设定改建意愿征询，实施方案、设计方案及物业管理方式意愿征询，预签协议，以"三个100%"作为改建工作开展的前提。一是改建意愿征询。项目启动后，指挥部通过入户调查，加大政策宣传和解读力度，广泛征求群众意见，实现居民100%申请改建工作。二是实施方案、设计方案及物业管理方式意愿征询，分别进行了两轮公示，并根据居民反馈情况进行修改完善，最终征得居民100%同意。三是组织预签协议。2021年3月21日，项目启动了预签协议工作，签约期为10天。签约首日即达到了居民100%签约，协议正式生效。

6. 实现资金平衡

本项目采取了资金平衡的措施，即市区政府补贴、居民出资和产权方出资的三方出资模式，三方共同承担项目所需资金。这一创新模式旨在实现资金的平衡，确保项目的可持续发展。

三、小结

2023年，北京市发布了《关于进一步做好危旧楼房改建有关工作的通知》，其中相关条文描述了危旧楼房（简易楼）改建增加的面积不大于30%，这一数据借鉴了光明楼17号楼改建项目面积增加的实践经验。该项目实践和对于新模式的理论探索，可为未来的存量更新改造工作提供一套可复制、可推广、可借鉴的经验。我们的项目在建设过程中也荣获首届"北京城市更新最佳实践"奖项，并受到央视新闻频道等多家媒体的报道和关注。这些成果彰显了我们在更新改建试点项目中取得的成功。

危旧楼房的改造将成为城市更新的一个重要环节，为城市的现代化和可持续发展作出贡献。本项目所探索的新模式是城市更新的新解法，为简易楼这一特殊类型的改造工作提供了有效解决方案。这种创新模式具有广阔的前景，对于简易楼改建工作具有重要意义。随着更多危旧楼房改建项目的成功落地，我们的技术和方法也将日益完善，以满足不断增长的存量更新需求。让我们共同努力，推动城市更新工作向前迈进！

作者简介：

张德民，清华同衡规划设计研究院建筑分院设计四所副所长，高级工程师，一级注册建筑师，一级消防工程师。从事建筑设计、工程咨询等工作十余年，有丰富的规划和建筑设计经验，主持过多个大型项目的设计工作。

从过去到未来 —— 从遗产视角探讨文化与自然的互动关系

/ 邹怡情

关键词： 文化景观；遗产保护；文化与自然

一、人与自然的关系——东西方观念的比较

依据《实施世界遗产公约的操作指南》对文化景观的定义，它属于文化遗产，代表着"人与自然共同的作品"。在讨论"文化景观"视角下的文化与自然的互动之前，对东西方的自然观进行比较。《旧约·创世纪》中载"使他们（人）管理海里的鱼、空中的鸟、地上的牲畜和全地"。古希腊学者柏拉图《泰阿泰德》中描述"人是万物的尺度"，人是万物的治理者，也被推崇为评价一切的标准。而庄子在《齐物论》中提出"天地与我并生，而万物与我为一。"老子《道德经》载"人法地，地法天，天法道，道法自然。"中国传统观念认为人与自然、与万物是共生的、一体的，人在遵循自然之道的时候，就"得道"了。在不同自然观的影响下，文化景观遗产呈现出不同的景观特征。2000 年列入世界遗产的青城山是我国的道教圣地之一，呈现的是人工建筑物隐匿于山林，人与自然和谐一体的景观特征，追求人与自然"合一"的境界。法国圣米歇尔山修道院位于诺曼底距离海岸约 1 公里的海岛上，也处于与世俗世界相对隔绝的自然环境中，小岛成为整个建筑的基础，通过高峻向上的建筑屋顶和线条来体现宗教建筑的神圣性和崇高性。

这两个案例可以说明，东西方传统观念中人与自然互动关系的差异。

二、文化景观视角下文化与自然的关系

在《实施世界遗产公约的操作指南》将文化景观分为三类：①人类刻意设计及创造的景观；②有机演进的景观；③关联性文化景观。文化景观概念的产生、发展与成熟经历了数十年的历程。1962 年在巴黎召开的联合国教科文组织第 12 届会议通过的《关于保护景观和遗址的风貌与特性的建议》提出：要尽可能地保护和恢复自然、乡村和城市景观及遗址，它们无论是自然的还是人工的，都具有文化或美学意义或形成了典型的自然环境。1972 年通过的《保护世界文化和自然遗产公约》开始出现"与环境景色结合""自然与人联合工程"这样的文化景观概念雏形。1981 年通过的《佛罗伦萨宪章》提出了"历史园林"的概念。1992 年将"具有突出普遍价值的文化景观遗产"的概念纳入《世界遗产名录》。

文化景观遗产的确立意义重大，它使人类和自然相互依存、相互影响的关系在文化遗产中得到具体的体现。如澳大利亚乌卢鲁卡塔丘塔国家公园在 1987 年以自然遗产被列入《世界遗产名录》，在 1994 年文化景观概

念出现后又补充了第5、6条价值成为自然与文化混合遗产。乌卢鲁卡塔丘塔国家公园不仅是非常独特的地质景观，对于当地的原有民族来说，这也是敬拜的对象，是他们文化传统中非常重要的核心，也反映了当地民族采集狩猎的生产生活方式。这个案例说明原来被我们忽视的文化价值其实早已经存在于自然之中了。

将文化景观引入世界遗产是对文化遗产保护对象的重大扩展，它把原来见证和承载文化的主体，从人造的建筑、雕刻、遗址，扩展到自然或自然与人工的混合体。如2013年被列入《世界遗产名录》的哈尼梯田，是哈尼族通过传统农耕知识，在高山中利用森林、水源和地形地貌相结合所形成的农业景观。2022年我国申报的世界文化遗产项目——景迈山古茶林文化景观，最初是以"古茶园"的名称列入预备名单申报"文化遗产"类型，但是通过对茶林的观察，我们发现从茶树的驯化到栽培管理、采摘，都存在着人的各种各样的干预，并由此形成林下茶传统种植方式。而这些处于茶园环绕中的传统村落，也是当地村民适应季风气候、海拔高度所形成的一种乡土聚落，不仅是村民生产生活的场所，也是社区传统文化传承、繁衍生息的重要空间载体。因此，当从文化景观的角度去认识它时，我们看到了不仅限于建筑形态和建造技艺的"人地关系的互动方式"——文化景观。

与欧洲的文化景观实践相比较，从1992年文化景观被列入世界遗产开始至2015年，欧洲已陆续把全部11处重要的葡萄园产区成功申报收录《世界遗产名录》，并且形成葡萄园文化景观的评价体系和保护方法。2015年，"全球茶文化景观主题研究"才由国际古迹遗址理事会（ICOMOS）开始推动，景迈山

2023年如获通过，将成为全球第一处茶文化景观遗产。事实上，我国有非常丰富的茶文化景观遗产，在已列入《世界遗产名录》的遗产地中就有著名茶园，如武夷山茶园、西湖龙井茶园等，但这些茶园均未作为世界遗产的构成要素。

将文化景观引入世界遗产促进了文化多样性的保护，减少了世界文化表达不平衡的现实，例如2008年入选世界遗产的肯尼亚堪亚森林和2004年入选世界遗产的蒙古额尔古纳河景观。通过文化景观的研究方法，可以突破原来更加注重"人类的杰作"等历史价值评价体系所带来的局限。这两处遗产非常真实地反映了非洲原住部落的生产生活方式和蒙古传统游牧的生产生活方式所塑造形成的文化景观。

乡村景观遗产的理论研究和保护实践，推动了文化遗产与农业遗产、物质文化遗产与非物质文化遗产的连接。如景迈山古茶林文化景观将传统村落融入景迈山整体文化景观格局中、人地关系互动中、物质和非物的遗存中综合梳理，解读它的价值，并由此建立保护体系。而哈尼梯田和景迈山等在成为文化景观遗产前已是农业文化遗产。"中国传统制茶技艺及其相关习俗"也成功列入了《人类非物质文化遗产代表作名录》，包含了景迈山普洱茶、武夷山乌龙茶、西湖绿茶等世界文化遗产地的非物质文化遗产。

文化景观遗产研究也拓展到城市。2011年联合国教科文组织发布的《关于城市历史景观的建议书》为在城市大背景下识别、保护和管理历史区域提供了一种景观方法。该建议书指出，城市历史景观是文化和自然价值及属性在历史上层层积淀而产生的城市区域，其超越了"历史中心"或"整体"的概念，包括更广泛的城市背景及其地理环境。

城市历史景观方法旨在维持人类环境质量，在承认其动态性质的同时提高城市空间的生产效用和可持续利用，以及促进社会和功能方面的多样性。其核心在于城市环境与自然环境之间、今世后代的需要与历史遗产之间可持续的平衡关系。如清华同衡遗产中心正在做的中国世界遗产预备项目"济南泉城文化景观"，其"冷泉利用系统"全球罕见。泉这一特殊水体形态，深刻影响着济南城市的空间结构，泉水的分布和城墙、街巷、宅院、公共建筑、城市公园等都有密切相关。但城市的快速发展使其保护面临巨大威胁，如具有迫切建设需求的地铁线路选择，需要完美避开地下泉水系统，以免造成泉眼断流。历史城市景观方法即为解决泉城保护和发展的矛盾提供了可借鉴的思路。

中国地大物博，地理环境丰富多样，文明传承悠久，所以中国是一个文化景观大国，只是文化景观遗产被人们了解得还不多。例如已列入《世界遗产名录》的部分混合遗产、自然遗产，也是文化景观遗产。例如大家熟悉的泰山、黄山，它们被列入名录时尚未有文化景观的概念，但其文化遗产类型就属于文化景观。另外，世界自然遗产三清山上的三清宫区域是道家观念影响下形成的文化景观；还有，中国丹霞系列中的江西龙虎山，同时是道教正一派祖庭，已传承近两千年；另外，佛教圣地五台山、名山庐山，都是以文化景观类型被列入《世界遗产名录》。

文化景观遗产类型的引入直接促进了国际古迹遗址理事会与世界自然保护联盟（IUCN）两个专业机构的合作。如世界自然保护联盟中针对文化景观的自然品质提供了评估的标准，景迈山申遗文本评估专家中就有世界自然保护联盟的专家，自然遗产专家为景迈山的自然构成要素的评估、监测和管理提出了很好的建议。可以看出，世界遗产始终在"文化"与"自然"两个支点之间寻求平衡，而文化景观遗产将文化、自然两种因素联系起来，促进了它们之间的平衡与稳定，这也是人类与自然密切共生关系的反映。

三、文化景观遗产保护对当代的启示

《实施世界遗产公约的操作指南》指出，保护文化景观有利于将可持续土地使用技术现代化，保持或提升景观的自然价值。传统土地使用形式的持续存在支持了世界大多数地区的生物多样性，因此，对传统文化景观的保护也有益于保持生物多样性。当前时代的发展和技术的进步，对自然环境造成了巨大的压力，频发的自然灾害、气候变化对不可再生、脆弱的文化遗产带来了前所未有的威胁，很多伤害是无法逆转的。世界遗产一直在试图探索人类社会、文化经济的可持续发展路径。如世界遗产可维持生物和文化多样性，提供生态系统服务及其他益处，这有助于环境和文化的可持续性。同时，世界遗产鼓励对遗产的利用，以提升社区的生活质量和幸福程度，只要求它不应当以损失遗产突出普遍价值和对它的真实性、完整性造成负面影响为代价。

面对人类社会生存发展所面临的挑战，2021年习近平总书记在《生物多样性公约》第十五次缔约方大会领导人峰会上的主旨讲话中提出：绿水青山就是金山银山。良好生态环境是自然财富，也是经济财富，关系经济社会发展潜力和后劲。"两山"理论凝结着中国传统的生态智慧，是应对气候变化的具有中国特色的解决方案。

理论如何指导实践？在湖南醴陵窑遗址公园规划项目中，通过对自然环境、遗产、村庄等的综合梳理，从人、地、自然的互动、依存关系，认知醴陵小沩山"洞天福地"和沩山窑区从宋至当代千年窑火不熄的文化、景观价值，提出醴陵窑应是"活态村庄中的遗址公园"的规划目标，延续它的文化价值和自然环境特征，结合遗址价值的展示阐释进行必要的设施建设，引导村民回村生活生产，成为遗址公园的重要组成部分。并在山谷外因循地势规划必要的配套服务设施，支撑遗址公园的运营管理与可持续发展（图1）。

景迈山遗产保护实践项目中，在申遗时，当地茶经济的发展已对景迈山景观环境造成了较大破坏（图2）。通过结合不同空间尺度建立各层级相衔接的遗产保护技术路线，

图1　醴陵窑考古遗址公园

图2　整治前的景迈山（2014年）①

---

① 　图片来源：邹怡情

经过八年的整治梳理，去除破坏人地关系的不协调现代建筑和设施，运用景观方法修复水源地、水源林、宗教场所等重要的文化空间，并对村落中不协调的现代建筑进行风貌整治，对传统民居建筑进行修缮及内部适用性改造利用示范，在景观风貌上实现了聚落空间与遗产地的整体协调。同时，利用文化景观研究人地互动关系，兼顾物质文化遗产和非物质文化遗产保护、以人为中心的活态遗产保护策略，尊重保障遗产地社区可持续发展权利，确定了"山上原生态保护，山下建设发展""发展茶经济，弘扬茶文化"的保护利用策略。在景迈山上通过传统茶文化的研究推动茶经济回归"正道"，从适度利用至永续利用。并在距景迈山约8公里的惠民镇集中开发建设，包括酒店、游客服务中心、遗产展示中心等，实现保护与发展的协调（图3）。

对于现在这样一个面对巨大挑战的时代，通过文化景观遗产的保护实践，我们认为尊重自然、敬畏生命、人与万物和谐共生，才能实现可持续发展。

图3　整治后的景迈山（2022年）①

作者简介：

邹怡情，清华同衡规划设计研究院遗产保护与城市更新分院遗产地可持续发展研究所所长，高级工程师，注册城乡规划师，文物保护工程责任设计师。国家文物局专家库成员，ICOMOS-IFLA文化景观科学委员会专家委员。主要研究领域为文化景观、文化线路、乡土遗产、考古遗址、近现代建筑遗产等，担任景迈山古茶林文化景观申遗技术团队负责人。

---

① 图片来源：罗鑫、孙骏

跨地域背景下的文化与自然遗产管理探索
—— 以武夷山世界文化与自然遗产为例

/ 黄小映

关键词：武夷山；混合遗产；遗产管理；朱子理学；遗产区与缓冲区；管理机制

引言

截至 2023 年 6 月，我国已有 57 处遗产地列入世界遗产名录，涵盖文化遗产、自然遗产、文化和自然混合遗产，收入《世界遗产名录》数量位居世界第二。近年来，跨地域大型遗产地的申报越来越受关注，已经成为申报的主要类型之一，国内跨省市、跨地区联合申报的现象也较为普遍。但跨地域大型遗产地除具有遗产要素丰富多元、遗产类型独特的优势外，也存在跨省市沟通难度大、联合保护利用的瓶颈多等问题，国内世界遗产"重申报，轻管理"的现象已成为当下各界热议的话题之一，部分遗产地相比于申报阶段的如火如荼，申报成功后的遗产管理则稍显滞后。跨地域遗产地受地区政策力度、资源禀赋、管理水平不一致等因素影响，各地区联合保护、协作管理、合作开发的难度较大，是横亘在大型世界遗产地管理中的主要矛盾。

武夷山作为横跨福建和江西两省多市的大型遗产地典型代表，覆盖福建省的武夷山市、光泽县、建阳区、邵武市，以及江西省的铅山县，在跨地区推进遗产保护管理、城镇建设管控、社区发展引导、基础设施建设等方面同样缺乏统一、有效的实践经验。如

何打破地区行政边界限制，打破政策壁垒，在遗产地内建立起科学的沟通合作机制和统一的认知与管理标准，基于遗产价值的真实性、完整性建立适合的社区发展和城乡建设引导机制，是武夷山世界遗产保护管理工作面临的主要问题，也是国内其他大型遗产地普遍需要探索的课题。

一、遗产地简述

武夷山位于福建与江西两省交界处，世界遗产地大部分位于福建省武夷山市境内，遗产地西侧与南侧分别跨越福建省南平市的建阳区、光泽县、邵武市。2017 年，江西省铅山县以微调的形式将其境内相关要素补充进世界遗产体系，最终遗产区面积为 1070.44 平方公里，缓冲区面积为 401.70 平方公里。

武夷山具有丰富的文化和自然价值与资源，既有以九曲溪、三十六峰、九十九岩为代表的天然丹霞景观，又有世界同纬度现存最典型、面积最大、保存最完整的中亚热带原生性森林生态系统，是中国生物多样性保护的关键地区，还是古闽族和闽越族文化的发祥地，大量古闽族早期文化遗址及闽越族时期的王城遗址——汉城遗址在武夷山被相继发现。武夷山还是朱子理学的发源地，理

学泰斗朱熹一生中有近五十年在武夷山度过，并在武夷山创立了影响东亚、南亚地区近800年政治、文化、哲学思想的朱子理学，使武夷山成为世界理学圣地之一（图1、图2）。

二、世界遗产突出普遍价值

1999年，世界遗产委员会在针对武夷山列入世界文化与自然混合遗产的决议书中，关于武夷山文化与自然遗产的价值作出了如下阐述：

标准（iii）：武夷山是一处被保存了超过12个世纪的景观，包含一系列特殊的考古遗址，如公元前1世纪建立的汉城遗址，以及众多于公元前11世纪诞生的朱子理学相关的寺庙和书院遗址。

标准（vi）：武夷山是朱子理学的摇篮，几个世纪以来这一学说在东亚和南亚国家发挥着主导作用，对世界许多地区的人生观和统治产生了影响。

标准（vii）：九曲溪（下峡）东岸风景区地貌壮观、风景优美，该地区特有的红砂岩孤立地向一侧倾斜耸立着。突兀绝立的丹霞峭壁沿着九曲溪蜿蜒达10公里，高高耸立在离河床200~400米之处，渐渐隐入清澈、深邃的河水中。古老的崖壁栈道是风景名胜区的一个重要部分，游客可以在栈道上鸟瞰九曲溪。

标准（x）：武夷山是世界上最著名的亚热带森林之一。它是最具代表性的原始森林范例，包含中国面积最大的亚热带森林和华南雨林，具有很高的植物多样性。这里也是众多古代孑遗植物物种的庇护所，其中许多是中国特有的。它还具有突出的动物多样性，尤其在爬行类、两栖类和昆虫物种方面。

三、主要问题与矛盾

武夷山在1999年被列入世界遗产名录时，国际上对于世界遗产申报的要求和管理尚未形成较为成熟的规范共识。武夷山的申报材料中，遗产构成要素认定、落位及范围

图1　武夷山大峡谷①

图2　武夷山九曲溪②

---

① 图片来源：http://wysgjgy.fujian.gov.cn/yxgy/gyjg/201712/t20171201_5511886.htm

② 图片来源：http://wysgjgy.fujian.gov.cn/yxgy/gyjg/201712/t20171201_5511878.htm

边界等尚存在不精准的现象。随着当代科技水平提升，国内外对于世界遗产申报、管理的要求越来越明确和严谨，精细化、系统化管理体系建设已经成为趋势，早年列入的世界遗产地粗线条管理与当前世界遗产管理新要求之间差距较大。同时，近二十年来，不论是遗产地旅游产品开发或属地政府的宣传方向，都聚焦于武夷山岩茶和丹霞景观，大红袍、九曲溪、丹霞地貌深受社会认知，但体现世界遗产突出普遍价值的闽越文化、朱子理学文化、宗教文化、生物多样性则少被社会所关注。朱子理学相关书院遗迹及儒释道三教遗迹在武夷山旅游产品中少有体现。武夷山九曲溪见证了早期人类活动、远古丧葬习俗、朱子理学诞生，但围绕九曲溪开发的旅游产品则对沿线书院、道观、寺庙、摩崖石刻少有阐释。

2017 年，首批国家公园试点落户武夷山，随之成立了武夷山国家公园管理局，并颁布了《武夷山国家公园条例（试行）》。世界遗产地中 70% 的范围与国家公园重叠，大部分文化和自然遗产归入武夷山国家公园管理。跨省、跨市县、跨部门、跨专业共同管理，成为武夷山世界遗产面临的主要挑战。如何建立起各地区之间的沟通协作机制，如何梳理好属地政府与国家公园之间的职责关系和协调机制，是武夷山世界遗产地面临的新问题、新挑战。

四、摸清资源家底，强化价值认知

1. 建立遗产构成要素数据库

在《武夷山世界文化与自然遗产保护管理规划》编制过程中，对武夷山世界文化与自然遗产价值内涵的挖掘和解读，对遗产构成要素的进一步调查、研究，以及对遗产构

成要素与价值内涵之间的关联性认知等，是规划前期面临的重点工作。规划团队利用地理信息技术，重新梳理世界遗产构成要素清单，建立文化与自然遗产构成要素数据资料，并精准定位资源坐标，记录遗产点出入路线，登录遗产保存状况，初步测绘遗产要素边界范围等，形成了较为系统的遗产构成要素数据库。

2. 分级、分类构建资源体系

1999 年为申报世界遗产而"打包"的文化遗产构成要素包含了古闽族文化、闽越族文化、理学文化、茶文化、宗教文化及其他古建筑、古遗址，类型丰富多样，跨越的历史周期长。但对于 600 余处文化遗产构成要素与突出普遍价值的关联性始终缺乏系统研究和归纳。在实际遗产管理工作中，保护阐释重点不突出、力度不一致等现象较为突出。规划基于对突出普遍价值的认知和解读，提出文化遗产构成要素分级、分类保护管理措施，即直接见证武夷山世界遗产突出普遍价值的古闽族、闽越族文化，理学文化，宗教文化、摩崖石刻的构成要素作为核心构成要素，茶文化遗产构成要素及其他古建筑、古遗址等作为支撑武夷山世界遗产突出普遍价值的一般构成要素（表1、表2）。在遗产保护、管理、展示阐释、活化利用等措施上，采取更具针对性、灵活性和科学性的措施，更进一步明确文化遗产构成要素的保护重点，并提出针对性保护管理要求。

3. 强化混合遗产关联性与整体性认知

武夷山历代人类活动均与自然山水紧密联系，从古闽族时期的逐水而居，到佛道两教的隐世修行，再到理学书院的治学著说，

表1 遗产核心构成要素列表

遗产类型	遗产名称	数量	遗产年代
古闽族、闽越族文化	架壑船棺和虹桥板	18处	商至周
	古文化遗址	3处	新石器时期至西汉
理学文化	古书院遗址	35处	北宋至清
宗教文化	古寺庙遗址	32处	唐至民国
	古宫观遗址	35处	秦汉至清
摩崖石刻	摩崖石刻	139处	北宋至今

表2 遗产一般构成要素列表

遗产类型	遗产名称	数量	保护等级	遗产年代
宗教文化	古寺庙遗址	15处	—	唐至民国
	古宫观遗址	29处	—	唐至民国
茶文化	古茶园	22处	—	唐至民国
	遇林亭窑址	1处	国家级	宋
	御茶园	1处	—	元至明
	大红袍名丛	6株	—	明
	庞公吃茶处	1处	—	清
	古茶厂	130处	—	明至民国
其他古建筑及古遗址	古崖居	1处	—	清咸丰
	朱熹墓	1处	—	南宋
	葫芦山遗址	1处	—	商至周
	古蹬道	19处	—	唐至今
	古牌坊	3座	—	宋至今
	古井	4口	—	唐至清
	山门	12座	—	宋至今
	古亭	47座	—	宋至今
	古桥	10座	—	宋至今
	古寨遗址	12处	—	宋至今
	七十二板墙	1处	—	清
	馀庆桥	1座	国家级	清
	古粤门楼	1座	市级	清

以及"四面环山、两面临水"的都城选址，无不透露出人与自然的和谐共生。武夷山的寺庙、宫观、书院等无一例外都形成了相对独立且完整的生活、生产、修行空间，充分见证了文化遗产与自然景观的巧妙结合。长期以来，从认知、管理、开发等角度，文化与自然遗产长期处于割裂状态，对于混合遗产的关联性和整体性缺乏认识。因此，武夷山文化与自然遗产管理应当立足于人类生活、生产、修行等历史视角，整体认识文化遗产与自然景观的内在联系，以文化景观的视角，重新制定文化与自然遗产管理模式及文物、林业、风景区等相关部门之间的关系处理和责权划分。

五、构建遗产地管理体系，促进跨地域协同管理

1. 依托法定规划，建立遗产地保护管理共识

依托规划，促进两省世界遗产主管机构和属地政府之间的沟通协作，建立两省有关世界遗产保护、管理、阐释、利用的共识。同时，在遗产地内社区生活、生产、建设等方面，力争形成统一的管理标准和尺度，明确社区各类行为活动具体管理措施。规划经过跨省、跨市县及自下而上的主管机构反复论证，成为武夷山世界遗产地首个具体指导遗产保护管理工作的法定文件，以及福建和江西两省沟通协作的基石。

2. 进一步明确世界遗产保护边界

武夷山世界遗产地不论是在江西还是福建境内，遗产区、缓冲区的界定一直处于较为模糊的状态，尤其两省边界缺乏统一

的矢量数据，边界范围不完全一致。早年划定的边界与最新国土调查数据存在较大偏差，不利于遗产保护管理工作的开展，阻碍了两省协同管理的推进。规划在理清遗产地管理主体与管理范围关系方面，首要任务就是利用当代技术手段，结合最新国土测绘数据，经过与两省世界遗产主管机构反复沟通协商，确定统一的遗产区、缓冲区边界，并对边界与实际地物存差的误差进行技术修正。

六、建立跨地域沟通协调机制

1. 建立世界遗产省际联席会议机制

由两省世界遗产主管机构牵头，遗产地属地政府及武夷山国家公园、风景名胜区、自然保护地等机构等共同参与，尝试建立跨地域沟通协调机制，在遗产保护管理、展示阐释、建设发展等方面形成可持续的沟通机制，保证遗产地重大事件随时沟通，重大成果同步共享，重要举措协商制定。

2. 建立遗产地多部门共同参与的合作模式

在规划的指导下，进一步强化遗产地属地政府的责任意识，明确责任主体与任务分工。同时，建立遗产地多部门、多专业共同参与遗产保护管理工作的合作模式。明确林业、交通、文旅、生态、水利、世界遗产管理等相关部门之间的责任和义务。建立起以市、县人民政府为主体，世界遗产保护中心为牵头单位，其他相关部门配合的工作模式（图3）。力图寻找解决世界遗产地保护力量薄弱、责任义务模糊、专业协调困难等问题的路径。

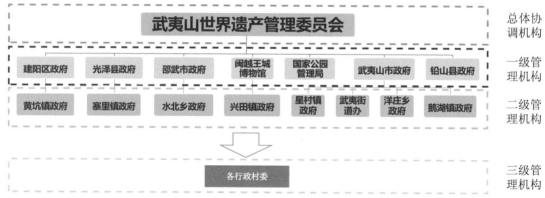

图3 武夷山世界遗产地管理体系构建示意

七、工作思考

1. 打破行政边界壁垒,建立统一管理机制

大型世界遗产地或分散式文物保护单位通常面临着跨省市、跨区县共同申报和管理的情况,各地区在世界遗产保护管理、价值认知、开发利用方向、基础配套水平等方面差异明显,各地区针对世界遗产的管理标准不统一,控制力度和开发尺度不一致现象较为普遍。而建立统一的管理共识与机制,也时常面临行政边界与属地政府执行方式的差异性,带来信息与措施不同步。如何打破行政边界壁垒,在已有的行政体系下,建立大型世界遗产地统一的管理标准和尺度,建立同步阐释、共同开发模式,是大型世界遗产地需要探索的方向之一。

2. 融合部门力量,促进遗产地多专业互动

在大型世界遗产地中,往往由文物部门等单一部门担负世界遗产保护管理重任,而面对国土资源、社区建设、景区开发、生态保护等专业性工作时,文物部门的队伍力量和专业能力显现出明显的不足。如何整合各级政府既有部门的专业力量,建立共同参与世界遗产保护管理的体制机制,发挥部门协作力量强化世界遗产保护管理能力和水平,应当加以整合研究。

3. 引导社会力量,倡导世界遗产保护全民参与

大型世界遗产地往往覆盖大量的城、镇、村,遗产地社区生活、生产等活动与世界遗产息息相关,并且原住居民与世界遗产始终保持着紧密的情感联系。在世界遗产保护管理工作中,如何更好地引导社会力量加入世界遗产保护,如何发挥社会力量在遗产管理、巡查、监督、宣传方面的作用,更好地服务于世界遗产,服务于本地文化推广,是未来世界遗产保护管理工作中应当重点研究的方向。

参考文献

[1] 李崇英,黄胜科.武夷山摩崖石刻[M].北京:大众文艺出版社,2007.

[2] 武夷山风景名胜区管理委员会，武夷山市地方志编纂委员会 . 武夷胜迹 [M]. 厦门：鹭江出版社，2013.

[3] 吴春明，佟珊 . 武夷山崖上聚落 [M]. 厦门：厦门大学出版社，2012.

[4] 黄永峰 . 武夷山道教文化 [M]. 厦门：厦门大学出版社，2014.

[5] 曹南燕 . 武夷山 [M]. 合肥：安徽科学技术出版社，1998.

[6] 蒋钦宇，李贵清，张朝枝 .《保护世界文化和自然遗产公约》50 周年：变化、对话与可持续发展——首届世界文化与自然遗产学术论坛综述 [J]. 自然与文化遗产研究，2023（8）：94–98.

[7] 沈阳 . 中国世界文化遗产保护管理规划发展历程及未来趋势 [J]. 中国文化遗产，2022（5）：25–27.

[8] 张金德 . 福建文化遗产自然灾害风险管理初探 [J]. 福建文博，2020（3）：51–59.

作者简介：

黄小映，清华同衡规划设计研究院遗产保护与城乡发展分院文化遗产保护传承所项目经理，文物保护工程责任设计师。从事文化遗产保护利用工作十余年，有丰富的世界遗产保护管理规划、文化遗产保护与活化利用规划、国家文化公园规划、国家考古遗址公园规划等工作经历，参与并主持过多个大型项目的规划设计工作。

多元价值融合与可持续发展
—— 大遗产观引领下冀州古城遗址公园规划与实施

/ 阎　照　柳文傲

关键词： 古城墙遗址；遗址公园；遗产保护

一、新时期大遗产观引领下遗址公园建设的基本认识

大遗址是记录中华大地历史足迹、文化记忆和古代先民杰出创造力的重要载体，是城市遗产空间非常重要的组成部分，也是历史城市源起、发展的重要标识和见证。经过二十年的发展，大遗址的保护和利用已经积累了丰富的经验，也形成了较为完善的体系和框架。但在面向高质量发展的今天，遗址的保护和利用同样也面临着新的问题，包括面对遗址的距离感、碎片化，在本体与环境的展示基础上如何更深层次地表达文脉背景与场所精神；在城市中的大遗址如何与城市功能融合和资源联动，成为城市活力发源与市民共享区域；作为城市中重要的绿地资源，遗址如何发挥其生态价值以及保护利用投入巨大，如何实现可持续运营与发展，形成良性闭环等。因此，探索新时期多元价值的共融，使遗产得到更好的保护和展示是本次冀州古城遗址公园规划的重点内容。

二、冀州古城遗址公园建设背景

冀州古城遗址位于河北省衡水市，国家级自然保护区衡水湖的西南岸，历史年代悠久，文化底蕴深厚，是现存为数不多的汉代郡城遗存（图 1）。冀州古城遗址始建于汉高祖六年，自汉以来长期作为历代州、郡、县的治所，是冀州 2000 余年历史发展变迁的集中呈现。冀州历代的修缮、扩张皆是在汉代冀州城的基础上进行的，经历了汉代修建、宋代扩城、明代缩城、清代缩城四个阶段。目前地面以上仍保留 3000 余米长的汉至明、清各时期城墙遗址和 2000 余米长的护城河以及水城、战楼、城楼等遗址，是研究中国古代北方城市格局变迁的重要实例。同时，冀州古城位于衡水湖国家级自然保护区实验区范围内，自然生态和历史文化在这里交相辉映。衡水湖古称"千顷洼"，是上古大泽解体后的遗存，在历史上黄河、漳河、滹沱河的反复变迁和人类活动的影响之下，造就了冀州"城湖一体""自然与人文共融"的资源环境禀赋与城市特色。同时衡水湖是华北地区单体面积最大的淡水湖泊，位于东亚、澳大利亚候鸟迁徙的线路上，是青头潜鸭、震旦鸦雀等多种珍稀鸟类的重要栖息地，到此栖息与繁殖的水鸟总数量多达 14 余万只。衡水湖对保障鸟类迁徙、安全越冬等具有关键性作用，是不可或缺的候鸟"驿站"。

冀州古城遗址公园总面积为 109.51 公顷，是衡水湖 5A 级旅游景区创建中的重要

图 1　冀州古城遗址航拍图

文化节点，与周边生态型节点形成互补。但冀州古城遗址长期以来一直未能得到充分的保护与展示，因此本次项目的建设旨在保护和展示冀州古城遗址，助力衡水湖 5A 级景区创建，展示与弘扬千年冀州文化。

三、冀州古城遗址公园总体定位与规划布局

冀州古城遗址公园方案基于对古城价值的研判，深入贯彻落实习近平总书记关于历史文化遗产保护的重要论述和指示批示，践行习近平生态文明思想和"绿水青山就是金山银山"理念，且充分融入衡水市"生态宜居美丽湖城"的发展要求，坚持生态筑基、文化引领，促进古城厚重文化气质与衡水湖自然生态优势交相辉映，将历史文化与生态资源优势转化为高质量发展新动能。以"冀州幻想，折叠时空"为规划定位，打造集遗址展示、冀州历史文化阐释、科普教育、休闲体验功能于一体的遗址公园。整体塑造出

冀州"大河古泽、万物九州；禹迹传承、冀州赓续；汉宋明清，河朔名都；星汉灿烂，人杰地灵"的文昌水秀、古今交融的场景（图 2）。

在此基础上，规划形成"一轴一带两环六区多节点"的空间结构。"一轴"即古城墙展示轴；"一带"即护城河泛舟带；"两环"即一级园路（电瓶车路）和二级园路（步行路）两条环行游线；"六区"即通过园路串联起北入口综合服务区、古城文化演绎区、考古研学体验区、护城河湿地区、汉代城址展示区、遗址南入口区六个片区。注重生态保护，维护生物多样性，提倡低干预、低维护、近自然、高质量的理念，将科学、生态与艺术相融合，服务公众审美和社会生活需求。

四、四大措施全面实现多元价值融合的遗址公园规划与建设

面对复杂的城市化、生态、文化等多方面的建设需求，规划提出四个措施，全面实现冀

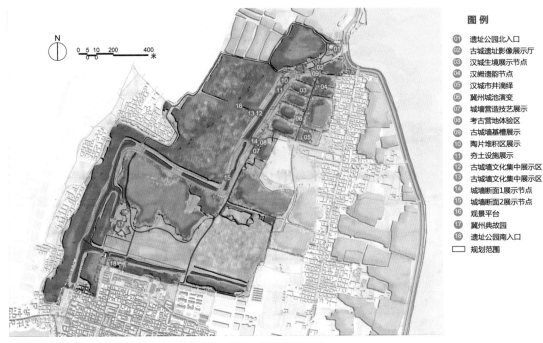

图2 规划总平面图

图例
- 01 遗址公园北入口
- 02 古城遗址影像展示厅
- 03 汉城生境展示节点
- 04 汉阙遗韵节点
- 05 汉城市井滴绎
- 06 冀州城池演变
- 07 城墙营造技艺展示
- 08 考古营地体验区
- 09 古城墙基槽展示
- 10 陶片堆积区展示
- 11 夯土设施展示
- 12 古城墙文化集中展示区
- 13 古城墙文化集中展示区
- 14 城墙断面1展示节点
- 15 城墙断面2展示节点
- 16 观景平台
- 17 冀州典故园
- 18 遗址公园南入口
- □ 规划范围

州古城遗址公园多元文化价值下的建设与发展。

1. 区域联动，链接周边老城功能，推动文旅融合

构建全民共享的综合开放空间体系，打造环衡水湖文旅资源及市民活力空间链条，形成"一环联城水、一路串古今、三片塑冀魂"的整体空间结构（图3）。同时，将遗址公园南、北两大门户与东北侧环湖市民共享的景观步道以及南部古城历史文化街区进行了充分的连接（图4）。

2. 公园建设遵循遗产保护和生态保育相结合理念

在遗址保护方面，以最小干预为前提，规划设计上尽量采用自然的材料以减少人工痕迹，在满足必要场地设施的前提下，最低限度地改造自然环境。建筑设计满足扰土控制，尽可能利用现状改造或采用轻基础、装配式的结构。园区内的道路工程做法同样经

过精心的推敲，采用在现状地面以上垫土的方式进行建设，以减少对土层的扰动。

在生态营造方面，为了保护现状生态环境，增进生态保育能力。以公园建设与生态保育修复相结合为原则，通过水系的连通提升遗址公园范围内的水体净化能力。并通过绿肥结合有机质改良、种植耐盐碱植物改良等方式，提高植被覆盖率，减少水分蒸发，多措并举改善环境盐碱化现象。结合鸟类监测资料、实地调研、鸟类及其适宜生境分布情况研究，针对水鸟生境营造划分为生境保留区和改造提升区，同时综合水鸟习性及生境营造可行性，对不同片区提出相应的生境保护与营造措施，将遗址公园打造成全球候鸟安全的"旅居驿站"、本地物种安心生活的栖息地、人与自然共生的宜居家园。

3. 针对大众的体验，构建多层次的价值展示和阐释体系

一是遗产本体与环境展示。通过城墙本

图3 冀州古城全域空间结构图　　　　　　　　　图4 冀州古城全域空间效果图

体修缮、周边环境整治及沿城墙步道建设，对地上1900余米长的汉（宋、元）城墙本体、700余米长的明、清城墙本体进行原貌展示，对汉（宋、元）城墙遗址4处夯土设施、水城遗址夯土墙与2处附属设施、护城河遗迹等进行遗存标识展示。为了解决大遗址展示与大众之间存在距离感、碎片化、感知性与体验性不高等问题。一方面，通过沿城墙形成步行探访线路，并设置城墙断面展示节点和系列考古知识科普展示牌，帮助大众理解和认知相关考古信息。另一方面，打通护城河游船线路，市民和游客可以泛舟河上，沿着护城河欣赏古城墙下、绿荫环绕的美景。

二是文化脉络及精神展示。对遗址的地理及历史环境、发展脉络、生成机制以及发展过程中的重大历史节点及普遍意义进行解读与展示，传承文化遗产富含的精神价值。如"城池演变"节点通过汉、宋、明、清城池轮廓的地景展示，演绎冀州古城"分层叠加"的筑城历史，展示冀州汉代修建、宋代扩城、明代缩城、清代缩城的城池发展历程。

三是关联文化互动体验。对遗址相关联的历史生境、文化生活、艺术特色等加以演绎与展示，形成互动与体验。如在遗址范围内将植物生境与历史文化进行关联性展示，塑造整体环境基底，出于保护的角度，采用乡土地被种植的分区设计手法，结合典籍文献对现有水塘景观种植进行重点打造，重现汉代生境（图5）。

4. 建立可持续的运营闭环，实现公园经济的可持续性

以文化为基点，结合科技手段，提供沉浸式体验，实现运营闭环、以园养园。

包括在遗址公园内置入研学功能，通过设计考古研学及考古体验等节点，提升公众的参与感与互动感；通过新型数字技术，设置多媒体互动环节，构建智慧展示体系。在遗址公园入口和城墙展示的起点处，设置多媒体动画，解读体验设施，丰富大众对遗产精神内涵和文化脉络的深层理解，并计划通过运营进一步扩展多媒体的内容，对遗址公园和衡水湖相关旅游资源进行宣传和展示；打造沉浸式的观光体验，陆上游览部分通过电瓶车道串联相关文化展示节点，水上观光

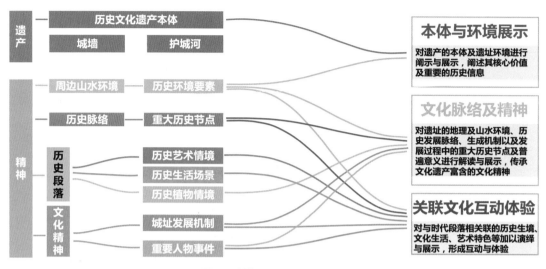

图 5 遗址公园展示体系示意图

部分对护城河进行全段清淤，打通河道，形成泛舟带。

五、项目成效及总结

在大遗产观指引下，本项目构建了多元价值融合的技术体系，从遗产的保护、研究、干预、阐释走向文化传承、生态融合、社会共享、运营可持续的系统发展，实现文化价值、生态价值、经济价值以及社会价值的多元融合。项目建成后得到专家和当地市民的高度认可，成为展示、弘扬冀州文化，让更多游客了解冀州历史的重要窗口，谱写出冀

图 6 冀州古城遗址公园规划实施效果图（航拍）

州古城人与自然和谐共生、文化与生态共荣的新篇章（图 6）。

作者简介：

阎照，清华同衡规划设计研究院遗产保护与城乡发展分院城市遗产保护与产业发展所所长。长期从事城市更新、城市设计、文化遗产保护与活化利用等方面的研究工作，在北京、济南等多地开展了丰富的实践。

柳文傲，清华同衡规划设计研究院遗产保护与城乡发展分院城市遗产保护与产业发展所主任工程师，高级工程师，注册城乡规划师，一级注册建筑师。主要研究方向为聚落文化遗产保护与利用，负责或参与众多文化遗产地保护复兴规划与设计工作。

红色文旅助推乡村振兴
—— 以长征国家文化公园巧渡金沙重点展示园项目为例

/ 刘小凤

关键词：长征国家文化公园；红色文旅；乡村振兴

一、项目背景

党的十九大报告提出，必须把解决好"三农"问题作为全党工作的重中之重，实施乡村振兴战略。要把乡村振兴这篇大文章做好，就必须推动城乡高质量融合发展，要推动农村一二三产业发展，加快转变农业农村的发展方式，引领带动优势特色产业的转型升级。

文旅融合发展是推动乡村振兴的重要途径，尤其对于交通不便利、资源匮乏、生态敏感的偏远山区。本文以长征国家文化公园建设中巧渡金沙重点展示园的打造为例，讲述如何利用长征文物和文化资源的扩散影响效应，吸引人流，积极推动红色村庄的文旅发展，带动乡村振兴。

项目位于昆明市禄劝县皎平渡镇皎平渡村，村北侧的皎平渡口是红军巧渡金沙江战役的发生地，与四川省会理市隔江相望。这座红色村庄共有 23 户、88 人，包含汉族、彝族、傣族三个民族，现状主导产业为番木瓜、芒果等热带经济作物。村庄曾依托铜矿、铁矿资源布置了众多矿厂，如今已被关停，村庄逐渐破败。在推动长江国家文化公园建设的今天，村庄面临着新的发展机遇，本文从三个方面讲述如何依托红色文旅带动乡村振兴。

二、文化振兴：布置多种展示空间、讲好红色文化故事

巧渡金沙重点展示园是长征国家文化公园确定的 52 个重点展示园之一，园区结合红军村、红军道、红军墓等红色遗迹以及其他历史空间，布置多样的文化展示空间，讲述红军巧渡金沙胜利北上的光辉历程以及禄劝人民舍家为国、脱贫攻坚的新长征精神。

1. 设计长征历史步道，打造红军渡江沉浸式体验

由于原有渡口被淹没，项目从地质条件、交通角度考虑，将园区建设在渡口东侧 3 公里的南北向地块。园区内利用现状长征历史道路，在滨江处设置展示园码头停靠点，从长征历史步道到滨江码头，再经过 3 公里的水上线路，到达对岸的会理红色文化园，构建一个完整的红军长征渡江体验之路。

园区内长 2.5 公里的长征历史步道（图 1），设置启程广场、夜巡船工、集结渡江、巧渡金沙四个主题景点，演绎巧渡金沙江从准备到正式渡江的故事，打造红军长征沉浸式体验（图 2）。启程广场重点打造榕树宣誓、渡江红歌、正式启程三个空间；夜巡船工重点展示历史时期的夜巡船工的场景；

图1 2.5公里长征历史步道布局示意图

集结渡江利用周边的现状木棉树林，结合展墙布置，讲述英雄船工集结渡江故事；巧渡金沙重点突出抢渡金沙江的场景，项目迁移了原来的渡江纪念碑，以此为轴线，沿途散布了由3万块红砂岩垒筑的7组船形毛石挡墙，演绎当初7条船只摆渡3万红军巧渡金沙的历史奇迹。

2. 迁建皎平渡红军长征渡江纪念馆，完整讲述巧渡金沙江故事

渡江纪念馆是全面展示巧渡金沙江及其重要意义的场馆。纪念馆的设计主题为"磐石意志，胜利北上"。建筑外观采用红石砂岩，远观如坚定的磐石，建筑呈回旋上升形态，最高处可以远眺金沙江，以此来象征红军长征的艰难曲折，以及巧渡金沙后逃出敌人包围圈，开启美好北上形势的历史事实。

3. 布置台地纪念园，展现禄劝红色文化发展历程

台地纪念园布置于园区的入口处，作为禄劝红色文化发展整体脉络的一个室外展园（图3）。空间设计上，增加一条红色的主线来串联五级平台，展示禄劝四个时期的红色文化发展历程，包括民主主义时期建国艰辛的历程，社会主义革命和建设时期大型基础设施建设的历程、改革开放和社会主义现代化时期的脱贫攻坚历程以及中国特色社会主义新时代生态文明建设和科技创新的历程。

三、产业振兴：全面挖掘价值特色、策划多元产业功能

在彰显红色文化的同时，带动村庄产业振兴是保证地方长远发展的关键。本项目深入挖掘地方多元的价值特色，基于特色谋划适宜的产业功能，以此开展重点空间的设计，引导功能业态的合理布局。

1. 场地价值特色分析

项目地是巧渡金沙江的发生地，它高山深谷的特征和干热河谷气候呈现出独特的地

图2 红军长征渡江体验之路示意图

图3 台地纪念园整体鸟瞰图

域景观，见证了"金沙水拍云崖暖"的历史场景。后来关停矿山、易地搬迁的发展历程也展现了人民舍家为国、脱贫攻坚的新长征精神，留下了矿洞、矿厂等历史遗存。同时这样一个川滇要冲的地理区位也赋予皎平渡多元交织的地域文化特色，形成了丰富的物质及非物质文化遗存。这些特色遗存都是村庄未来产业转型的关键要素。

2. 以红色旅游为抓手，推动乡村多元文旅产业融合发展

在讲好皎平渡红色故事，展现长征精神的同时，规划结合高山深谷的地理环境布置河谷体验、高山户外、矿洞探险、金沙江山水观光游览等山水旅游功能。依托干热河谷的气候特征发展以热带水果种植和高粱小麦

等谷物种植为主导的生态农业。结合多元交织、鲜活生动的地域文化，布置船工之家展示馆、非遗传承馆、民俗文化馆等特色文化体验功能，衍生文化产业相关业态。

3. 空间设计保障功能落地

重点打造皎平渡红军村，收储部分闲置房屋，植入文化展示体验功能（图4）。提升街巷环境，增加环卫、照明等设施，指引村民开展房屋的提升工程，鼓励村民布置餐饮、民宿等业态，以此留住原住居民。村子周边将现状农业与旅游产业相结合，布置农业体验园，增加游览步道、休憩平台、休闲体验馆、旅游接驳站等设施，满足农事体验、采摘、摄影、旅拍等旅游空间需求。其他片区重点发展山水旅游观光业态，规划增加登山步道、登山补给点、溪谷小道、休憩平台、码头、游客接驳站等服务设施，满足未来旅游发展需求。

为满足园区近期服务需求，村子南侧增加少量建设用地，布置酒店、民宿、餐饮等功能，吸引游客留下来。为保障园区有序发展，规划在入口处预留村庄发展空间，利用现状工业遗存空间布置红色研学基地，建筑顺山而建、高低错落，展现传统与现代的融合，体现极具地域性的建筑景观。

四、生态振兴：坚持低干扰设计原则，集约利用土地资源

1. 设计与地方生态环境相结合

走到金沙江边，可以真真切切地感受到高山深谷的自然景观，给人的印象特别有冲击力，因此需要抱有敬畏之心开展文化公园的规划设计工作。在设计上重视与地方生态环境协同发展，与金沙江沿线自然资源保护利用相结合，保留现状的景观植被、自然水系，最大限度地利用现状，遵循场地空间特征，与周边环境融为一体。

设计遵循场地空间特征。以台地纪念园的设计为例，场地原来是一个工矿空间的遗址，设计上延续了工业遗存景观和五级台地的地貌特征，增加了一条红色的栈道，栈道内侧为锈蚀板，外部为毛石墙，与现状挡墙

图4　皎平渡红军村整体鸟瞰图

融合一体。同时现状保留区域也是用碎石铺地简单处理，使它与整体的场地相融合。

建筑设计坚持绿色生态原则。以渡江纪念馆为例，建筑采用了地方红色砂岩作为建筑材料，空间布局与场地结合，减少土方量，整体与周边的山体环境相互协调。

景观设计延续草木稀疏、干旱苍凉的环境氛围。场地内景观植被很难存活，项目最大限度地利用现状的山石、草树等景观资源，营造与场地相协调的景观氛围。

照明设计与乡村氛围相协调。星星点点的灯光寓意着"星星之火，可以燎原"的革命精神。

2. 集约利用土地资源

场地位于金沙江边高山深谷区域，安全防护要求高，存在地震、滑坡等地质安全隐患和陡崖陡坎等隐患。从用地适宜性评价结果可以看到，场地里适宜建设的区域非常少，因此需要积极利用现状建设用地。

积极利用现状用地，合理布置园区空间。园区布局围绕现状建设用地展开，形成"一道、两核、两配套、四片区"的空间结构。

"征、转、租"相结合，集约利用土地资源。设计通过"征、转、租"相结合的方式，最大限度地节约土地资源。园区范围面积 1.39 平方公里，项目的征地面积为 8.12 公顷，其中仅有 3.77 公顷需要用地报批，其他功能通过租赁的方式来解决。

五、小结

展示园项目目前已纳入国家"十四五"文化保护传承利用工程，并争取到了 8000 万元的国家专项资金，这个资金对于偏远乡村地区的建设是十分关键的，可以作为项目的启动资金，推动项目落地实施。规划设计得到了省、市、县领导的高度重视与肯定，禄劝县也在此基础上开展了金沙江沿线文化旅游带（禄劝段）的整体规划建设，推动了更大区域的乡村联动发展。

园区的建设还在持续开展中，预计 2025 年开园。这是个利用国家专项资金推动乡村振兴的成功尝试。在大力发展乡村文化旅游的今天，我们在开展乡村规划设计的时候，一定要坚持生态优先、绿色发展理念，带动村庄文化、产业、生态的整体振兴，走高质量的乡村发展之路。

专家点评

霍晓卫
清华同衡规划设计研究院副院长

国家文化公园建设是推进新时代文化繁荣发展的重大工程，对于长征国家文化公园来说，涉及的区域往往都是生态敏感性高、人口稀少的区域。例如金沙江边皎平渡口，去了以后真真切切感受长征的不易，高山深谷，大的自然景观给人的印象特别有冲击力。因此也需要设计团队怀着对自然环境的敬畏之心来开展文化公园的工作。

作者简介：

刘小凤，清华同衡规划设计研究院遗产保护与城乡发展分院历史城市保护与发展所主任工程师。长期从事文化遗产保护及利用相关项目。

附 录

面向新时代的规划人才培养

/ 人力资源部

关键词：人才发展；校企共育

一、背景

国家发展靠人才，民族振兴靠人才。海淀区是全国智力资源最密集的区域之一，人才数量占比已超出北京人才资源总量的四分之一。高校毕业生是宝贵的人才生力军，高校毕业生就业更是促就业工作的重中之重。

清华同衡作为多年扎根海淀经营发展的重点企业、代表性企业，遵循海淀区人力资源和社会保障局长期坚持的"就业为本、人才优先"的工作方向，始终将人才视为最重要的战略资源，广聚贤才，深耕规划设计、城市建设等领域，取得了丰硕的发展成果，树立起"以人才引领支撑发展"的标杆典范。

一直以来，清华同衡以敏锐的行业洞察力和高度的社会责任感，着眼于人才的成长发展需要，联合多所学校广泛探讨人才培养新模式，深度参与院校教学体系建设、课程设计、毕业答辩、实践培养等多方面的工作，并与全国 20 余所高校共建产学研实践基地，挖掘、提供诸多的实习机会和就业岗位，在共创科学培育人才新模式、促进高校毕业生高质量就业方面进行了有益探索，作出了积极贡献。

规划的初心即为建设人民满意的城市，归根结底是要围绕人的需求和人的发展来开展各项工作。人是社会进步的核心，是推动行业行稳致远的基础，也是一切创新和发展的源动力。对人才而言，高校是人才培养的摇篮，企业是人才实现自我价值的舞台。2023 年第九届清华同衡学术周"学习·未来"专题论坛（图 1），是清华同衡围绕人才发展、培养、就业而单独设立的专题研讨活动，特邀请华中科技大学、长安大学、天津大学、北京工业大学、清华大学五所高校的嘉宾，深入探讨如何共创以人为本的人才培养机制，助力人才与企业、人才与行业共同实现价值，充分体现了清华同衡对青年人才发展这个内核问题的深入思考，展现了海淀企业尊重人才、珍惜人才的良好风貌。

图 1　2023 年第九届清华同衡学术周
"学习·未来"专题论坛

二、需要什么样的人才

当今是知识大爆炸、技术技能快速迭代的时代，人性的诉求和技术进步的诉求为我们提出了多种新的挑战。清华同衡依托于清华大学丰富的学科传统、深厚的家国情怀，始终坚持"以学兴产"的发展方针，实行专业化技术团队的组合路径，多学科知识技能相互交融，并会同更多的广泛学科为国家的建设提供综合解决方案。创造一个学习型的企业不仅是高大上的口号，更是这个行业具备可持续发展能力的核心。

人才是企业最核心、最宝贵的资产，是一个企业和一个行业未来发展的最根本的源泉和动力。在新时代的背景下，数字化技术得到快速发展和普及，对人才求新知、做创新方面提出了更高的要求；行业产业结构在不断调整，对人才跨界融合的能力需求更加迫切；社会的快速发展，对人才综合素质、人文素养的提升要求有了新的高度。高效的韧性团队需要更加多元化的人才结构。

作为智力密集型企业，清华同衡经过近年的探索，提出人才的综合发展需要具备敏捷创新的学习力、复合交融的专业性、综合赋能的成长能力，以及多元协同的组织环境。

我们要用发展的眼光去看待作为"第一资源"的人才，并根据行业的变化适时调整。我们认为，适应未来发展的人才应具备多重特质或条件：

①学习的敏捷与创新：要具有快速接纳和知识转化的学习力，不断寻求思维创新和问题解决方案；

②专业的复合与交融：要从单一型技术人才转向复合型人才，做到交叉学科、多专业的融合；

③能力的综合与赋能：要从传统的技能培训，转向帮助人才挖掘自身优势、助力人才自我价值实现；

④团队的多元与协同：要从以前单一重视技能，转变为注重人才的特质匹配，关注人才梯队建设，鼓励团队的多元发展。

在实践中，我们发现，拥有动力驱动、敏锐学习、人际影响、韧性皮实特质的人群，更容易创新突破、适应行业发展和快速变化。面向新时代，以新发展理念为前提，规划设计作为综合性较强的学科，需要规划人才综合掌握多个学科领域的知识与技能。我们支持 T 形技术专精人才的发展，同时也更加鼓励交叉学科综合发展的 π 形专业技术人才的成长。我们致力于培养全面人才，努力实现提升组织与个体的核心竞争能力（图 2）。

三、怎样去培养人才

要实现组织与个人的高质量发展，就必须关注人才的自身需求。清华同衡一直以来致力于在实践中摸索，基于未来发展的趋势和企业的经营战略，我们制定了符合企业文化和价值观的人才发展战略。从"人才需求"

图 2　清华同衡人才画像

和"人才供给"双向出发，初步形成了具有同衡特色的人才培养体系；借助数字化平台，实现人才数据化，绘制出人才画像，为人才任用和个性化发展提供数据支撑，持续打造同衡人才供应链。

以助力业务发展、赋能员工成长为人力资源的工作核心，在连续五年人才盘点的基础上，对组织及人才健康度进行诊断，围绕组织赋能、激发员工潜能方面开展了一系列的人才发展工作（图3）。

1. 搭建有效的沟通渠道，了解员工对于组织及个人发展方面的真实需求

通过开展组织调研工作，倾听员工心声，了解员工实际发展需求，我们发现：新一代的员工更关注"工作支持度""发展机会""有效的沟通渠道"等软性条件。组织调研工作有助于管理者与员工之间建立信任，提升管理者对组织及人才发展的重视及参与度，既是对管理水平的反馈，也是对员工实际问题的关注。

2. 提供陪伴式成长培训，助力员工在职业生涯各阶段的顺利过渡

始终秉持人才发展理念，以"关注每一位员工成长"作为人才发展目标。持续深化同衡人才成长地图，描绘各层级人才画像，为人才管理工作提供多维立体的科学依据。培训对象覆盖从新员工到中层管理干部各个层级，培训框架涵盖专业知识、通用素质、管理能力提升等模块。建立并不断完善符合员工个体需求、满足工作实际需要、支撑公司战略发展的全方位、多层级、多维度的培养体系，助力员工在职业生涯各阶段的顺利过渡。

3. 重视梯队健康度，专心培养同衡人

从企业和员工的实际需求出发，加强与业务部所的深入交流，我院多个职能部门协同打造同衡人才培训体系：理清绩优人才职业发展历程，描绘绩优人才成长地图，形成符合员工个体需求、满足工作实际需要、支撑企业战略发展的全方位、多层级、多维度的人才培养体系，涉及从专业技术到团队管理等综合能力的全方位内容。近几年来，参加技术和管理培训的人数已超过1万人次。以"衡埔生"项目为例，"衡埔生"是我院专为项目经理人才梯队建设打造的专项人才培养项目，已持续开展十余年，一方面，为技术人员到综合管理人员的角色转变奠定基础；另一方面，也为项目经理人才梯队提升业务

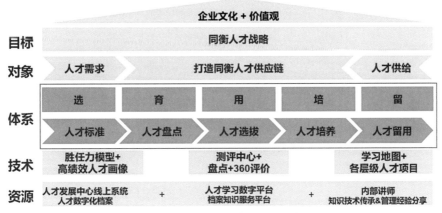

图3　新形势下人才培养的创新与尝试

水平提供培训资源，助力技术人员成为更优秀的"技术＋管理"型的综合人才。目前参与本项目的技术骨干已达500余人。

4. 人才数据积累，助力人才决策

专心为清华同衡员工在"选、用、育、留"的在岗职业周期上，扎实做好赋能、提升工作。通过连续几年人才盘点的数据积累，建立起同衡人才库，绘制出绩优人才画像，洞察同衡人才特质，锚定高绩效因子，为业务部门提供具有针对性的人才分析；整合招聘、测评、绩效、薪酬等多类人才数据，形成多维度的人才管理依据。

清华同衡不拘一格重用人才，鼓励年轻人的个性发展，重视人才结构的多元搭建；设立了管理、技术发展双通道的职业发展路径，适应不同员工的职业生涯诉求，给予员工更多发展机会；同时，关注人才梯队建设，助力组织的健康发展。

四、如何实现校企人才共育

新时代下规划人才的培养，是高校、企业与行业之间共创、共建、共同促进的有机整体，需要三方共同关注和参与实践，围绕以人为本的核心，促进共同价值的实现。院校作为学科教育的基础，提供全面、系统的专业教育，为企业提供高素质的专业人才；企业作为技术实践、研究机构，为专业和行业的发展提供理论实践和科研创新的平台，向学校反馈用人情况与行业需求；行业和社会为人才提供了更为广阔、兼容并包的土壤，促进信息的交流共享，有力推进学科发展。

1. 提供学科交流平台

清华同衡持续打造校企合作同盟，深度参与院校硕士研究生培养工作，为全国多家高等院校提供专业实践平台和最前沿的学科研究指导。先后与全国20多所高校签订了学生实习实践培养协议，增强与高校的交流和联系，增进双方了解、锚定需求，促进产教融合工作。以清华大学为例，清华同衡参与了学校实践培养、课程设计、授课讲座、论文评阅、毕业答辩等多方面的教学工作。其中，深度参与了清华大学城市规划专业硕士联合培养工作。此外，清华同衡还与清华大学联合组建了智慧人居环境与空间规划治理技术创新中心，共同开展科研工作。

2. 提供学习和实践平台

向前吸引深入校企合作，拓展人才渠道为人才蓄力赋能。我院自2021年起，每年暑期开展清华同衡"实习生young计划"训练营，面向全国顶尖院校及海外院校招募在校生来院参与实习实践，全方位、多角度展现同衡精神、同衡文化、同衡品质，旨在提高学生思想认识、加速角色转型。训练营同时为学生提供多种职前辅导，包括但不限于行业发展、专业实践、理论实践等，重在吸引潜在候选人，持续引入优质应届毕业生。

近年来，共有来自近百所国内外院校的近五百名在校生参与了清华同衡"实习生young计划"训练营，涉及50余个专业；在学科认知、就业认知、职业规划认知等方面为学生做好思想引领工作；带领学生进行清华同衡优秀项目参观、调研，实地现场讲解规划设计理念等工作（图4）。通过项目实践，参与学生感受到从书本知识到项目落地的转变。训练营重点围绕"拓宽专业视野，建立行业信心；分享成长心得，树立终身学习理念；提升专业技能，解析绘图核心技能；助力求职发展，教授求职技能及沟通技巧；

图 4　2023 年清华同衡实习生 young 计划训练营

融入落地项目，赋能职业价值"等多方面，帮助学生顺利完成就业期间心理、技能和认知的转变。为学生提供《个人成长与发展路径规划》《求职基本礼仪与高情商沟通》《面试与简历辅导》《快题技巧精讲》《PPT 实用操作技巧精讲》5 门课程，并提供 1 对 1 职业生涯规划和简历修改服务工作，明确学生的就业方向，增强学生的就业信心。

3. 提供职前能力培养平台

2023 年，我院与北京师范大学、北京建筑大学、南京大学等共计 12 所高校进行了"访企稳岗促就业"的交流活动，深度探索产业化应用和学科实践双向需求，与高校一同搭建实践平台，帮助院校陪伴学生成长；从学科认知到项目实践，直至毕业前的就业指导、职业生涯规划等方面，提供资源与陪伴式服务。积极发挥校外导师的作用，为多家高校的在校生提供思想引领、职业生涯规划、就业辅导等服务工作。讲授内容包括《高情商沟通》和《简历撰写辅导》两门课程，获得了师生的积极响应和广泛好评。

持续加强校企合作，提升雇主品牌形象和影响力。我院公众号"清华同衡人才署"作为宣传企业文化的载体，承载了更多的功能和意义，不仅是人才招聘的窗口，更从多元角度展现同衡活力，持续向公众输出同衡软实力和企业文化。清华同衡持续深耕雇主品牌建设，通过管理动作将同衡人才观落到实处，取得了阶段性的成果，得到了来自北京市人力资源和社会保障局、北京市教育委员会、北京高校毕业生就业指导中心、全国高等学校学生信息咨询与就业指导中心、海淀区人力资源和社会保障局等部门的肯定。2019 年荣获"北京高校毕业生就业优秀合作单位"称号；2021 年被评为"首批高校就业指导教师挂职锻炼实践基地"；2022 年被评为"北京地区高校毕业生职场体验基地"；2023 年被评为海淀区首家"高校毕业生职场体验基地"。

五、结语

人才的培养应以人才的需求为导向，注重实践与创新。高校为企业输送专业的人才，企业为人才提供科研与项目实践的平台，行业则提供开放包容的学术环境，技术专精的行业专家又通过学术交流、技术分享等形式，将实践经验和技术回馈高校，为规划教育的全方位发展提供有力支撑。面向未来的新时代的规划人才培养，是一个涵盖高校、企业与行业，共同创建、相互促进、持续创新的有机整体，我们均需凝聚共识，深度参与，不断努力和实践，围绕以人为本的核心，促进共同价值的实现。

致　谢

　　本书的顺利出版离不开筹办 2023 年第九届清华同衡学术周的全体工作人员的辛勤付出，他们为同衡学术的发展贡献了自己的智慧和心血。在此，向所有参与学术周筹办事宜的院内同仁表示衷心的感谢！以下为感谢名单（以姓氏笔画为序）：

　　马跃、王健、王婷、王静、王可仁、王玫丹、王胜杰、王彬汕、王淑芸、王释滨、卢巍、卢庆强、卢金丰、史天慧、付磊、代佳安、邢琰、朱丽、庄舒伊、刘茜、刘孝萱、刘倬源、安顺达、孙梦媛、杜娟、杜建英、李刚、李琳、李静、李王锋、李青儒、李诚谦、李晓燕、李雪梅、杨明、杨莉、杨博、杨淼、杨书梦、杨春雨、杨晓睿、肖爽、吴巧、吴琪、邱爽、何佳、沈丹、张伊、张飏、张妍、张维、张险峰、张晓光、张喜清、张蓝予、张曦烨、陈露、陈加明、陈佳音、陈靳伊、林文棋、庞俊杰、郑立丽、孟玮、孟然君、赵笑天、胡楠、袁牧、袁乙凡、徐刚、徐小娟、高彦生、高梦遥、高路雅、黄希杰、曹宇钧、龚晓伟、崔尧明、康进、梁洪略、隋婧、程露、曾佳、温雪梅、廖晓颂、霍晓卫、鞠宪彬